DE L'EMPLOI

DU CHALUMEAU

DANS LES ANALYSES CHIMIQUES

ET

LES DÉTERMINATIONS MINÉRALOGIQUES.

Extrait des livres de fonds le plus récemment publiés par Méquignon-Marvis, *et de ceux sous presse à publier incessamment.*

Accum. Traité pratique sur l'usage et le mode d'application des réactifs chimiques, fondé sur ses expériences; traduit de l'anglais par Riffaut. Paris, 1819, 1 vol. in-8.   5 f.

Barbier. Traité élémentaire de matière médicale. Paris, 1819 et 1820, 3 forts vol. in-8. Prix br.   22 f.

Bégin. Principes généraux de physiologie pathologique, coordonnés d'après la doctrine de M. Broussais. Paris, 1821, 1 vol. in-8. br. 6 f.

Broussais. Examen des doctrines médicales et des systèmes de Nosologie, ouvrage dans lequel se trouve fondu l'Examen de la doctrine médicale généralement adoptée, etc.; précédé de propositions renfermant la substance de la médecine physiologique. Paris, août 1821, 2 vol. in-8. br.   14 f.

Cullen. Éléments de médecine-pratique, trad. et augment. de notes par Bosquillon, et revus par De Lens, 3 vol. in-8.   18 f.

Gardanne, de la Ménaupose, ou de l'âge critique des femmes de 45 à 50 ans. Paris, 1821, 1 vol. in-8.   6 f.

Itard. Traité complet de la structure de l'oreille et des maladies qui attaquent l'organe de l'ouïe, suivi des moyens curatifs. Paris, 1821, 2 vol. in-8, figures, br.   13 f. 50 c.

Magendie. Formulaire pour la préparation et l'emploi de plusieurs nouveaux médicaments; tels que la noix vomique, la morphine, l'acide prussique, la strychnine, la vératrine, les alcalis extraits des quinquinas, l'iode, etc. Paris, 1821, in-12, br.   1 f. 50 c.

Idem. Précis élémentaire de physiologie, 2 vol. in-8.   10 f. 50 c.

Mérat. Nouvelle Flore des environs de Paris, 2e édit. 2 vol. grand in-18. Paris, 1821, br.   12 f.

Moncellat. Essai sur les irritations intermittentes, ou nouvelle théorie des maladies périodiques, fièvres larvées, fièvres pernicieuses, et des fièvres intermittentes en général, exposée suivant la doctrine de M. Broussais, et appuyée d'un grand nombre d'observations. 2 vol. in-8. br.   12 f.

Sous presse :

Thomson. Supplément à la cinquième édition de sa Chimie, lequel contiendra tout ce que l'auteur a ajouté à sa sixième édition publiée récemment, et de plus toutes les découvertes faites en chimie depuis la publication de la traduction française en 1818 et 1819.

Ce supplément contiendra un assez grand nombre de planches nécessaires à l'intelligence de l'ouvrage, et propres à représenter tous les appareils.

DE L'IMPRIMERIE DE L.-T. CELLOT.

DE L'EMPLOI
DU CHALUMEAU

DANS LES ANALYSES CHIMIQUES

ET

LES DÉTERMINATIONS MINÉRALOGIQUES;

Par M. BERZÉLIUS.

Traduit du Suédois par F. FRESNEL.

A PARIS,

CHEZ MÉQUIGNON-MARVIS, LIBRAIRE

POUR LA PARTIE DE MÉDECINE,

RUE DE L'ÉCOLE DE MÉDECINE, N° 3.

1821.

INTRODUCTION.

Le sujet de l'ouvrage que j'offre aujourd'hui au public, intéresse à un haut degré le chimiste praticien, le mineur et le minéralogiste. C'est un système d'expériences chimiques faites par la méthode que l'on appelait jadis la *voie sèche*, et sur une échelle presque toujours microscopique, mais dans lesquelles un instant suffit pour obtenir un résultat péremptoire.

Dans l'analyse des substances inorganiques, l'emploi du chalumeau est indispensable. A l'aide de cet instrument, on peut faire subir à des quantités de matière tellement petites qu'elles échappent à la pondération, toutes les épreuves nécessaires pour constater leur nature : souvent même le chalumeau révèle la présence d'un corps que l'on n'y cherchait pas, ou qu'on ne s'attendait pas à y trouver. Les facilités qu'il donne pour découvrir les parties constituantes des fossiles métalliques, le rendent pareillement indispensable au mineur, dont les procédés ordinaires sont quelquefois troublés d'une manière inaccoutumée lorsqu'il vient à rencontrer des substances étrangères dans les minerais qu'il traite, substances dont il ne peut que rarement déterminer la nature (faute de temps ou d'habitude) par des expériences chimiques d'une étendue et d'une délicatesse suffisantes, mais que l'usage accessible et commode du chalumeau le met à même de découvrir en peu d'instans. Le minéralogiste a un besoin aussi absolu de cet instrument ; c'est son unique recours lorsqu'il veut reconnaître sur-le-champ si les inductions qu'il tire des caractères extérieurs, tels que la forme, la couleur, la dureté, etc., sont légitimes.

Or, j'expose dans cet ouvrage la série des résultats auxquels peuvent conduire les recherches de ce genre : j'y décris successivement les phénomènes que présentent les êtres divers du règne minéral lorsqu'on les soumet à l'épreuve du chalumeau, et cela d'après des expériences faites, autant qu'il a été possible, sur des échantillons purs et bien caractérisés. J'ai eu soin d'indiquer les lieux d'où ces pièces ont été extraites, toutes les fois que j'ai soupçonné que des différences de gissement pouvaient entraîner des divergences dans les résultats, afin qu'on pût distinguer ces divergences de celles qui proviendraient d'une observation inexacte consignée dans cet ouvrage. Quant aux erreurs de cette espèce, je ne pouvois y parer complétement qu'en multi-

pliant mes observations; et le nombre des minéraux que j'avais à traiter était trop considérable
pour que j'aie pu répéter suffisamment toutes les
expériences relatives à chacun d'eux.

J'ai cité les noms des personnes auxquelles je
suis redevable des substances qui se rencontrent
le moins fréquemment dans la nature; par là, j'ai
voulu à la fois donner une garantie de l'exactitude
des dénominations minéralogiques que j'ai adop-
tées, et rendre hommage à la libéralité avec laquelle ces personnes ont livré à mes recherches
des échantillons des fossiles les plus rares. Je saisis
cette occasion pour nommer avec reconnaissance,
MM. Haüy, Bournon, Gillet de Laumont,
Brongniart, Brochant, Cordier, Lucas, Weiss
et Blöde.

Lorsqu'on rencontre un minéral qui n'est pas
suffisamment caractérisé par ses traits physiques,
le nombre des fossiles connus avec lesquels on
peut encore le confondre, est généralement assez
borné. Alors, si l'on compare les effets produits
par l'action du chalumeau sur le minéral en question, avec les descriptions des effets analogues sur
les minéraux qui lui ressemblent, on ne manquera
guère de reconnaître celui sur lequel on a opéré.
Rien de plus aisé pour les fossiles métalliques. Pour
les fossiles purement terreux, le résultat n'est pas
tout-à-fait aussi décisif, attendu que dans les es-

sais au chalumeau la précision de la *réponse* dépend en général des différences de nature des parties constitutives des minéraux, bien plus que des différences de proportion de ces parties. Mais même dans les combinaisons qui ne diffèrent que par les quantités relatives des substances qui y entrent, on trouve souvent des différences si remarquables entre les degrés de fusibilité de ces diverses combinaisons, ou entre les phénomènes qu'elles présentent lorsqu'on les traite par un même fondant, que le chalumeau suffit encore, dans ce cas, pour décider la question.

De même que l'on se trompe le plus souvent sur la nature d'un minéral lorsque, n'ayant égard qu'à ses caractères extérieurs, on ne tient aucun compte des phénomènes qui dépendent de sa composition chimique, de même on réussit rarement à la déterminer, lorsque, négligeant entièrement l'inspection des caractères extérieurs, on s'en tient aux effets produits par le chalumeau.

Ceux des minéralogistes modernes qui croient que l'on peut toujours reconnaître un corps inorganique à la physionomie, sont eux-mêmes forcés, dans beaucoup de cas, d'avoir recours au chalumeau (supposé qu'ils aient assez de connaissances en chimie pour pouvoir s'en servir avec avantage) lorsqu'ils se trouvent induits en erreur par des principes fondés sur des aperçus vagues et des données incomplètes.

On a tenté de baser sur les effets du chalumeau une classification des minéraux au moyen de laquelle on pourrait arriver à la connaissance du genre et du nom d'un minéral quelconque, d'après des principes analogues à ceux qui régissent les classifications de la nature organique. La Minéralogie d'AIKIN offre un essai très-ingénieux de cette espèce ; et comme preuve de la sagacité de l'auteur, je crois devoir remarquer à cette occasion, qu'AIKIN n'a pas confondu le genre de classification dont il s'agit ici avec l'ordonnance systématique suivant laquelle procède la science proprement dite. Or c'est ce que fait l'école minéralogique qui domine encore en Allemagne, lorsqu'elle veut mouler la seconde sur la première.

Toutefois je ne crois pas qu'une classification des minéraux fondée sur les phénomènes qu'ils présentent lorsqu'ils sont traités par le chalumeau, remplisse assez bien son but pour qu'une personne qui serait au fait de l'emploi de cet instrument pût, *sans savoir la minéralogie*, déterminer le minéral qu'on soumettrait à son examen.

J'ai suivi dans cet ouvrage le système chimique pour la classification des minéraux; et en certains endroits, comme au sujet de l'amphibole, du pyroxène et du grenat, je me suis permis quelques remarques théorétiques, fondé sur cette considération, que les opérations pyrognostiques sont d'autant plus intéressantes que nous connaissons mieux la nature des corps soumis à leur épreuve.

Enfin j'ai fait voir d'une manière succincte comment, à l'aide du chalumeau, l'on détermine les parties constituantes des concrétions pierreuses qui se forment dans les voies urinaires. Interrogé souvent par des médecins sur la composition de ces sortes de concrétions, j'ai été forcé de chercher le plus court chemin pour arriver au résultat. Je crois devoir publier aujourd'hui ce que l'expérience m'a appris sur ce sujet, afin de mettre le médecin à même de faire, sans le secours du chimiste, les analyses de ce genre.

DE L'EMPLOI DU CHALUMEAU

DANS LES ANALYSES CHIMIQUES

ET

LES DÉTERMINATIONS MINÉRALOGIQUES.

I. *Histoire du Chalumeau.*

LES ouvriers en métaux se servent, pour les petites soudures, d'un instrument appelé chalumeau, avec lequel ils dirigent la flamme d'une lampe sur de petites pièces de métal fixées sur du charbon, et les chauffent jusqu'à ce qu'ils aient fait entrer en fusion l'alliage qui constitue la soudure.

Cet instrument fut long-temps employé dans les arts, avant qu'on songeât à l'appliquer aux essais chimiques qui se font par la voie sèche. Selon ce que nous apprend BERGMAN, ANTON SWAB (1) fut le premier qui en fit l'application à

---

(1) Conseiller des mines, suédois, homme d'un talent très-remarquable pour son temps ; la Métallurgie de Suède peut encore fournir des preuves de son rare mérite.

l'essai des minéraux, vers l'an 1738. Swab ne laissa aucun écrit sur ce sujet, et l'on ignore jusqu'où il poussa les recherches qu'il fit à l'aide de cet instrument.

Cronstedt qui posa les fondemens de la minéralogie chimique, et dont la pénétration devança tellement le siècle où il parut, qu'il ne put réussir à se faire bien comprendre de ses contemporains; Cronstedt se servit du chalumeau pour discerner les minéraux entre eux par l'intermédiaire de réactifs fusibles, dont l'objet était de produire sur les substances minérales soumises à leur action, des modifications dont on pût conclure quelque chose relativement à la composition de ces substances, laquelle servait de base à la classification dans le système de Cronstedt. Il lui importait donc beaucoup de trouver des moyens pour déterminer les différences de composition des corps, quelque longs qu'ils pussent être.

Du temps de Cronstedt, les communications entre les savans n'étaient pas, à beaucoup près, aussi multipliées que de nos jours, où chaque petite addition aux moyens déjà connus de scruter la nature, est mise, aussitôt qu'elle a reçu l'existence, à la portée de tous ceux qui s'occupent d'une même science. La plupart des savans travaillaient alors chacun de leur côté, et s'avançaient dans la science à l'insu les uns des autres, sans aucun secours que l'expérience de la génération passée, qui constituait, en quelque sorte, le trésor public. Ce fut ainsi qu'à une époque où personne ne soupçonnait encore l'excellence de l'application du chalumeau à la détermination des substances minérales, CRONSTEDT porta ce moyen scientifique à un degré de perfection qui ne put être que le fruit d'un travail opiniâtre. Comme on n'obtenait pas encore à cette époque l'honneur d'une attention générale pour de légers services rendus aux sciences, les savans d'alors ne mettaient pas autant d'empressement que ceux d'aujourd'hui à publier le fruit de leurs méditations; aussi CRONSTEDT, qui d'abord n'osait pas même se faire connaître comme auteur du système de minéralogie qui a perpétué sa mémoire, songea encore moins à décrire au long le nouvel emploi du chalumeau, et les méthodes qu'il avait suivies. Il ne publia les résultats de ses recherches qu'autant qu'ils pouvaient servir à distinguer les minéraux entre eux, en fournissant des caractères particuliers aux diverses espèces (1).

Von Engeström qui, en 1765, publia en Angleterre une traduction du système de CRONSTEDT, y joignit un traité du chalumeau, où il indiquait particulièrement les procédés de CRONSTEDT, ainsi

______

(1) La première édition de son ouvrage parut en 1758.

que les résultats principaux de leur application aux fossiles que l'on connaissait alors. Ce traité (1) ne parut qu'en 1770, et fut traduit et publié en suédois par Retzius, en l'année 1773.

Cet ouvrage fixa l'attention générale des savans sur l'instrument précieux dont il révélait l'emploi, et fut bientôt après traduit dans la plupart des langues de l'Europe. Il faut cependant convenir qu'on s'en tint à ce que von Engeström avait appris, et que l'introduction du chalumeau parmi les chimistes et les minéralogistes, n'eut au commencement d'autre avantage que de leur donner un moyen d'éprouver la fusibilité des corps, et quelquefois leur solubilité dans le verre de borax. Les causes de cette stagnation originelle ne sont pas difficiles à reconnaître. Premièrement, il faut une certaine habitude de l'emploi du chalumeau pour pouvoir, sans fatigue et sans inconvénient pour la santé, produire sur les substances que l'on soumet à son action, un effet dont on puisse inférer quelque chose ; or cette habitude ne s'acquiert que par un exercice pénible auquel on ne se livre pas volontiers avant d'être assuré que les avantages qu'on en recueillera dédommageront de la peine qu'on aura prise. Ce n'est pas tout, lors-

____

(1) An Essay towards a system of Mineralogy by Cronstedt, translated from the Swedish by G. von Engeström, revised and corrected by Mendes da Costa. London, 1770.

qu'on sait se servir du chalumeau, il faut, pour pouvoir conclure quelque chose de ce que l'on voit, avoir déjà vu beaucoup, et savoir comparer le résultat que l'on obtient avec ceux que l'on a obtenus précédemment. Avant que l'on soit arrivé à ce point, les essais au chalumeau ne donnent, le plus souvent, que des résultats incertains, de la valeur desquels on ne peut se faire aucune idée, faute de savoir en tirer parti.

D'un autre côté, il est difficile de se mettre au fait de l'usage du chalumeau, par la simple lecture des ouvrages qui en traitent; il faut prendre des leçons d'un maître expérimenté, pour n'être pas arrêté par des difficultés dont la solution est quelquefois très-simple, quoiqu'on l'ait long-temps cherchée en vain.

Telles furent les causes qui s'opposèrent à la propagation de l'art du chalumeau, partout ailleurs qu'en Suède. Ceux qui avaient vu faire CRONSTEDT et VON ENGESTRÖM firent comme eux, et nous transmirent l'usage de cet instrument. BERGMAN alla plus loin que CRONSTEDT; il étendit l'usage du chalumeau hors des limites de la minéralogie, et jusque dans le domaine de la chimie inorganique, où cet instrument devint entre ses mains un moyen inappréciable de reconnaître dans les recherches analytiques de très-petites quantités de matière métallique. BERGMAN traita par les réactifs que

CRONSTEDT avait employés, le plus grand nombre des minéraux connus de son temps; il décrivit leur action, et perfectionna plusieurs des instrumens nécessaires pour ses expériences. Il publia à ce sujet un traité qui fut d'abord imprimé en latin, à Vienne, 1779 (1), et qui depuis fut traduit en suédois, et publié par HJELM, en l'année 1781.

Dans ces expériences, BERGMAN, à qui sa santé ne permettait pas un travail opiniâtre tel que celui qui l'occupait, était assisté par GAHN, qui, dans ses études minéralogiques, s'était particulièrement appliqué à l'usage du chalumeau, à cause de la promptitude avec laquelle cet instrument fournit des résultats précis. Les opérations qu'il fit sous les yeux de BERGMAN, qui lui fit passer en revue tous les minéraux que l'on connaissait alors, lui apprirent comment chacun d'eux se comporte sous l'action du chalumeau. Aidé de cette expérience, il continua à se servir de cet instrument pour toute espèce de recherches chimiques et minéralogiques. Il acquit enfin par-là une telle habileté, qu'il pouvait, au moyen des réactions produites par le chalumeau, signaler dans un corps la présence de substances qui, cherchées par la voie humide,

---

(1) T. BERGMAN Comment. de tubo ferruminatorio ejusdemque usu in explorandis corporibus, præsertim mineralibus. Vindobonæ, 1779.

avaient échappé à l'analyse la plus soignée. Ainsi, lorsque Ekeberg lui demanda son opinion sur l'oxide de tantale, nouvellement découvert, dont il lui envoyait un petit échantillon, Gahn découvrit aussitôt qu'il contenait de l'étain, quoique ce métal n'y entre pas pour plus de $\frac{1}{100}$. Long-temps avant qu'on agitât la question de savoir si les cendres des végétaux contenaient du cuivre ; je l'ai vu plusieurs fois extraire avec le chalumeau de différentes espèces de papier, dont il réduisait un quart de feuille en cendre, des particules très-reconnaissables de cuivre métallique.

Gahn portait toujours son chalumeau sur lui lorsqu'il était en voyage, et toutes les substances nouvelles qu'il rencontrait en son chemin étaient incontinent mises à l'épreuve ; c'était alors quelque chose d'intéressant que de voir la promptitude et la sûreté avec lesquelles il déterminait la nature d'une matière que l'on ne pouvait pas reconnaître à ses propriétés extérieures. L'emploi continuel qu'il faisait du chalumeau, le conduisit à imaginer des perfectionnemens dans tout ce qui avait rapport à cet emploi, tant pour le laboratoire que pour les voyages. Il passa en revue une multitude de réactifs pour trouver de nouveaux moyens d'arriver à la connaissance de certaines substances, et tout cela fut conçu et exécuté avec tant de sagacité et de précision que les résultats qu'il obtint furent toujours de l'espèce de ceux auxquels on peut se fier implicitement. Cependant il ne lui vint jamais à l'esprit de décrire les méthodes nouvelles et générales qu'il avait trouvées, quoiqu'il se donnât toutes les peines du monde pour les enseigner à ceux qui désiraient de s'en instruire. Plusieurs savans étrangers qui ont séjourné chez lui, ont fait connaître son habileté extraordinaire dans ce genre d'opérations ; mais ils n'ont pas pris une connaissance exacte de ses méthodes ou ne les ont pas publiées (1).

J'ai été assez heureux pour jouir d'un commerce familier avec cet homme si remarquable sous tant d'autres rapports, durant les dix dernières années de sa vie. Il n'a épargné aucune peine pour me transmettre tout ce qu'il pouvait de ses connaissances et de sa longue expérience, et j'ai vivement senti l'obligation que je contractais alors envers le public de perpétuer autant qu'il était en moi les fruits de ses travaux.

A mon instante prière, il composa lui-même ce qu'il y a de plus important dans ce que j'ai donné sur le chalumeau et son emploi, dans la seconde

____

(1) M. le professeur Hausmann est le seul qui ait donné un compte un peu étendu des services que le chalumeau de Gahn a rendus à la science, dans un mémoire inséré dans le *Mineral. Taschenbuch* de Leonhard, pour l'année 1810.

partie de mes *Elémens de chimie* (1); c'est tout ce qu'on a de lui sur ce sujet. Il n'a jamais écrit de mémoires touchant les résultats de ses expériences sur les minéraux; et lorsque par l'effet de l'âge le souvenir des faits qu'il avait observés commença à s'affaiblir, il insistait souvent sur la nécessité d'examiner et de noter avec soin les phénomènes que présentent les divers minéraux dans les essais au chalumeau. J'entrepris à son invitation un examen de ce genre, qu'il se proposait de contrôler ensuite le chalumeau à la main, afin que là où nos résultats se trouveraient différens, nous pussions reconnaître les causes de ces différences et éviter ainsi toute consignation inexacte. Ce double examen, qui promettait à la science de si importans résultats, fut empêché par sa mort. Elle fut inattendue, et arriva trop tôt quelque longue qu'eût été sa vie.

Dans le reste de l'Europe, il n'y a eu qu'un seul physicien, mais en revanche, un physicien très-distingué, qui ait fait une étude approfondie de l'emploi du chalumeau, et qui ait soumis à son épreuve un grand nombre de substances minérales. Ce fut H. DE SAUSSURE, célèbre par ses recherches géognostiques sur les Alpes suisses. DE SAUSSURE s'en servit

---

(1) Lärbok i Kemien, 2 : dra Delen. Stockholm, 1812, pages 473 et suivantes.

principalement, ainsi que l'avait fait CRONSTEDT, pour reconnaître et discerner les minéraux, et quoiqu'il y ait fait des additions et des perfectionnemens dont nous parlerons plus loin, il est resté bien loin derrière GAHN sous le rapport des résultats qu'il a obtenus à l'aide de cet instrument.

II. *Du Chalumeau.*

Le chalumeau des ouvriers est ordinairement un tube de laiton qui va en se rétrécissant vers l'une de ses extrémités à deux pouces de laquelle il se courbe à angle droit (pl. I', fig. 1). Son ouverture à cette extrémité, est aussi fine que le serait un trou fait avec une aiguille, et c'est cette ouverture qu'on tient contre la flamme de la lampe, tandis qu'on souffle par le gros bout. Dans les opérations des arts, on a rarement besoin de prolonger l'insufflation au delà d'une minute, en sorte qu'il ne résulte aucun inconvénient pour l'opérateur de l'eau que les poumons chassent dans l'intérieur du tube. Mais dans les expériences de chimie où l'on est obligé de soutenir long-temps l'insufflation, il se fait dans le tube un amas d'eau assez considérable pour entraver quelquefois l'opération. Ce fut pour obvier à cet inconvénient, que CRONSTEDT plaça vers le milieu du chalumeau, et plus près de l'extrémité recourbée que de l'embouchure, une boule creuse destinée à recevoir

l'humidité. Son chalumeau eut alors la forme représentée par la figure 2. La partie la plus longue
pouvait se démonter au moyen d'une vis *a*, et il
y avait en *b* un anneau d'ivoire percé d'un petit
trou destiné à recevoir une aiguille ou un fil d'acier
fin, avec lequel on pouvait nettoyer l'ouverture du
bec, lorsque dans le courant d'une expérience cette
ouverture se trouvait obstruée par la suie. Ce chalumeau a cependant un inconvénient, c'est que
quand après avoir soufflé quelque temps, on vient
à le tenir un instant dans une situation verticale,
la pointe en bas, l'eau coule de la boule dans
l'intérieur du bec, et l'on a ensuite beaucoup de
peine à l'en chasser avant de pouvoir continuer
l'opération.

BERGMAN corrigea ce défaut de la manière suivante : il adapta à l'extrémité du chalumeau une
chambre semi-circulaire d'un pouce de diamètre
sur $\frac{1}{8}$ de pouce en travers, et implanta immédiatement le bec dans la partie supérieure de cette
chambre. (Voyez pl. I, fig. 3.) Le chalumeau de
BERGMAN se compose de trois pièces séparables ; *a*
est le tube ; *bb*, la chambre destinée à recevoir
l'eau, vue sur son plat et par un bout, et *c* le
bec ; l'assemblage s'en fait aisément. Ce système remplit parfaitement bien son but, et a en
outre l'avantage de prendre peu d'espace et de
pouvoir se placer dans une boîte mince telle que

celles dans lesquelles on serrait alors le chalumeau
et ses accessoires pour les transporter commodément d'un lieu dans un autre.

GAHN a un peu changé la configuration de cette
partie du chalumeau qui est déstinée à recevoir
l'eau, et lui a donné la forme d'un cylindre d'un
pouce de longueur sur un demi-pouce de diamètre,
ainsi qu'on le voit pl. I, fig. 4, *b*. Son chalumeau,
semblable du reste à celui de BERGMAN, consiste en
quatre pièces qui sont *a*, *b*, *c* et *d*, fig 4. Sur
l'extrémité du bec *c*, se place un petit ajutage, tel
que *d*, percé d'un trou plus ou moins fin par où l'air
s'échappe. Il faut en avoir plusieurs de différens
calibres pour en changer suivant les besoins. L'a-
vantage du chalumeau de GAHN sur celui de BERG-
MAN tient à la forme cylindrique de son réservoir
qui occupe encore moins de place que le précédent, età la longueur de la douille conique du bec *c*,
qui s'introduit dans l'ouverture *e* du réservoir cylindrique. Après un long service, ce bec peut bien s'en-
foncer dans le réservoir plus avant qu'au commencement; mais du moins il adhère constamment aux
parois de l'ouverture destinée à le recevoir, et n'est
pas exposé à tomber dans le courant d'une expérience, comme cela arrive souvent avec le chalumeau de BERGMAN. Je crois que l'on peut sans hésiter
donner au chalumeau de GAHN la préférence sur tous
les autres. Dans les cas où j'ai besoin du chalumeau

pour souffler du verre, je me sers d'un petit bec f, courbé à angle droit, que j'adapte à l'ouverture e, et auquel je puis donner toutes les directions possibles par rapport au tube a. La figure 5, pl. I, représente le chalumeau de GAHN lorsqu'il est monté.

VOIGT a proposé un autre chalumeau dont l'usage est très-répandu. Il porte à son extrémité une chambre circulaire d'un pouce de diamètre et d'un huitième de pouce en travers ; le bec part du centre de cette chambre, et peut se tourner dans toutes les directions. La fig. 6 représente ce chalumeau. Les inconvéniens qui accompagnent la forme proposée par VOIGT sont, 1° que les dimensions du réservoir rendent l'instrument peu commode à porter en voyage ; et, en second lieu, que le bec mobile finit par vaciller après un long usage et laisse échapper l'air. Il serait aisé de faire disparaître cet inconvénient, au moyen d'un tube recourbé qu'on ferait entrer à frottement doux dans une ouverture conique pratiquée au centre du réservoir ; mais dans tous les cas, la forme de cette dernière partie dans le chalumeau de VOIGT est la moins commode de toutes.

Comme c'est une circonstance très-désirable, principalement pour ceux qui s'occupent de minéralogie, que le chalumeau tienne peu de place et soit commode à porter, sans rien ôter d'ailleurs à ses qualités essentielles, plusieurs chimistes ont tâché d'atteindre la limite de la simplicité dans la construction de cet instrument ; on distingue sous ce rapport le chalumeau de TENNANT, et celui de WOLLASTON.

Le chalumeau de TENNANT consiste en un tube droit, cylindrique, ou très-légèrement conique (pl. I, fig. 7, *ab.*), lequel est fermé par une extrémité, mais qui présente à un demi-pouce de cette extrémité une ouverture destinée à recevoir un petit tube recourbé *d* qui y entre à frottement et que l'on peut diriger dans tel sens que l'on veut. Lorsque l'on s'en sert, le bec du petit tube fait en général un angle droit avec le tube principal, et si c'est du verre que l'on souffle, un angle plus ou moins obtus : quand on veut le serrer dans son étui, on place le petit tube parallèlement au grand comme on le voit dans la figure. Cet instrument joint à un haut degré de simplicité tous les avantages qu'on peut désirer. L'eau produite par l'insufflation, coule au fond du grand tube et ne s'introduit point dans le bec. Dans une comparaison que j'ai faite entre le chalumeau de GAHN et celui de TENNANT, j'ai cru remarquer que ce dernier exigeait un plus grand effort des muscles des joues, sans doute parce qu'il oppose à l'expansion du courant d'air dans toute sa longueur une résistance plus forte que le chalumeau de GAHN, lequel porte un réservoir d'air dont le contenu cède en partie à la pression latérale du courant. La différence entre les effets produits est à peu près la même qu'entre un ressort dur et un ressort doux. Cette circonstance n'est pas tout-à-fait indigne d'attention, surtout pour les essais minéralogiques où l'on se sert quelquefois du chalumeau plusieurs heures de suite.

Le chalumeau de WOLLASTON prend encore moins de place que celui de TENNANT. Il se compose de trois parties, pl. I, fig. 8, *a*, *b* et *c*, que l'on peut engaîner, la troisième dans la seconde, et celle-ci dans la première, de manière à réduire de moitié la longueur du chalumeau dont le diamètre moyen n'excède pas d'ailleurs celui d'un chalumeau ordinaire ; l'extrémité la plus étroite de la pièce *a* entre à frottement doux dans l'extrémité la plus large de la pièce *b* dont l'autre bout est fermé, mais qui présente une ouverture latérale à une petite distance de ce dernier. La base de la pièce *c* est fermée par un fond plat, et son sommet est percé d'un trou fin. Dans le voisinage de sa base la pièce *c* offre une ouverture transversale destinée à recevoir le sommet de la pièce *b* ; cet assemblage n'est pas rectangulaire, mais lorsque le chalumeau est monté le bec forme avec la tige un angle obtus. Le but de cette disposition paraît être que si l'ouverture transversale de la pièce *c* s'élargit avec le temps, en sorte que la petite ouverture latérale pratiquée vers l'extrémité de *b*, étant tournée du côté du fond plat où la vapeur d'eau se condense, dépasse le bord ultérieur de la pièce *c*; cette ouverture reste encore dans l'intérieur du canal, étant tournée vers l'extrémité du bec. Lorsque ce chalumeau est bien fait, l'extrémité fermée de la pièce *b* remplit exactement l'extrémité correspondante de *a*, et *c* ferme l'ouverture principale de *b*, en sorte que le tout ensemble est à l'abri de la poussière, et ne tient pas plus de place dans la poche qu'un crayon de mine de plomb. L'instrument a alors la forme et la grandeur représentées pl. I, fig. 8, *d*. Ce chalumeau n'est pas précisément approprié aux cas où l'on a besoin d'étudier les corps avec soin, 1° parce que les pièces extrêmes ne joignent pas si bien qu'elles ne laissent quelquefois échapper de l'air; 2° parce qu'il est dépourvu de réservoir; 3° enfin parce que l'angle obtus formé par le bec avec la tige donne à la flamme de la lampe une direction telle (par rapport au corps soumis à son action) que ce corps est en partie caché par la flamme elle-même. Mais pour les besoins éventuels et la facilité du transport, il l'emporte sur tous les autres. On le met dans la poche sans en être gêné, et si l'on y joint une feuille de platine et un morceau de borax, on est déjà à même de faire un grand nombre d'opérations, attendu qu'on trouve partout du charbon et de la chandelle. J'ai souvent employé le chalumeau de WOLLASTON dans des inspections pharmaceutiques et des revues de collections minéralogiques, où il m'a suffi plus d'une fois pour remettre à leur place des fossiles mal dénommés.

La longueur du chalumeau, quelle que soit d'ailleurs sa forme, est subordonnée à la portée des yeux de l'opérateur, et doit satisfaire à cette condition que le corps sur lequel on souffle se trouve à la distance où la vision est la plus distincte. Celui dont je vois le mieux les effets a 8 pouces $\frac{1}{4}$ de longueur, et 7 pouces $\frac{1}{4}$ depuis l'embouchure jusqu'à l'insertion du bec dans le réservoir d'air.

Ces chalumeaux doivent être faits, soit en argent pur, soit en fer-blanc ; le bec seul doit être de laiton. Lorsque l'instrument entier est de laiton, il prend à la longue une odeur et un goût de vert-de-gris. On a cherché à éviter le désagrément qui résulte de l'emploi des chalumeaux de laiton, en y adaptant une embouchure d'ivoire ; mais cette embouchure ne remédie pas à la mauvaise odeur, et si l'on n'a pas les mains sèches, les doigts mêmes contractent durant l'opération cette odeur de vert-de-gris, surtout lorsque le chalumeau a été quelque temps sans servir et que l'on n'a pas eu la précaution de le nettoyer avant l'opération. Or cela n'arrive pas avec les chalumeaux de fer-blanc qui ont en outre l'avantage de coûter moins. Dans ces derniers on fait adhérer la tige au réservoir d'air, et avant d'insérer le bec on l'enveloppe d'un peu de papier pour rendre la jonction plus parfaite.

Quoique l'argent soit meilleur conducteur du calorique que tout autre métal, il ne m'est jamais arrivé d'être gêné dans une opération par l'échauffement d'un chalumeau d'argent, même après une insufflation prolongée. Les petits ajutages dont on recouvre l'extrémité du bec sont un perfectionnement remarquable du chalumeau. Ils ne tardent pas à se couvrir de suie, et leur ouverture à se boucher, ou seulement à perdre sa forme ronde ; il faut alors les nettoyer, et vider le trou avec une petite aiguille qu'on a toujours sous la main pour cet effet. Ce nettoiement est une opération très-ennuyeuse, mais indispensable, parce que ces ajutages une fois encrassés, salissent tout ce qu'ils rencontrent. En conséquence j'ai fait faire ces petites pièces en platine, chacune d'un seul morceau, et lorsqu'elles sont par trop sales, je les mets sur le charbon et les fais rougir à l'aide du chalumeau ; par ce moyen elles redeviennent propres en un instant, et les trous se débouchent sans le secours d'aucun agent mécanique. Si elles étaient d'argent elles ne pourraient pas supporter ce traitement ; car quand même on les chaufferait assez peu pour ne pas donner lieu à un commencement de fusion, l'argent rougi cristalliserait par le refroidissement, et deviendrait aussi cassant qu'un métal non malléable.

Les chalumeaux de verre sont assurément moins *salissans* et moins coûteux que les autres, mais leur fragilité et la fusibilité de leurs becs sont des inconvéniens si graves, qu'on ne s'en sert jamais qu'en cas de nécessité.

On a cherché en différens temps à construire des appareils dont l'emploi fût beaucoup plus commode que celui du chalumeau ordinaire. DE SAUSSURE fixa sur une table un support auquel il adapta son chalumeau de manière à pouvoir le gouverner avec la bouche, en conservant ses mains libres. Je ne sache aucun cas où ce perfectionnement soit d'une utilité remarquable. Il y a plus, les différences entre les divers modes de conflagration dont on a besoin dans les essais au chalumeau tiennent à de si petites variations dans la position du bec, qu'il est impossible de les exécuter avec précision par des mouvemens de la bouche.

HAAS fixa son chalumeau sur le bord d'une table, au moyen d'une agrafe à vis. Devant le bec était une bougie que l'on pouvait hausser ou baisser au moyen d'un bouton; et à peu de distance de cette bougie, des pincettes à ressort tenaient à la hauteur du bec un morceau de charbon sur lequel on chauffait le corps que l'on voulait examiner. L'appareil était en outre pourvu d'une paire de mouchettes avec lesquelles on accommodait la mèche toutes les fois que cela était nécessaire. L'opérateur pouvait alors disposer de ses deux mains; mais à quoi bon? Je ne sache pas de cas où l'emploi du chalumeau de HAAS offre un avantage réel.

On s'est représenté l'insufflation au chalumeau comme une opération difficile, qui exigeait beaucoup de force dans les poumons, et pouvait être préjudiciable à la santé. C'est en partie pour cette cause, et en partie parce qu'on ne saurait, sans quelque exercice préalable, arriver à soutenir convenablement et commodément l'insufflation, que l'on a imaginé des appareils qui dispensent de souffler avec la bouche. Tels sont ceux d'EHRMANN, de KÖHLER, de MEUSNIER, d'ACHARD, de MARCET, de BROOK et de NEWMAN, au moyen desquels on produit *en petit* les plus hautes températures par une insufflation artificielle d'air atmosphérique ou d'oxigène; mais comme l'usage de ces appareils n'a aucun rapport avec l'objet qui nous occupe, je m'abstiendrai d'en rendre compte.

Pour alimenter son chalumeau, HASSENFRATZ employa, à l'instar des émailleurs, un soufflet qu'il faisait marcher avec le pied. J'ai vu en Angleterre un petit soufflet à deux âmes qui se posait sur une table, et qu'on mettait en activité au moyen d'une corde de boyau qui s'attachait au pied : le chalumeau était adapté à la partie fixe du soufflet.

Näzén a imaginé de remplir une vessie d'air atmosphérique, et de diriger cet air sur la lampe au moyen d'un tube recourbé qui se termine en pointe. On tient la vessie entre ses genoux, et on la comprime plus ou moins selon le besoin ; quand elle est vide d'air, on la remplit de nouveau avec la bouche, par l'intermédiaire d'un tube particulier, lequel est pourvu d'un robinet.

Par ces prétendus perfectionnemens, l'on n'a fait que substituer des mouvemens plus ou moins embarrassans à une tension légère des muscles des joues ; ceux qui les ont imaginés nous ont montré par cela même qu'ils ne savaient pas se servir du chalumeau, et l'on peut dire qu'ils auraient eu autant de grâce à proposer l'emploi d'une vessie pour jouer d'un instrument à vent. Concluons que tous les appareils de cette espèce sont d'une parfaite inutilité.

III. *Du combustible.*

Toute flamme est bonne pour les essais au chalumeau, pourvu qu'elle ne soit pas trop petite, qu'elle provienne d'ailleurs d'une chandelle, d'une bougie ou d'une lampe. Engeström et Bergman employaient des chandelles et préférablement des bougies ordinaires, munies d'une bonne mèche

de coton, et BERGMAN recommandait de courber
la mèche après qu'on l'avait mouchée, dans le
sens suivant lequel on voulait diriger la flamme.
La chandelle et la bougie ont cependant un inconvénient; c'est que la chaleur rayonnante émanée
du corps que l'on essaie, fait fondre d'un côté le
suif ou la cire, et rend leur consommation trop
prompte. D'autre part, une bougie ordinaire ne
donne pas toujours le *feu* dont on a besoin. Ces
circonstances conduisirent GAHN à remplacer la
bougie ordinaire et unique dont il se servait auparavant, par trois petites bougies, pourvues de
mèches épaisses, qu'il plaçait et faisait brûler ensemble dans un chandelier fait exprès. Ces trois
bougies réunies donnaient un très-beau feu. Cependant la nécessité de commander toujours des
bougies d'une espèce particulière pour ses expériences, fit qu'il s'en dégoûta, et substitua finalement à ce système une lampe munie d'une grosse
mèche, dans laquelle il brûlait de l'huile d'o-
live. Toutefois, comme il ne pouvait pas empor-
ter cette lampe dans ses excursions, il la rem-
plaçait alors par de petites bougies qu'il brûlait
par faisceaux de trois ou de quatre, selon les circonstances.

Les lampes ont, sans contredit, beaucoup d'a-
vantage sur la chandelle ou la bougie; mais elles
sont incommodes à porter en voyage, à cause de

la facilité avec laquelle l'huile s'en échappe. Celle que l'on y brûle de préférence est l'huile d'olive ; on pourrait la remplacer par l'huile épurée de navette ; mais celle-ci donne plus de fumée et moins de chaleur que l'autre.

La lampe dont je me sers a l'avantage d'être transportable, et ferme si hermétiquement que l'huile ne peut pas s'en échapper. Comme, de tous les moyens d'obtenir une flamme appropriée aux essais, cette lampe est encore le meilleur que j'aie trouvé, et qu'elle est d'ailleurs plus commode à porter en voyage, que ne le serait un paquet de bougies ou de tout autre combustible ; je vais en donner la description.

La fig. 9, pl. II, représente la projection horizontale de la lampe. Elle est faite de tôle vernie, et a une forme légèrement conique ; sa longueur est de 4 pouces $\frac{1}{2}$; à son extrémité postérieure a, elle a un pouce de diamètre, et est munie d'une douille destinée à recevoir la tige de laiton qui lui sert de support ; cette douille est représentée en longueur, pl. II, fig. 10. A son extrémité antérieure, la lampe a $\frac{3}{4}$ de pouce de diamètre ; elle présente à sa surface supérieure vers cette même extrémité une ouverture circulaire c, dont le diamètre est aussi de $\frac{1}{4}$ de pouce environ. Cette ouverture est garnie d'un anneau de laiton soudé sur la boîte, lequel a $\frac{1}{4}$ de pouce de hauteur, et porte intérieurement un écrou. La fig. 2 représente une section de l'écrou et de la boîte, par un plan perpendiculaire à la longueur de celle-ci. C'est par cette ouverture qu'on verse l'huile dans la lampe ; la mèche s'introduit dans un petit bec oblong de fer-blanc, fixé sur une plaque ronde du même métal, qui entre à plat dans l'ouverture *c*. Ce fourreau ou bec de lampe est représenté fig. 12, en plan *a*, et en élévation *b*. L'anneau de laiton est un peu plus large que l'ouverture de la lampe, en sorte que la plaque qui porte le bec et la mèche peut tourner librement sur le bord saillant qui se trouve au fond de l'anneau. Lorsqu'on ne se sert plus de la lampe, on recouvre le bec avec un couvercle, fig. 9, *d*, qui se visse dans l'écrou de l'anneau, et on calfeutre le joint avec une peau que l'on a auparavant bien imprégnée de cire fondue. Quand le couvercle est vissé jusqu'au fond, la peau se trouve comprimée entre ce couvercle et le bord supérieur de l'anneau, et la jonction est alors si parfaite, qu'après avoir essuyé la lampe, on peut la serrer où l'on veut sans craindre les taches d'huile pour les objets avec lesquels elle se trouve en contact. C'est ici le lieu de remarquer, 1° qu'aucune substance ne peut remplacer la cire dans laquelle on trempe la peau à calfeutrer ; 2° que la vis ne doit pas être extérieure à l'anneau, parce qu'alors la peau imprégnée de cire poserait sur la lampe dont le contact la dessécherait, à cause de la chaleur qu'elle acquiert durant les opérations.

Pour se servir de la lampe, on la monte sur un support fait d'un gros fil de laiton ; la figure 13 représente la lampe *a* sur son support *b c*. Sa longueur totale est de 12 pouces ; mais on peut le partager en deux pièces de six pouces chacune, au moyen d'une vis placée au milieu. Une autre vis située en bas sert à fixer le support dans une croix faite de deux plaques de laiton, longues de 6 pouces et demi, et larges d'un demi-pouce. La figure 14 en représente le plan, et *d e*, fig. 13, l'élévation. Pour tenir la lampe à une hauteur convenable, on se sert d'un bouchon *f* percé d'un trou, dans lequel le support entre à frottement, et que l'on peut hausser ou baisser à volonté. J'ai trouvé l'emploi de ce bouchon plus commode que celui des ressorts et des vis placés dans la douille même.

Lorsqu'on ne se sert plus de la lampe, on peut démonter l'appareil, et les différentes pièces qui le composent se logent dans l'étui, de manière à occuper très-peu d'espace ; le tout est d'un transport facile.

Dans les essais au chalumeau, on substitue quelquefois à la lampe ordinaire, une lampe à esprit-de-vin, particulièrement lorsqu'on opère dans des tubes de verre ou des matras, sur des corps

dont on veut mettre en évidence les parties volatiles; en pareil cas, la flammé alimentée par
l'huile étant abandonnée à elle-même, aurait le
double inconvénient de noircir le verre et de produire une chaleur trop faible. En revanche, la
flamme de la lampe à esprit-de-vin n'est pas, à
beaucoup près, aussi chaude que celle de l'huile,
sous l'action du chalumeau. Pour lampe à esprit-
de-vin, j'emploie une espèce de flacon très-com-
mun en Angleterre, et dont le bouchon est sur-
monté d'un chapeau de verre rôdé au tour. Après
avoir débouché le flacon, je mets dans le col un
bec ordinaire de fer-blanc ou d'argent, qui porte la
mèche; le chapeau empêche l'évaporation de l'alcohol, lorsque la lampe ne sert pas. La fig. 15 représente une lampe de cette espèce.

IV. *De l'insufflation et de la flamme.*

Lorsqu'on souffle au chalumeau, ce ne sont pas
les organes de la respiration qui agissent; ils ne
pourraient pas soutenir un travail aussi continu,
et tout effort de leur part deviendrait, à la longue,
préjudiciable. Ce sont les joues qui font ici l'office
de soufflets; la bouche se remplit d'air, et par la
contraction des muscles des joues, cet air passe
dans le chalumeau. Cette opération, quelque simple qu'elle soit en elle-même, présente au com-

mencement une certaine difficulté qui provient de l'habitude que l'on a de faire agir en soufflant tous les muscles qui servent à l'expiration. Cette difficulté est du même ordre que celle que l'on éprouve lorsqu'on veut faire tourner à la fois, dans des directions opposées, la jambe droite et le bras droit. Il faut, en conséquence, quelque temps d'un exercice gênant pour perdre l'habitude que l'on a de faire jouer les muscles de la poitrine concurremment avec les muscles des joues.

La chose à laquelle on doit s'attacher d'abord, est de tenir sa bouche pleine d'air durant une assez longue alternative d'aspirations et d'expirations; maintenant il faut se représenter qu'il y a entre les lèvres une petite ouverture par laquelle l'air s'échappe, en sorte que les joues se rapprocheraient peu à peu, si l'entrée de la bouche demeurait fermée à l'air des poumons. Or, pour remplir le vide qui se forme, il suffit de laisser entrer au moment de l'expiration assez d'air dans la cavité de la bouche pour rétablir la tension des joues. Par ce moyen, l'air contenu dans la bouche se trouve toujours au même degré de compression, et sort d'une manière uniforme par la petite ouverture. Tel est le mécanisme de l'opération qui consiste à souffler au chalumeau: l'on peut ajouter que le courant d'air qui sort par le bec est ordinairement si ténu, qu'il n'est pas nécessaire de remplir la cavité des joues à chaque expiration. Cette opération se fait d'abord avec quelque peine; après un ou deux jours d'exercice, on la trouve déjà plus facile, et au bout de quelque temps elle marche pour ainsi dire d'elle-même, sans que l'on ait besoin d'y donner la moindre attention, et sans que la respiration en soit aucunement gênée. La seule incommodité que l'on éprouve lorsque l'on est arrivé à ce point, est une lassitude dans les muscles des joues, laquelle, indépendamment du manque d'habitude, tient à ce que les commençans serrent ordinairement l'embouchure du chalumeau plus fort que besoin n'est, et ne ménagent pas assez leur souffle.

Lorsque l'on sait entretenir le courant d'air d'une manière continue, il reste encore une étude à faire : c'est celle qui a pour objet de produire un *bon feu* en soufflant sur la flamme de la lampe; ceci exige la connaissance de là flamme ét de ses diverses parties. Si l'on considère attentivement la flamme d'une chandelle, on y remarque plusieurs divisions inégales parmi lesquelles on peut en distinguer quatre. La planche II, fig. 16, représente une flamme de chandelle abandonnée à elle-même. On voit à sa base une petite partie d'un bleu sombre, *a c*, qui s'amincit à mesure qu'elle s'éloigne de la mèche, et disparaît entièrement là où la surface extérieure de la flamme s'élève verticalement. Au milieu de la flamme, est un espace obscur, *a d*, qu'on aperçoit au travers de l'enveloppe brillante. Cet espace renferme les gaz émanés de la mèche, lesquels n'étant point encore en contact avec l'air, ne peuvent pas se consumer. Autour de cet espace est la partie brillante de la flamme, ou la flamme proprement dite ; enfin, au dehors de celle-ci, on aperçoit, en regardant attentivement, une dernière enveloppe *ce*, peu lumineuse, et dont la plus grande épaisseur correspond au sommet de la flamme brillante. C'est dans cette partie extérieure que la combustion des gaz s'achève, et que la chaleur est la plus intense. En effet, si l'on introduit dans la flamme un fil fin de fer ou de platine, on reconnaît que le point de ce fil où l'ignition est la plus vive, se trouve situé sur les confins de la flamme brillante, et dans l'enveloppe extérieure. Si le fil est très-fin, son diamètre réel paraît singulièrement amplifié, et ce grossissement apparent, qui est un phénomène d'irradiation (du même genre que celui que les étoiles fixes nous présentent lorsque nous leur attribuons un diamètre appréciable), augmente à mesure que l'on s'approche de la limite supérieure de la flamme bleue, en sorte que cette zone de transition, où l'air encore chargé de tout son oxygène commence à rencontrer la flamme, est le lieu du maximum de chaleur. Cela posé, si l'on dirige avec le bec du chalumeau un

courant d'air dans le milieu de la flamme (pl. II,
fig 17), on voit apparaître devant l'ouverture du
bec une flamme bleue *a c*, longue et étroite, qui
est la même que *a c*, dans la fig. 16 ; mais sa position relative a changé : au lieu d'environner la
flamme, elle est maintenant concentrée dans son
intérieur, où elle forme un petit cylindre. Vers
l'extrémité antérieure de cette flamme bleue, est
le lieu de la plus haute température, de même que
dans la flamme non activée par le chalumeau.
Mais tandis que dans celle-ci ce lieu était une zone
ou une circonférence de cercle, il se réduit maintenant à un point incomparablement plus chaud,
et capable de fondre ou de volatiliser des substances
sur lesquelles la flamme livrée à elle-même n'a
qu'une action insensible. Cet énorme accroissement
de température tient à ce que le chalumeau verse,
sur un petit espace situé au milieu de la flamme,
une masse condensée du même air qui auparavant
ne touchait que sa surface, et s'étendait librement
à tous ses points. Le changement opéré ici est en
quelque sorte le même que si l'on avait tourné la
flamme à l'envers. D'autre part, la portion restante de la flamme brillante qui environne ici la
flamme bleue, empêche la déperdition de la chaleur produite.

Il faut une longue pratique pour reconnaître avec
certitude le *maximum* de chaleur, attendu que les

différens corps ont différens modes d'ignition, et que l'on est aisément trompé par la lumière qu'ils émettent. Pour atteindre ce *maximum*, il ne faut souffler ni trop fort ni trop doucement ; dans le premier cas, la chaleur est enlevée aussitôt que produite par l'impétuosité du courant d'air ; de plus, une partie de cet air s'échappe sans contribuer à la combustion : dans le second cas, il n'arrive pas assez d'air pour un temps donné. Une température très-haute est nécessaire, soit lorsqu'on veut éprouver la fusibilité des corps, soit lorsqu'on a à réduire certains oxides métalliques, qui perdent difficilement leur oxygène, tels que les oxides de fer ou d'étain. Mais les opérations pyrognostiques ne se bornent pas à obtenir la plus haute température possible ; l'on a encore à produire d'autres phénomènes qui exigent une chaleur moins intense. Ces phénomènes sont l'oxidation et la réduction qui s'effectuent aisément l'une et l'autre, quoique diamétralement opposées.

L'oxidation a lieu lorsqu'on chauffe la matière d'essai devant la pointe extrême de la flamme, où toutes les parties combustibles sont bientôt saturées d'oxygène ; plus on l'écarte de la flamme, et mieux l'oxidation s'opère (pourvu que l'on puisse soutenir la température à un degré suffisant) ; une chaleur trop forte produit souvent le phénomène inverse, surtout lorsque la matière d'essai repose sur du charbon. L'oxidation est la plus active possible au rouge naissant. Il faut pour ce genre d'essai que le bec du chalumeau ait une ouverture plus large que dans les autres cas.

Pour opérer la *réduction*, on se sert d'un bec fin qu'il ne faut pas engager trop avant dans la flamme de la lampe ; par ce moyen, on donne naissance à une flamme plus brillante, résultat d'une combustion imparfaite, et dont les parties non encore consumées enlèvent l'oxygène de la matière d'essai, que l'on peut considérer alors comme chauffée dans une espèce de gaz inflammable. Si dans cette opération elle se couvre de suie, c'est une preuve que le feu est trop fumeux, ce qui affaiblit considérablement l'effet de l'insufflation. L'on regardait autrefois la flamme bleue comme la flamme propre à la réduction des oxides ; mais cette opinion est erronée : c'est véritablement la partie brillante de la flamme qui produit la désoxidation ; on la dirige sur la pièce d'essai, de manière à ce qu'elle l'environne également de tous côtés, et la mette à l'abri du contact de l'air.

Je le répète, c'est l'atmosphère combustible dans laquelle la matière d'essai est plongée, qui contribue le plus puissamment à sa réduction ; car celle qui est produite par le charbon dans ses points de contact avec l'oxide, s'opère aussi-bien dans la flamme extérieure que dans la flamme intérieure.

Le point le plus important dans les essais pyro-gnostiques est la faculté de produire à volonté l'oxidation et la réduction, et cette faculté s'acquiert promptement. L'oxidation est si facile que, pour apprendre à l'effectuer, il suffit du précepte; mais la réduction exige plus de pratique et une certaine connaissance des divers modes de conflagration. Une manière très-avantageuse de s'exercer à faire un bon feu de réduction, est de fondre un petit grain d'étain, et de le porter jusqu'au rouge blanc sur du charbon, de telle sorte que sa surface conserve toujours l'éclat métallique : l'étain a tant de disposition à s'oxider, qu'aussitôt que la flamme commence à se convertir en un feu d'oxidation, il se forme de l'oxide d'étain qui recouvre le métal d'une croûte infusible. On commence par opérer sur un très-petit grain d'étain, et l'on passe ensuite à des grains de plus en plus gros : plus la quantité d'étain que l'on peut ainsi maintenir à l'état métallique sous une haute température est considérable, et plus l'on est expert en son art (1).

____

(1) Si l'on jette sur une feuille de papier, dont les bords sont retroussés, un semblable grain d'étain métallique incandescent, ce grain se divise en plusieurs autres qui sautillent çà et là sur le papier, et brûlent avec une lumière très-vive.

V. *Du Support.*

Le charbon. — La substance que l'on veut soumettre à l'épreuve du chalumeau doit nécessairement reposer sur un corps solide, ou être fixée d'une manière quelconque. Ce qui convient le mieux pour cet objet est *du charbon de bois bien brûlé ;* celui fait avec le bois du pin pris dans sa force , et en général avec les bois à tissu lâche , doit être préféré. Le charbon de sapin est sujet à pétiller et rejette quelquefois la matière d'essai. Celui qui provient d'un bois dur et compacte donne tant de cendre, et cette cendre est quelquefois si ferrugineuse, qu'il ne faut s'en servir que quand on ne peut faire autrement : le hêtre et le chêne doivent être proscrits par ce motif. Je n'ai pas encore eu occasion de faire l'épreuve du buis. Gahn a toujours soupçonné que le charbon fait avec ce bois devait être le meilleur de tous pour les essais au chalumeau ; mais il n'a presque jamais eu lieu d'employer que notre charbon de pin. Des diverses espèces de charbon dont j'ai eu occasion de faire l'épreuve dans les pays où l'on ne trouve pas ceux dont j'ai parlé, il m'a paru que le charbon fait avec le *saule blanc ,* et en général avec toutes les espèces du genre saule, était le meilleur ; mais je donne encore la préférence à celui qui provient du pin mûr débité à droit fil ; on peut en tirer avec une scie de longs parallélipipèdes sur lesquels on n'a qu'à souffler pour en ôter la poussière et les rendre très-propres. Afin de fixer les fondans sur un point de la surface du support, on choisit pour receptacle l'une des deux faces perpendiculaires aux couches du bois ; placés sur les sections parallèles aux couches, les fondans s'étaleraient à la surface du support. Si l'espace situé entre les couches ligneuses se consume plus rapidement que les couches elles-mêmes, on y trouve cet avantage que la matière d'essai ne pose plus que sur leurs sommités, et n'a souvent ainsi que deux ou trois points de contact avec le charbon.

Il est presque inutile d'observer que le charbon dont on se sert doit être bien brûlé ; celui qui pétille, qui fume et qui brûle avec flamme ne peut pas servir aux essais. GAHN avait pensé que les charbons qui, dans nos fourneaux gradués, descendent quelquefois jusqu'à la tuyère sans se consumer, seraient meilleurs que d'autres pour les essais au chalumeau, parce qu'ayant perdu une partie de leur combustibilité, ils ne doivent pas brûler aussi vite. En conséquence, je ramassai une fois dans un fourneau gradué une certaine quantité de ce charbon. Je le trouvai beaucoup plus lourd et plus compacte que le charbon ordinaire, et en même temps très-difficile à brûler ; mais je reconnus avec étonnement que je ne pouvais pas obtenir avec ce charbon des températures aussi élevées qu'avec le charbon très-combustible dont je me servais habituellement. J'attribuai d'abord cette différence à ce que la chaleur rayonnante qui, dans le charbon ordinaire émane de la partie ignée, voisine de la matière d'essai, avait une part essentielle à l'élévation de la température ; mais je m'aperçus bientôt de mon erreur, lorsque ayant saisi mon nouveau support par un endroit très-distant du foyer, je le trouvai si chaud que je fus obligé de lâcher prise. Ce charbon devient donc en durcissant, bon conducteur de la chaleur, et il la conduit d'autant mieux qu'il est plus dense ; c'est peut-être aussi pour cette raison qu'il brûle si lentement : on voit d'après cela qu'il ne peut pas servir aux essais.

Le platine. — Dans les cas où l'effet réductif du charbon peut empêcher la réaction que l'on veut produire, on se sert d'un support de platine qui a tantôt la forme d'une petite cuiller, tantôt celle d'une feuille mince, et tantôt celle d'un fil.

a) *Cuillers de platine.* — On se servit long-temps, particulièrement pour le traitement des minéraux par la soude, de cuillers d'or ou d'argent ; mais ces cuillers étaient sujettes à fondre ou au moins à s'altérer par l'effet d'une chaleur trop forte. On les a remplacées depuis par des cuillers de platine. On donne à celles-ci une forme ronde, un quart de pouce de diamètre et une ligne de profondeur; elles sont munies d'une petite tige mince, courte et terminée en pointe. Lorsqu'on veut s'en servir, on enfonce la pointe de la tige dans un morceau de charbon qui alors fait seulement l'office de manche; plus le métal de ces cuillers est mince et plus elles sont faciles à échauffer. J'en ai vu en Angleterre qui étaient faites d'une lame mince de platine, ployée sur elle-même de chaque côté de la tige pour plus de solidité, à peu près comme on fait pour de petites cuillers de fer-blanc. La cuiller de platine est devenue un instrument tout-à-fait superflu dans les essais au chalumeau, depuis que l'on sait que les substances minérales peuvent se traiter par la soude, sur un support de charbon mieux que sur tout autre. D'ailleurs, la grandeur de la cuiller est un obstacle à l'obtention des hautes températures dont on a souvent besoin.

_b_) *Feuilles de platine.* — WOLLASTON a substitué aux cuillers une petite feuille de platine très-mince, dont on coupe une bande de deux pouces de long sur un demi-pouce de large. Cette feuille est, en raison de son peu de masse, susceptible d'être portée à un haut degré de température; lorsque l'on veut chauffer et oxider tout à la fois, on dirige la flamme du chalumeau contre sa surface inférieure. Le platine est si mauvais conducteur du calorique, qu'en posant la matière d'essai

sur une extrémité de la bande, on peut tenir
autre bout avec les doigts. Il ne faut pas traiter
sur des feuilles de platine les substances métalliques réguliformes, non plus que celles qui se réduisent au chalumeau, parce que le platine se
combine avec ces substances, entre en fusion et
se troue. Avec un peu d'attention, on peut se servir long-temps de la même feuille. Lorsqu'elle est
gâtée dans une partie, on la raccourcit d'autant,
et lorsque après plusieurs retranchemens la bande
est devenue trop courte pour qu'on puisse la tenir entre les doigts, on la saisit avec des pincettes.

c) *Fil de platine.* — GAHN, qui avait reconnu
le peu d'utilité des cuillers, et qui ne connaissait
pas l'usage des feuilles de platine, imagina un
autre moyen d'employer le même métal comme
support. Ce mode d'emploi est de beaucoup supérieur aux précédens, et les rend superflus pour
la plupart des cas. On prend un fil de platine de
deux pouces et demi de longueur, que l'on recourbe par un bout en forme de crochet. (*Voyez*
pl. II, fig. 18.) C'est ce crochet qui sert de support,
et voici comment : Après l'avoir humecté avec la
langue, on l'enfonce dans le flux qui s'y attache ;
après quoi on fond celui-ci à la lampe, de manière
à le convertir en une goutte qui se fige et s'arrête
dans la courbure ; on humecte ensuite la pièce
d'essai pour la faire adhérer au fondant préalable-

ment solidifié, et on chauffe le tout ensemble. On a ainsi une masse isolée, que l'on peut examiner commodément, sans avoir à redouter les illusions qui naissent quelquefois sur le charbon, du jeu des couleurs, alors que la boule d'essai se détache sur un fond noir.

Cette méthode remplit si parfaitement son but, que, dans beaucoup de cas, le fil de platine doit être préféré au charbon de bois, et nommément toutes les fois que l'on ne veut produire la réduction d'aucun oxide métallique. En général, toutes les oxidations doivent être faites sur le fil de platine, ainsi que les réductions où l'on n'a en vue que des changemens de couleur. C'est ici le lieu de remarquer que le platine n'est nullement attaqué ou phosphuré par le sel de phosphore. J'ai vainement cherché à le phosphurer même en chauffant sur le charbon, au moyen du chalumeau, la pointe d'un fil de platine dans un mélange d'acide boracique et de sel de phosphore.

Lorsqu'on a poussé la réduction jusqu'au degré que l'on juge convenable, et que l'on veut par un refroidissement subit du globule, l'empêcher de s'oxider de nouveau, on peut d'un léger coup de doigt, appliqué sur le fil de platine, faire sauter le globule en fusion sur un corps froid, tel qu'une capsule de porcelaine ou une enclume sur laquelle il se refroidit aussitôt. Il faut avoir plusieurs fils de platine à sa disposition, pour n'être pas obligé d'enlever avec effort le verre qui s'est formé dessus, ou d'attendre après, lorsqu'on laisse à l'eau le soin de le détacher peu à peu.

En voyage il est quelquefois difficile de se procurer de bon charbon pour les essais, et l'on n'en peut pas porter une grande provision avec soi. Le fil de platine est alors tout-à-fait indispensable, et l'on réserve le charbon pour les expériences où il s'agit de ramener un oxide à l'état métallique, ou de griller un sulfure métallique, ou un alliage d'arsenic. — Le diamètre du fil de platine est à peu près arbitraire. Le plus fin est le meilleur, pourvu toutefois qu'il ne le soit pas au point de se courber sous une vive insufflation. S'il est trop trop gros, il absorbe trop de chaleur.

Le disthène. — DE SAUSSURE père employa, comme support, à une époque où l'on ne connaissait pas encore l'usage des feuilles de platine, des fils fins tirés d'un minéral infusible, que l'on appelle *disthène*, *cyanite*, ou *sappare*. Ce minéral se divise naturellement en fils déliés, qu'il fixait par un bout dans un tube de verre, en faisant fondre ce dernier aux points de contact. Ce tube lui servait de manche. Il collait ensuite le grain d'essai sur l'autre extrémité du fil, soit avec de l'eau pure, soit avec de l'eau gommée, et le soumettait dans cet état à l'action du chalumeau. Ce minéral n'est pas assez commun pour que tout le monde puisse s'en procurer, et son usage est devenu superflu depuis que l'on a des feuilles de platine. Le dis-thène a d'ailleurs le défaut d'être attaquable par les fondans.

Les *lames de mica* peuvent quelquefois s'employer dans le grillage des fossiles métalliques, lorsqu'on aurait lieu de craindre l'effet réductif du charbon sur les points avec lesquels il serait en contact.

Tubes de verre. —Dans les cas où il faut griller la matière d'essai pour reconnaître les substances avec lesquelles elle est engagée, je me sers d'un tube de verre, long de deux pouces au moins sur une ligne de diamètre, et ouvert par les deux bouts. J'y introduis la matière d'essai, et je la place à peu de distance de l'une de ses extrémités ; puis j'incline le tube de manière que cette extrémité soit la plus basse. Selon que j'ai besoin d'une chaleur plus ou moins forte, je chauffe, ou avec la lampe à l'esprit-de-vin, ou avec la lampe ordinaire au moyen du chalumeau ; et selon qu'il faut établir autour de la matière d'essai un courant d'air plus ou moins rapide, j'incline plus ou moins le tube qui la renferme. Alors les parties de la matière qui, sans être des gaz permanens, sont volatiles, forment un sublimé dans la région supérieure du tube où on peut les recon-

3*

naître, Ce petit appareil est représenté, planche II, figure 19.

Matras. — Lorsqu'on veut reconnaître la présence de l'eau ou de toute autre substance volatile non combustible, contenue dans un minéral, ou lorsque la substance à essayer est de nature à décrépiter fortement, c'est le cas de les chauffer dans un matras, tel que A, fig. 20, pl. II, dont la panse est assez large pour permettre à l'air de circuler, et aux substances volatiles de se dégager. Dans le cas contraire, c'est-à-dire, lorsque l'on a des corps combustibles, tels que le soufre, l'arsenic, etc., à séparer de la matière d'essai par voie de sublimation, il ne faut pas prendre un matras à large panse, attendu que le renouvellement de l'air dans un matras de cette espèce, pourrait occasioner la combustion des substances qui se dégagent.

Von Engeström prescrit de chauffer les corps décrépitans dans une petite fosse pratiquée sur un morceau de charbon que l'on recouvre avec un autre morceau de la même matière, en laissant une petite ouverture pour l'introduction de la flamme.

Bergman se servait, dans le même cas, tantôt d'un tube de verre fermé à la lampe, tantôt d'une cuiller surmontée d'un couvercle à charnière; ce dernier appareil est très-commode. Wollaston place la substance décrépitante dans un pli de feuille de platine. Gahn préférait à tout cela un petit matras de verre ; mais il ne l'employait que pour les cas où il y avait décrépitation, et il n'avait pas donné une attention particulière aux effets de la sublimation.

Dans les essais de substances métalliques, on a très-souvent besoin de tubes et de matras de verre, et dans beaucoup de cas une expérience suffit pour les mettre hors de service. On doit donc en être abondamment pourvu. Ils ne sont pas commodes à porter en voyage, et en cas de besoin, il est souvent difficile de s'en procurer de nouveaux. Je me sers habituellement de tubes d'une épaisseur médiocre, que je coupe par bouts de cinq à six pouces, et que je renferme dans un étui de bois ou de fer-blanc. La partie d'un *tube ouvert* sur laquelle la matière d'essai a reposé dans une opération ne peut pas subir un second feu sans se fêler, parce que le verre s'est ordinairement déformé en cette partie par l'effet du premier ; en conséquence on la retranche du tube au moyen d'une lime, et l'on nettoie l'intérieur de la partie qui reste avec un fil d'acier, entouré d'un peu de papier ; cela fait, on peut encore l'utiliser. En raccourcissant ainsi le tube d'un demi-pouce à chaque opération, on peut employer le même bout jusqu'à sept ou huit fois. La même chose s'applique aux petits matras, ou tubes fermés à la lampe. A chaque essai nouveau on retranche le bout dont on s'est servi, et l'on nettoie l'intérieur de la partie restante. Les matras proprement dits sont rarement soumis à un feu capable de les altérer; on peut en conséquence les faire servir très-long-temps; toutefois il est bon d'en avoir constamment une couple sous la main. Quant aux tubes fermés par un bout, le mieux est de les préparer au moment où on en a besoin, à l'aide du chalumeau et de la lampe à esprit-de-vin. On peut ainsi employer successivement le même tube ouvert ou fermé suivant les besoins. Quand un tube est devenu trop court pour être employé ouvert, il peut encore servir dans les essais qui exigent un tube fermé.

VI. *Instrumens accessoires.*

1. *Pincettes.* — Il y en a de plusieurs sortes et pour différens besoins.

a) *Pincettes servant à maintenir la pièce d'essai durant l'insufflation.*

On s'en sert pour saisir de petites écailles dont on veut éprouver la fusibilité, et qui abandonnées à elles-mêmes sur le charbon seraient emportées par le courant d'air. Si ces pincettes ne sont pas en entier de platine, il faut au moins que les serres soient faites de ce métal; le mieux est de les faire en acier dans la forme représentée par la figure 21, pl. III. On les y voit sous deux faces.

ab, *ab* sont deux lames d'acier qui portent chacune à leur extrémité *b* une petite alonge de platine *bc*, fixée sur l'acier au moyen d'une paire de clous. Ces deux lames sont clouées par le milieu à une même plaque de fer *ee*, qui divise le système entier en deux paires de pincettes opposées : l'une *ea* formée de deux larges serres d'acier, ayant entre elles un certain intervalle ; l'autre *ec*, terminée par deux serres de platines, étroites, minces et longues, qui s'appliquent l'une sur l'autre de *b* en *c*, en vertu du ressort des lames d'acier. Pour les ouvrir, il suffit de serrer entre le pouce et l'index les deux boutons *dd* dont chacun traverse une lame et est fixé sur l'autre ; elles s'écartent alors et peuvent recevoir la pièce d'essai qui se trouve saisie et maintenue par la force élastique des pincettes, aussitôt que l'on cesse d'appuyer sur les boutons. Les serres de platine doivent être assez fortes en *b* pour pouvoir résister à la pression du ressort d'acier ; mais il faut que leur épaisseur et leur largeur diminuent progressivement de *b* vers *c*, pour que leur masse n'enlève pas trop de chaleur à la matière d'essai. Les serres d'acier doivent être endurcies en *a*, si l'on ne veut pas qu'elles s'éraflent ou s'écornent lorsqu'on les emploie à détacher des grains de fonte sur les minéraux que l'on veut essayer.

Ces pincettes nous ont été apportées de

France, et remplissent parfaitement bien leur objet.

Celles dont on se sert en Angleterre pour le même usage, ont une forme différente et moins commode. La fig. 22, pl. III, en représente le profil. Les branches *ab* sont de laiton, et adhèrent en *a*; elles se terminent comme les précédentes, par des pointes de platine fixées à clou; ces pincettes se tiennent naturellement ouvertes, on les ferme avec un bouton à deux têtes, qu'on peut faire glisser en avant ou en arrière dans des ouvertures oblongues pratiquées dans les branches; lorsqu'on pousse le bouton de *a* vers *c*, les branches se rapprochent; leurs pointes se touchent lorsque le bouton est placé contre les pièces *ee*; celles-ci ne sont autre chose que deux morceaux de bois fixés sur les branches, et au moyen desquels on s'en saisit. Le laiton est si bon conducteur du calorique que, sans cette précaution, on serait exposé à se brûler les doigts après quelques instans d'insufflation sur une pièce fixée entre les pointes.

b) Lorsque l'objet que l'on veut maintenir exige un plus grand déploiement de force, on se sert de pincettes de fer du genre de celles que je viens de décrire. (*Voyez* pl. III, fig. 23.) Le bouton *dd*, au moyen duquel on ferme ces pincettes, est muni postérieurement de ressorts d'acier qui l'empêchent de glisser en arrière, lorsque le diamètre de l'objet saisi par les pincettes nécessite un écartement un peu considérable des branches.

c) Pour enlever de petits grains d'essai sur des échantillons que l'on craint d'endommager, ou pour diviser nettement de petites parcelles, on se sert de pinces à couper, faites à peu près comme des ciseaux-tenailles (fig. 24), avec cette différence que le tranchant des premières doit être moins fin que solide ; autrement il ne tarderait pas à s'ébrécher.

d) Il faut aussi des pincettes particulières pour ajuster la mèche de la lampe ; celles dont je me sers sont en fer, et portent un poinçon à leur extrémité postérieure.

2. *Marteaux.* — On doit avoir deux bons marteaux d'acier durci ; l'un destiné à forger les grains de métal réduit, a sa base ronde et polie, et se termine supérieurement par un cône étroit dont le sommet est obtus et sert à détacher des pièces d'essai, alors que le choc doit être concentré sur une petite surface ; l'autre marteau a sa base quadrangulaire et ses bords tranchans ; son sommet a la forme d'un ciseau, et peut être employé comme tel. Ce marteau ne sert qu'à entamer les échantillons minéralogiques dont on veut tirer des pièces d'essai ; son emploi est d'autant moins dommageable pour les échantillons que ses arêtes sont

plus vives et plus tranchantes : lorsqu'elles commencent à s'arrondir il faut les aiguiser de nouveau.

3. *Enclume*. — Une enclume est nécessaire pour briser les minéraux, pour aplatir les boules de métal réduit, etc. V. ENGESTRÖM et BERGMAN employaient pour cet effet des plaques d'acier poli, de deux pouces en carré, et de $\frac{1}{4}$ de pouce d'épaisseur. Pour empêcher que la pièce d'essai ne fût projetée au loin par le choc du marteau, ils plaçaient au milieu de la plaque un anneau d'acier, dans la circonférence duquel s'exécutait le travail. La fig. 25 représente une plaque semblable avec son anneau. GAHN substitua à cette enclume un parallélipipède d'environ trois pouces de longueur sur un pouce d'épaisseur et $\frac{1}{8}$ de pouce de largeur, fig. 26. Cet instrument a l'avantage de présenter plusieurs faces qui toutes peuvent remplir le même office, de comporter une percussion plus forte, et de se placer plus aisément que l'autre dans la trousse de voyage que je décrirai plus loin. L'anneau est un accessoire tout-à-fait superflu, et qui d'ailleurs ne remplit pas son but. Lorsqu'on veut écraser un minéral, on l'enveloppe dans du papier, puis on lui applique quelques bons coups de marteau sur l'enclume. Le papier empêche toute dispersion de la matière, et bien qu'elle se réduise en poudre, tout se retrouve après l'opération. Lors-

que j'ai à forger un grain de métal réduit, je le recouvre d'un peu de papier mince, et j'appuie dessus avec le doigt ; de manière à mouler le papier sur le métal ; je me sers ensuite du marteau, en ayant soin d'assujettir les bords du papier avec mes doigts durant l'opération. Si le métal est cassant, la poussière qui se forme reste sur l'enclume ; s'il est malléable, on obtient une paillette, dont les arêtes s'attachent au papier, à l'aide duquel on peut ensuite la tenir et l'examiner à son aise.

4. *Couteau.* — On a besoin, dans un très-grand nombre de cas, d'un couteau fabriqué avec de bon acier, dont le tranchant et la pointe soient bien affûtés, sans être très-aigus. Ce couteau doit être aimanté. Celui dont je me sers a les dimensions et la forme d'un canif à une lame, et peut se fermer. A l'aide de cet instrument on juge le degré de dureté des corps par la difficulté plus ou moins grande avec laquelle l'acier les entame, ou par la résistance absolue qu'ils opposent à la division de leurs parties. C'est avec l'extrémité de la lame, préalablement humectée dans la bouche, que l'on prend les fondans, et quand cela est nécessaire, qu'on les pétrit avec la poussière d'essai dans le creux de la main gauche, etc. Bref, ce couteau est un des instrumens les plus indispensables parmi ceux qui se rapportent à l'emploi du chalumeau.

5. *Limes.* — Il faut en avoir une triangulaire, une plate, une ronde et une demi-ronde. On s'en sert pour différens objets qu'il est inutile d'énumérer ici.

6. *Un petit mortier avec son pilon* en agate ou en calcédoine. Plus il est petit mieux il vaut. Celui dont je me sers n'a pas tout-à-fait deux pouces de diamètre sur un demi-pouce de hauteur en dehors. Sa cavité a $\frac{5}{16}$ de pouce de moins en largeur et profondeur (1).

Il est bon que le fond du mortier ait quelque transparence ; mais il doit être exempt de toute gerçure ou crevasse dans laquelle les substances que l'on broie pourraient se loger. Pour le nettoyer on doit toujours tenir auprès un petit morceau de pierre ponce sans lequel on ne pourrait pas enlever les traces qu'y laissent quelquefois les substances métallifères.

7. *Un tube conique de fer étamé*, pl. III, fig. 28,

---

(1) GAHN ayant une fois perdu le pilon d'un semblable mortier, prit un bouton de calcédoine, d'un diamètre proportionné à celui de l'ouverture, et le colla avec de la cire d'Espagne sur un bouchon de liége ; ce nouveau pilon fut le seul dont il se servit par la suite. J'ai été obligé d'avoir recours au même expédient, et j'ai cru devoir le rapporter ici pour l'utilité de ceux qui se trouveraient dans un cas semblable.

dont les deux extrémités sont affûtées à la lime
de manière à présenter deux tranchans circulaires.
Ce cône sert à creuser dans les charbons des fosses
bien régulières et bien unies. On peut les faire
plus ou moins grandes suivant que l'on emploie
le gros ou le petit bout. La figure représente un
petit flacon introduit dans le tube conique qui lui
sert d'étui en voyage.

8. *Un microscope.* — La figure 27 montre la forme
la plus convenable que la monture de cet instrument puisse avoir tant pour le transport que pour
l'emploi. Il porte deux verres de différente force ,
lesquels, ainsi que WOLLASTON l'a démontré, doivent être plans d'un côté afin d'agrandir le champ
de la vision distincte. Dans les expériences que
nous avons en vue , on est presque toujours forcé
d'avoir recours à cet instrument pour porter un jugement sur les résultats , et l'on doit bien se garder de déterminer une couleur avant de l'avoir vue
au microscope, parce que la lumière réfléchie par
le charbon sur de petits globules de verre produit
souvent dans les couleurs des modifications apparentes que le microscope détruit.

9. *Une boîte pour serrer les réactifs.* — Le succès
des expériences pyrognostiques dépend très-souvent de la facilité avec laquelle on peut se procurer
dans une série d'essais les fondans et les autres
réactifs dont on a besoin. Sans cette facilité on est

exposé à omettre l'emploi du réactif qui seul peut donner un résultat décisif. Cette considération conduisit GAHN à chercher la forme la plus convenable à donner à une boîte où tous les réactifs seraient ensemble à la portée de l'opérateur, et où il pourrait, de la main droite, ouvrir et fermer les cases particulières à chacun d'eux, et prendre ceux dont il aurait besoin, sans être obligé de dessaisir sa main gauche du support et de la matière d'essai. La forme à laquelle il s'arrêta est représentée pl. III, fig. 30. Cette figure est celle d'une boîte à compartimens, de 8 pouces $\frac{1}{2}$ de longueur sur 1 pouce $\frac{3}{16}$ de largeur, et 1 pouce de hauteur lorsqu'elle est fermée. Elle se divise en neuf cases pourvues chacune d'un couvercle particulier, indépendamment du couvercle commun qui ferme au moyen d'une paire de crochets, et qui, pour plus de solidité, est garni de deux traverses correspondantes aux intervalles ménagés entre le second et le troisième couvercle à compter de chaque bout. Ce couvercle commun est fixé à la boîte par des charnières de métal ; mais les couvercles particuliers sont pourvus d'articulations taillées dans le bois, et tournent sur un axe commun qui s'étend d'une extrémité à l'autre de la boîte. Ces articulations de bois exigent beaucoup d'habileté de la part de l'ouvrier, et augmentent considérablement le prix de la boîte. On peut s'épargner la dépense qu'elles entraînent

en les remplaçant par des bandes de maroquin col-
lées mi-partie sur le bord postérieur interne de la
boîte, et mi-partie sur les couvercles. Ces bandes
de maroquin se reploient sur elles-mêmes lorsqu'on
ouvre les cases, et valent tout autant, pour ne pas
dire mieux, que les charnières en bois. Les réactifs
le plus ordinairement employés ont chacun leur
case, et ceux dont on ne se sert que rarement et
dans des cas particuliers, sont enveloppés dans du
papier et réunis par paquets dans un même com-
partiment.

10. *Un plateau* de tôle non étamée, de 12 à 14
pouces de côté, avec un rebord d'un demi-pouce.
Ce plateau, sur lequel repose la lampe pendant les
expériences, est destiné à recevoir les matières qui
tombent. Une feuille de papier blanc en recouvre
le fond.

11. *Un bouchon de liége au travers duquel passe
un tube* terminé par une ouverture étroite, pl. II,
fig. 20, B.

Ce tube fait partie d'un petit appareil qui sert à
laver un métal réduit pour le débarrasser de la poussière de charbon au milieu de laquelle il se trouve
engagé dans certaines expériences que je décrirai
plus loin. A cet effet on enfonce le bouchon dans
la tubulure d'un flacon à demi plein d'eau que l'on
renverse, et dans lequel on souffle de manière à
comprimer l'air intérieur. Cet air venant ensuite à

se dilater produit un jet d'eau. Attendu que l'on trouve partout des flacons, il suffit en voyage d'avoir avec soi le tube et le bouchon. Ce dernier doit avoir une forme très-évasée afin de pouvoir s'adapter à des ouvertures de différens diamètres.

12. *Un flacon cylindrique de fer-blanc* fermant à vis de même que la lampe, et contenant la provision d'huile. Cette provision est nécessaire en voyage lorsqu'on vient à s'arrêter dans des lieux où l'on ne trouverait pas à acheter l'espèce d'huile dont on a besoin.

13. *Un étui quadrilatère de fer-blanc pour serrer un ou deux gros morceaux de charbon* que l'on a soin d'envelopper auparavant dans du papier, de manière à remplir les vides; sans cette précaution le charbon se pulvériserait en route par l'effet des secousses, et la poussière formée se répandrait sur tout.

14. *Une petite botte oblongue de tôle vernie*, dont le couvercle aussi-bien que le fond sont garnis intérieurement de coussins de soie qui en remplissent la capacité. C'est entre ces coussins que l'on place tous les petits objets, tels que les becs de chalumeau, les ajutages de platine, les feuilles et les fils du même métal; une aiguille pour déboucher les trous quand cela est nécessaire; une petite sanguine polie avec laquelle on frotte les substances métalliques réduites, mais non liquéfiées,

afin de reconnaître si elles prennent ou non l'éclat métallique, etc.

15. *Un étui de bois ou de fer-blanc pour mettre les tubes de verre.*

16. *Un briquet.* Celui dont je me sers habituellement est un petit flacon de phosphore dont le bouchon (de verre ou d'étain), est enduit de suif et ferme hermétiquement.

17. *Quelques boîtes cylindriques* contenant des provisions des fondans les plus usités, comme borax, sel de phosphore et soude.

18. *De petites capsules de porcelaine*, de $\frac{1}{4}$ de pouce de diamètre, sur $\frac{3}{8}$ p. de hauteur, propres à recevoir les particules minérales dont on doit faire l'essai, ou les pièces déjà essayées dont on doit faire la description.

Ces instrumens divers ne doivent être ni épars ni entassés confusément. Il faut pour l'opérateur qu'ils soient disposés de manière à ce qu'il les ait tous sous sa main, et qu'il puisse en un instant se dessaisir et se ressaisir de l'un quelconque d'entre eux, sans être obligé de le chercher dans la foule. Or il y a un mode d'arrangement pour le laboratoire, et un autre pour les voyages. Je vais décrire successivement les deux systèmes adoptés par Gahn, systèmes dont une longue pratique m'a fait éprouver la bonté.

Pour serrer les instrumens dans le laboratoire,

on a une table particulière. Sa forme est arbitraire, néanmoins j'ai cru devoir donner, pl. IV, fig. 34, la représentation d'une table semblable à celle dont GAHN se servait. Elle porte à ses deux bouts deux tiroirs qu'on a représentés ouverts dans la figure, pour mettre en évidence leur distribution intérieure. Chaque tiroir est porté sur deux bras qui le surpassent de beaucoup en longueur; ces bras glissent dans des rainures pratiquées sur deux pièces de bois fixées au-dessous des tiroirs, et dont les bords internes reçoivent les bras d'un tiroir, tandis que leurs bords externes reçoivent les bras de l'autre. Au moyen de cette disposition, on peut les sortir en entier sans risquer de les faire tomber.

C'est principalement dans ces deux tiroirs que l'on renferme les instrumens qui se rapportent à l'usage du chalumeau. On met dans le tiroir situé à droite, ceux dont l'emploi est le plus fréquent; les instrumens dont on se sert plus rarement se placent dans le tiroir gauche. Pour empêcher la confusion des pièces déposées dans un même tiroir, on divise leur capacité en plusieurs compartimens oblongs par des boîtes de fer-blanc, contiguës les unes aux autres; ces boîtes sont amovibles et peuvent être nettoyées lorsque cela est nécessaire. Sur le devant de la table sont quatre autres tiroirs également divisés, selon les besoins, en petites cases de fer-blanc ou de carton. Dans l'un, on serre la lampe et son plateau ; dans les autres, des charbons tout taillés, des provisions de fondans, de mèches, de substances à essayer, etc. Derrière le pied droit de la table est un crochet d'où pend un essuie-main.

Pour serrer les instrumens en voyage, on a un étui de peau fait à l'instar d'une trousse de chirurgien. Voy. la fig. 35, pl. IV. Cet étui consiste en une pièce de maroquin de 40 à 42 pouces de long sur 18 de large, doublée d'une bande de 10 pouces de largeur, qui règne au milieu et sur toute la longueur de l'étui. Sur cette doublure s'applique une troisième bande de 6 pouces $\frac{1}{2}$, piquée de distance en distance, de manière à former de 25 à 30 gaînes transversales, les unes plus larges, les autres plus étroites, où l'on insère les instrumens. Les bords de l'enveloppe, qui sont dépourvus de doublure, se reploient en dedans, et se nouent ensemble avec de petits cordons, après quoi on roule l'étui sur lui-même, et on le noue au moyen d'une courroie double attachée à l'une de ses extrémités. Les gaînes particulières doivent être piquées sur les instrumens mêmes, pour mieux en prendre la forme. La plus grande se place à l'extrémité de l'étui qui doit se trouver au centre lorsque cet étui est roulé sur lui-même ; les petites divisions se placent entre les grandes. On ménage, pour les besoins éventuels, un certain nombre de cases supplémentaires. Un pareil étui présente cet avantage, que lorsqu'il semble rempli, on peut encore, en cas de nécessité, y trouver place pour une moitié en sus du volume des objets qu'il renferme. Les instrumens y sont à l'abri d'une collision mutuelle, et le tout ensemble occupe le plus petit espace possible, et peut se trouver en contact avec des objets fragiles sans les endommager. En voyage, j'ai coutume d'envelopper ma trousse dans un sac de toile que je mets dans un des coins de la voiture, pour l'avoir toujours à ma portée. Lorsque je dois séjourner quelque part, je la déroule et la suspends au mur de mon appartement.

J'ai cru devoir décrire avec quelque détail ces deux modes de disposition collective. Ils sont le résultat et le terme des nombreux essais faits par GAHN, pour porter la chose à son plus haut degré de perfection ; en s'y conformant de point en point, on s'épargnera la répétition des mêmes essais, avec la chance d'arriver à un résultat moins satisfaisant.

Outre les instrumens que je viens d'énumérer, il en est encore quelques-uns dont j'ai soin de me munir pour les voyages, et que je serre dans l'étui commun. L'usage de ces derniers ne se rattache pas précisément à celui du chalumeau, mais ils peuvent être très-utiles à un voyageur chimiste ; tels sont :

19. Un petit étau que l'on fixe sur le support de

la lampe, et que l'on hausse ou baisse au moyen d'une vis de pression. On l'a représenté, pl. II, fig. 19, *i k*. Il offre supérieurement une entaille profonde *i*, dont on peut rapprocher les lèvres au moyen d'une vis *l*, et dans laquelle on fixe un triangle de tôle *a b c*, destiné à recevoir une capsule ou des creusets de platine. Ce triangle est formé par la réunion de deux pièces *a b d* et *a c d* qui tournent en *d* sur une charnière commune, au moyen de laquelle on peut plier le triangle en deux pour le serrer dans la trousse. Les petits trous *e f g h*, du côté *a b*, sont destinés chacun à recevoir l'extrémité recourbée d'un fil d'acier, dont l'autre bout s'attache autour de la pointe homogramme du côté *b c*; on peut ainsi former dans le grand triangle *a b c* quatre triangles de grandeurs décroissantes, en partant de *h h*. Cette disposition a pour objet de diminuer l'ouverture du grand triangle toutes les fois que le diamètre de la capsule ou du creuset de platine est plus petit que celui du cercle inscrit dans ce triangle. Les dimensions de la figure sont ici un peu moindres que celle de l'appareil dont je me sers.

20. *Un petit vaisseau de platine* qui occupe conjointement avec la lampe à esprit-de-vin la plus grande division de la trousse. Ce vaisseau est muni d'un manche de bois. (*Voyez* mes Élémens de chimie, troisième partie, pl. I, fig. 3 et 4).

21. *Une aiguille aimantée avec une chappe d'a-gate,* tournant sur une tige d'acier, pl. III., fig. 32, A, et fig. 31.

22. *Une aiguille électrique d'Haüy,* fig. 32, B, pour laquelle on emploie le même pivot que pour l'aiguille aimantée.

23. *Un cristal de spath calcaire parfaitement lim-pide* pour les expériences d'électricité. Les pièces n° 21, 22 et 23, se mettent conjointement dans un petit étui plat.

24. *Un étui cylindrique ouvert par les deux bouts,* pl. III, fig. 33. Une moitié de ce cylindre est occupée par un pied ou support, fait d'un tube de verre rempli de cire d'Espagne, et terminé par une petite pointe d'acier sur laquelle l'aiguille oscille lorsque le support doit être isolé. L'autre bout de l'étui reçoit un support conique, également de cire d'Espagne, dans lequel est engagé un poil de chat. Cet électroscope inventé par Haüy est le plus sensible de tous et rend les autres presque superflus pour les recherches phsyico-minéralogiques. On frotte le poil entre ses doigts pour y susciter l'électricité négative, et lorsqu'on lui présente ensuite un corps électrique, il en est attiré ou repoussé suivant que ce corps est électrisé positivement ou négativement. Si le poil n'a subi aucune friction, il est attiré également par tous les corps électriques, et met en évidence des électricités assez

faibles pour échapper à l'influence de l'aiguille électrique.

25. *Un barreau aimanté* pour équilibrer l'aiguille aimantée dans l'épreuve magnétique, indiquée par HAÜY (1).

26. *Une paire de petits oiseaux.*

27. *Une paire de pinces appelées brucelles*, pour poser ou enlever les creusets que l'on chauffe avec la lampe à esprit-de-vin.

28. *Une petite pierre de touche et quelques ai-*

---

(1) Cette expérience, dont l'objet est de découvrir les plus petites traces de force magnétique dans les minéraux, se fait ainsi qu'il suit : On place un barreau aimanté à une certaine distance de l'aiguille aimantée en suspension, de manière que le pôle nord du barreau, par exemple, soit en regard du pôle nord de l'aiguille, après quoi on approche lentement le barreau de l'aiguille, jusqu'à ce que, par l'effet de la répulsion mutuelle des pôles de même nom, l'aiguille ait pris une direction perpendiculaire à celle qu'elle avait d'abord ; à cet instant, la répulsion de l'aimant fait équilibre au magnétisme terrestre, et la moindre force qui viendra ensuite à agir sur l'aiguille l'emportera sur la résistance de l'aimant. Au moyen de ce système, on peut reconnaître l'existence d'une force magnétique qui ne serait pas capable d'agir sur l'aiguille dans sa situation ordinaire. Il faut prendre garde, dans cette expérience, de communiquer par le maniement aucune électricité au minéral ; car cette électricité agirait sur l'aiguille aimantée comme une force magnétique.

guilles d'essai, faites avec des alliages d'or de différens titres, pour faire l'épreuve de l'or.

VII. *Des réactifs et de leur emploi.*

CRONSTEDT n'employait communément que trois réactifs; le sous-carbonate de soude, le borate de soude et le sel double formé du phosphate de soude et du phosphate d'ammoniaque, sels que je désignerai dorénavant, pour plus de brièveté, par les noms techniques et respectifs de *soude*, *borax* et *sel de phosphore*.

Ces réactifs sont encore ceux dont on se sert aujourd'hui; et dans la multitude des substances que l'on a essayées depuis CRONSTEDT, il ne s'en est pas trouvé une qui pût tenir lieu de l'un quelconque de ces trois sels. C'est un fait assez remarquable, que dès l'enfance de l'art on ait réussi à découvrir les meilleurs. A ces réactifs, qui sont les principaux et dont on a toujours besoin, on en a depuis ajouté quelques autres dont l'emploi n'est pas aussi fréquent, mais qu'il faut avoir à sa disposition pour les cas où ils sont nécessaires. Je vais traiter successivement des différens sels employés comme réactifs dans les essais au chalumeau, et expliquer relativement à chacun d'eux l'objet et le mode de son emploi.

1. *Soude.* (Carbonate de soude.) On peut pren-

dire indifféremment le carbonate ou le bicarbonate, mais l'un et l'autre doivent être parfaitement purs et surtout exempts d'acide sulfurique. La meilleure manière d'obtenir le bicarbonate est d'imprégner de gaz acide carbonique une dissolution concentrée de soude purifiée, telle que celle qu'on trouve chez les pharmaciens. Dans cette opération le bicarbonate se précipite sous la forme de petits grains cristallisés, que l'on fait sécher après deux lavages à l'eau froide. On recueille le sel en poudre fine avec ou sans ignition préalable. Dans le second cas il prend plus de place; mais dans le premier, c'est-à-dire lorsqu'il a été chauffé jusqu'au rouge, il a cet inconvénient, que si le couteau avec lequel on en prend est humide, l'humidité se communique peu à peu au reste de la poudre et la transforme en une masse grumeleuse.

On peut avoir en vue deux objets principaux en employant la soude : 1° reconnaître si les corps combinés avec cette substance sont fusibles ou infusibles; 2° favoriser la réduction des oxides métalliques.

Sous ces deux rapports la soude est un des réactifs les plus indispensables.

a) *Fusion des corps par la soude.* Un très-grand nombre de corps ont bien la propriété de se combiner avec la soude à une haute température; mais la plupart de ces combinaisons sont infusibles.

Ce n'est qu'avec les acides et avec un petit nombre d'oxides métalliques, y compris la silice, qu'elle forme des combinaisons fusibles, encore sont-elles pour la plupart absorbées par le charbon.

Celle de ces combinaisons qui revient le plus souvent dans les essais au chalumeau, est le verre qui se fait avec la silice ou les minéraux siliceux, et dont je parlerai plus amplement à l'occasion de cet oxide et de l'épreuve des silicates.

Relativement à l'emploi de la soude, il y a plusieurs choses de détail à observer. On en prend dans la boîte la quantité dont on a besoin, avec la pointe d'un petit couteau que l'on a préalablement humectée dans sa bouche pour que le réactif pulvérulent s'y attache. On l'applique ensuite dans le creux de la main gauche, et lorsque cela est nécessaire, on l'humecte encore un peu, de manière à en former une masse cohérente. Si la substance que l'on veut essayer est pulvérulente, il faut la pétrir dans la main conjointement avec la soude; mais si cette substance est sous forme de paillette ou de grain, on applique la soude à sa surface, puis on la chauffe sur le charbon, d'abord jusqu'à siccité, et enfin jusqu'à ce qu'elle fonde. Il arrive ordinairement que la soude est absorbée par le charbon un instant après sa fusion; mais cette absorption n'empêche pas son effet sur la matière d'essai; car si celle-ci est fu-

sible par la soude, elle la repompe bientôt après :
une effervescence prolongée se manifeste à sa surface, ses bords s'arrondissent, et le tout se transforme en un globule de verre liquéfié. Si la matière
d'essai est infusible dans la soude, mais susceptible d'être décomposée par elle, on la voit s'enfler
peu à peu, et changer d'apparence sans entrer en
fusion ; toutefois, avant de prononcer sur l'infusi-
bilité d'une telle substance par la soude, il faut
avoir essayé au chalumeau le mélange du fondant
avec cette substance *pulvérisée*. Si dans ces essais on
prend trop peu de soude, une partie de la matière
demeure à l'état solide, et le reste forme à l'entour
une couverte d'un verre transparent ; si l'on en met
trop, la boule de verre devient opaque en se refroidissant. Il peut arriver que la matière d'essai
renferme une substance qui, étant infusible dans
le verre de soude, lui ôterait sa transparence ; alors,
pour ne pas être induit en erreur sur la nature du
verre, il faut, dans les deux cas précités, ajouter
à la masse une nouvelle quantité de la matière
dont on croit n'avoir pas mis assez au commencement, et voir si l'on n'obtiendra pas ainsi un globule de verre limpide. En général, la meilleure
méthode consiste à employer la soude par petites
doses que l'on ajoute successivement à la masse,
en remarquant les variations produites par des proportions différentes de ce fondant. Il arrive quel-

quefois dans ce genre d'essai que le verre se colore au moment où le refroidissement commence, et finit par prendre une teinte qui peut varier du jaune au rouge hyacinthe foncé ; il devient même quelquefois opaque et jaune brun. Ces phénomènes ont lieu lorsque la pièce d'essai ou la soude contiennent de l'acide sulfurique ou seulement du soufre, et la coloration résulte de l'hépar ou foie de soufre, développé par l'action réductive du charbon. Si cette coloration se reproduit constamment avec la même soude, c'est une preuve qu'elle contient du sulfate de soude, et alors il faut la rejeter ; mais si elle donne habituellement un verre incolore, en cas de coloration, c'est la matière d'essai qui contient du soufre ou de l'acide sulfurique.

CRONSTEDT et BERGMAN prescrivaient de fondre la soude avec les minéraux dans une cuiller de métal, parce qu'ils croyaient que l'absorption de la soude par le charbon empêchait son action sur la matière d'essai. GAHN n'employait jamais de cuillers dans le même cas, parce que la masse en fusion s'étale sur les surfaces métalliques, tandis qu'elle prend sur le charbon une forme globulaire sous laquelle on peut mieux juger sa couleur et son degré de transparence.

b) *Réduction des oxides métalliques.* — Ce genre d'essai, par lequel on découvre souvent des quantités de métal réductible si petites qu'elles échappent aux meilleures analyses faites par la voie humide, est, à mon avis, la découverte la plus importante que GAHN ait jamais faite dans la science du chalumeau.

Si l'on place sur un charbon une petite partie d'oxide d'étain natif ou artificiel, un souffleur exercé saura en tirer avec quelque effort un petit grain d'étain métallique ; mais si l'on y ajoute un peu de soude, cette réduction s'opérera sans difficulté et si complétement que lorsque l'oxide sera pur, la totalité se transformera en régule d'étain. Il est donc positif que la soude favorise cette réduction ; mais de quelle manière ? C'est ce que l'on ne sait pas encore précisément. Lorsque la soude environne la matière qu'il s'agit de réduire, on peut croire que ce réactif, qui, par son interposition entre la matière d'essai et le charbon, empêche le contact de ces deux substances plutôt qu'il ne le favorise, éprouve lui-même sous l'action du chalumeau un certain degré de réduction dont la conséquence est la réduction de l'oxide empâté dans la soude par le radical de la soude ou par son suboxide. Si l'oxide métallique contient un corps étranger non réductible, la réduction du premier en devient souvent plus difficile ; mais que l'on ajoute un peu de borax, ce réactif concourra avec la soude à la dissolution du corps étranger, et la réduction s'opérera d'elle-même. Cet essai est d'une exécution très-facile, et le métal est d'autant plus aisé à reconnaître, que l'on sait presque toujours, par d'autres essais faits à l'avance, quel est l'oxide que l'on traite; alors la réduction ne sert qu'à confirmer un premier jugement. BERGMAN avait déjà décrit ce procédé.

Supposons maintenant que l'oxide métallique soit mêlé avec une quantité relativement considédérable de substances non réductibles, et que sa présence soit ou inconnue ou impossible à reconnaître par d'autres essais de réaction, comment fera-t-on pour découvrir si la matière d'essai contient un métal réductible; et dans ce cas, comment le mettre en évidence? Cette question a été résolue par GAHN d'une manière très-simple.

Après avoir pulvérisé la matière d'essai, on la pétrit dans le creux de la main gauche avec de la soude humectée; on pose le mélange sur le charbon et l'on fait un bon feu de réduction; on ajoute ensuite un peu de soude, et l'on recommence à souffler. Tant qu'il reste quelque partie de la matière d'essai à la surface du charbon, on ajoute de la soude par petites doses, et l'on continue l'insufflation jusqu'à ce que le charbon ait absorbé la totalité de la masse. Les premières doses de soude servent à rassembler les particules métalliques éparses dans la matière d'essai, et l'absorption finale de celle-ci complète la réduction de ce qui a pu rester jusqu'alors à l'état d'oxide. Cela fait, on éteint le charbon avec deux gouttes d'eau, puis ayant enlevé, au moyen du couteau, la masse qui s'y est introduite, on la broie dans le petit mortier d'agate, de manière à la réduire en une poudre extrêmement fine. On lave ensuite cette poudre avec de l'eau pour la débarrasser du charbon qui en forme la partie la plus ténue, et l'on emploie à cet effet la petite fontaine de compression (p. 53). La porphyrisation et le lavage (cette dernière opération exige une attention particulière) se répètent autant de fois qu'il est nécessaire pour enlever tout le charbon. Si la matière d'essai ne contient aucune substance métallique, il ne reste rien dans le mortier après le dernier lavage. Mais pour peu qu'elle contienne de métal réductible, on le trouve en dernière analyse au fond du mortier, sous forme de petites feuilles brillantes s'il est fusible et malléable, et sous forme pulvérulente s'il est cassant ou n'a pas subi la fusion. Dans l'un et l'autre cas on aperçoit au fond du mortier des sillons métalliques résultans du frottement des particules de métal contre ses parois (pourvu néanmoins que la quantité de métal contenue dans l'échantillon ne soit pas trop faible). L'aplatissement des métaux malléables transforme un corpuscule imperceptible en un disque rond, luisant, et d'un diamètre sensible. On peut ainsi découvrir , à l'aide du chalumeau , dans un grain d'essai de grosseur ordinaire , jusqu'à $\frac{1}{4}$ pour cent d'étain , et jusqu'aux plus légères traces de cuivre.

On doit s'attacher, dans les essais de ce genre, 1° à produire une chaleur aussi forte que possible, tout en dirigeant la flamme réductive de manière à recouvrir le plus complétement que l'on peut la surface de la fonte ; 2° à ne rien laisser dans le charbon , et à ne rien perdre de la matière d'essai quand on la recueille ; car si le métal est congranulé quelque part, on ignore où est le grain ; 3° à broyer assez longtemps la masse charbonneuse ; 4° à décanter très-doucement en sorte qu'il n'y ait que les parties les plus légères et les plus ténues de la masse porphyrisée qui soient entraînées par l'eau ; 5° il ne faut point chercher à juger du résultat avant d'avoir enlevé tout le charbon, attendu que le peu qui en reste suffit pour cacher de petites paillettes métalliques, et que les particules de charbon , vues sous un certain jour , jettent elles-mêmes un éclat métallique auquel un œil inexpérimenté pourrait être trompé ; 6° enfin on ne doit point se contenter de l'observation à l'œil nu , quelque visible que soit d'ailleurs l'échantillon , mais bien l'examiner au microscope , ne fût-ce que pour s'assurer qu'on l'a bien jugé.

Lorsque, après un long usage, le fond d'un

mortier est devenu inégal, il arrive quelquefois que les petites cavités qui s'y trouvent se remplissent d'air, et forment sous l'eau des bulles dont la convexité réfléchit la lumière comme une surface métallique polie. Il est cependant facile de reconnaître, en pareil cas, la nature de la surface réfléchissante, et cela en tournant le fond du mortier vers le jour; si c'est une bulle on verra la lumière au travers du lieu qu'elle occupe, et si c'est une paillette métallique le même lieu sera opaque.

Les métaux que l'on peut réduire par ce procédé sont (outre les métaux nobles), le molybdène, le tungstène, l'antimoine, le tellure, le bismuth, l'étain, le plomb, le cuivre, le nickel, le cobalt et le fer. Parmi ces métaux, l'antimoine, le bismuth et le tellure se volatilisent aisément lorsque, pour les réduire, on fait un feu vif. Le sélénium, l'arsenic, le cadmium, le zinc et le mercure se volatilisent si complétement qu'on ne peut les recueillir sans un petit appareil sublimatoire.

On réussit toujours à effectuer la réduction dès la première fois, lorsque la matière d'essai contient de 8 à 10 pour cent de métal. Mais à mesure que le titre du minerai décroît, il faut plus d'attention et d'habitude pour retenir dans le mortier et reconnaître ensuite le métal que l'on a réduit. Un bon moyen de s'exercer dans ce genre d'expérience, est de choisir une substance cuivreuse sur laquelle on fait plusieurs essais de réduction, en ayant soin de la mêler chaque fois avec une quantité plus grande de matière non cuivreuse ; par ce moyen le titre métallique diminue à chaque essai nouveau, et lorsqu'on est arrivé à une proportion telle qu'on ne peut plus de prime abord opérer la réduction du cuivre, on répète l'essai jusqu'à ce que l'on parvienne à le mettre évidence. En faisant ainsi différens essais comme exercice, on se met bientôt au fait d'un genre d'opérations qui n'exige qu'un peu d'adresse et l'habitude de voir.

Si la matière d'essai contient plusieurs métaux, la réduction de leurs oxides se fait ordinairement *in globo*, et l'on obtient pour régule un alliage métallique. Quelques-uns, en petit nombre, se réduisent séparément, *Ex.* le cuivre et le fer qui donnent un régule de chaque métal ; le cuivre et le zinc dont le premier donne un régule de cuivre, tandis que le zinc se sublime. Mais lorsque le résultat de l'opération est un alliage, il faut, pour reconnaître les métaux dont il se compose, avoir recours à des réactions particulières qui se font avec d'autres fondans. Je décrirai plus loin les réactions caractéristiques de chaque oxide métallique en particulier.

A défaut de soude, on peut employer la potasse dans tous les essais dont je viens de parler ; mais

on donne toujours la préférence à la soude, premièrement parce que son carbonate n'est pas déli-
quescent comme celui de la potasse, et en second
lieu parce que la capacité de saturation de la soude,
est à celle de la potasse (toutes circonstances égales,) comme 25, 58 : 16, 95, c'est-à-dire dans le
rapport des quantités d'oxigène qu'elles renferment.

2. *Borax.* Celui qu'on trouve dans le commerce
doit subir une dissolution et une cristallisation
nouvelle avant d'être employé dans les essais au
chalumeau. GAHN m'a fait voir plusieurs fois comment en fondant sur le charbon le borax du commerce avec de la soude, jusqu'à ce qu'il y ait absorption des deux sels par le charbon, on retire
ensuite de la masse un métal blanc qui paraît provenir des vaisseaux dans lesquels le borax a été
raffiné. Cela n'arrive pas avec le borax qui a subi
une nouvelle cristallisation.

On recueille le borax ou en petits grains de la
grosseur requise pour les essais, ou sous forme
pulvérulente, et alors on le prend, ainsi que la
soude, avec la pointe humectée du couteau. Quelques opérateurs sont dans l'usage de le faire fondre
pour le débarrasser de son eau de cristallisation et
éviter par ce moyen la tuméfaction qui précède la
fusion du cristal aqueux sur le charbon. Cette
précaution serait très-bonne si le borax ne repre-

nait pas son eau de cristallisation ; mais il la reprend au moins dans une petite épaisseur, et se boursoufle de nouveau sous l'action du chalumeau, quoiqu'un peu moins qu'auparavant. Pour moi, je me sers toujours de borax non calciné, parce que la tuméfaction est un léger inconvénient, et qu'il n'est pas difficile de conglomérer une masse tuméfiée de manière à en former un globule.

On emploie le borax pour opérer la dissolution ou la fusion d'un grand nombre de substances. Suivant que la matière à dissoudre est pulvérulente ou granuliforme, on la répand sur le borax à l'instant du boursouflement, ou on la fixe sur la boule résultante de la fusion du borax, au moyen de l'humectation. En général on commence par tenter la dissolution d'une *paillette*, parce que l'emploi de la *poudre* dans les essais de ce genre ne permet pas de distinguer avec certitude les parties de la matière d'essai non attaquées par le fondant d'avec certaines substances indissolubles qui peuvent s'y trouver engagées ; or cette distinction est souvent très-importante. On examine si la fusion des corps s'opère avec lenteur ou facilité, sans mouvement apparent ou avec effervescence ; si le verre, résultant de la fusion, prend couleur, et si cette couleur est autre sous un feu d'oxidation, que sous un feu de réduction ; enfin l'on remarque si la coloration augmente ou diminue par le refroidissement, et si, dans la même circonstance, le verre conserve ou perd sa transparence.

Certains corps ont la propriété de former avec le borax un verre limpide, qui conserve sa transparence après le refroidissement; mais qui, chauffé légèrement à la flamme extérieure de la lampe, devient opaque, et tourne au blanc de lait ou se colore, surtout lorsque cette flamme a été dirigée sur le verre d'une manière inégale et intermittente. Tels sont les terres alcalines, l'yttria, la glucine, la zircone, les oxides de cérium, de tantale, de titane, etc. Mais une condition de ce phénomène est que le verre soit jusqu'à certain point saturé d'oxide ou de terre. La même chose n'arrive pas avec la silice, l'alumine, les oxides de fer, ceux de manganèse, etc., et la présence de la silice suffit pour empêcher la production du phénomène dans les terres, dont la vitrification par le borax est susceptible de devenir opaque; en sorte que ce phénomène n'a pas lieu dans leurs silicates, ou n'a lieu qu'autant que le verre en est sursaturé. Pour éviter les longueurs, je dirai dorénavant d'un corps susceptible de produire ce phénomène, que son verre devient *opaque au flamber.*

L'emploi du borax est fondé sur la tendance des parties constituantes de ce sel à former des combinaisons qui toutes sont fusibles, quoiqu'à des degrés différens. D'une part il dissout les bases et forme avec elles un sel double avec excès de base, lequel est fusible ; de l'autre, il dissout les acides au nombre desquels je range la silice, et même jusqu'à certain point l'alumine, et forme avec eux des sels doubles acides et fusibles. Comme tous ces sels conservent ordinairement leur transparence après le refroidissement, on juge d'autant plus sûrement la couleur que la combinaison reçoit du corps dissous.

3. *Sel de phosphore.* — On obtient ce sel en dissolvant 16 parties de sel ammoniaque dans une très-petite quantité d'eau bouillante, en y mêlant 100 parties de phosphate de soude cristallisé, et faisant fondre le tout sur le feu ; on filtre ensuite le mélange en ébullition, et on le laisse refroidir lentement ; c'est pendant ce refroidissement que le sel double se forme en cristaux. Ce qui reste d'eau mère après la cristallisation, contient du sel marin et une certaine quantité de sel double. Il n'y a pas lieu à faire évaporer cette eau mère, parce que le sel marin cristalliserait alors avec le sel double ; en outre ce dernier devient acide pendant l'évaporation, et, pour cette raison, doit être saturé d'ammoniaque quand on le met à cristalliser, si l'on veut en retirer quelque chose. Lorsque le sel de phosphore n'est pas pur, il donne naissance à un

verre qui devient opaque par le refroidissement. Il
faut alors le dissoudre dans une très-petite portion
d'eau bouillante, et lui faire subir une nouvelle
cristallisation.

On recueille le sel de phosphore en gros grains ou
en poudre. Les cristaux sont en général d'une grosseur convenable pour les essais. Placé sur un charbon
et soumis à l'action du chalumeau, il bouillonne,
se boursoufle un peu et dégage de l'ammoniaque;
ce qui reste après ce dégagement est du phosphate
acide de soude qui se liquéfie tout doucement, et
forme, en se refroidissant, un verre transparent
et incolore. Comme réactif il agit principalement
au moyen de l'acide phosphorique libre; et si on
emploie le sel préférablement à l'acide, c'est parce
que celui-ci est très-déliquescent, coûte beaucoup
plus cher, et s'introduit facilement dans le charbon. Le sel de phosphore fait donc connaître l'action des acides sur les substances que l'on veut
essayer. L'excès d'acide qu'il contient s'empare
de toutes les bases, et forme avec elles des sels
doubles plus ou moins fusibles, dont on examine
la transparence et la couleur. En conséquence, ce
fondant s'applique plus particulièrement à la détermination des oxides métalliques dont il fait ressor-
tir les couleurs caractéristiques beaucoup mieux
que le borax.

Ce même fondant exerce sur les acides une

action répulsive. Ceux qui sont volatils se subliment, tandis que les acides fixes restent dans la masse et partagent la base qui s'y trouve avec l'acide phosphorique, ou la lui cèdent entièrement ; dans ce dernier cas ils demeurent en suspension dans le verre sans s'y dissoudre. Sous ce rapport, le sel de phosphore est un bon réactif pour les silicates. Par lui la silice est mise en liberté et apparaît dans le sel de phosphore liquéfié sous la forme d'une masse gélatineuse.

4. *Salpêtre.* — On choisit des cristaux longs et minces que l'on conserve dans leur entier. L'usage de ce réactif est très-borné, et son objet est d'achever l'oxidation des substances dont une partie a résisté à l'action de la flamme extérieure. Cela se fait en plongeant la pointe d'un cristal de salpêtre dans la matière encore liquide ; mais afin de prévenir le refroidissement du globule, on saisit d'avance l'aiguille de salpêtre, avec des pincettes que l'on place entre le troisième et le quatrième doigt de la main droite, ce qui n'empêche pas de tenir le chalumeau de cette main comme à l'ordinaire. Aussitôt que l'on a fini de souffler, on enfonce le salpêtre dans la boule d'essai, et on l'y maintient un instant. La masse fondue se boursoufle alors et devient écumeuse ; tantôt elle prend une couleur dont la teinte s'éclaircit par le refroidissement, tantôt elle ne se colore qu'après un refroidissement complet.

Il n'y a plus lieu à souffler après la tuméfaction de la matière d'essai, parce que c'est alors que la réaction se manifeste le mieux.

On n'emploie guère le salpêtre que pour découvrir des quantités de manganèse trop petites pour colorer le verre sans l'intermédiaire de ce réactif. Mais depuis que l'on a des moyens encore plus délicats de faire cette épreuve, le salpêtre est devenu presque inutile.

5. *Acide borique vitrifié.* — On le recueille et le conserve en poudre grossière. Son emploi est limité, mais nécessaire à la manifestation de l'acide phosphorique dans les minéraux suivant le procédé que je dirai en décrivant les réactions des phosphates.

6 et 7. *Gypse* et *Spath fluor.* —Ces deux subtances, bien desséchées, servent d'indice l'une pour l'autre et n'ont pas d'autre usage ; mais sous ce rapport elles sont d'un haut intérêt pour le chimiste minéralogiste. Si l'on met un petit morceau de gypse en contact avec un morceau un peu plus petit de spath fluor, et si on les chauffe dans cet état, ils se liquéfient bientôt aux points de contact, puis se combinent et se transforment par la fusion en une perle de verre incolore et transparente qui prend l'aspect d'un émail blanc par le refroidissement. C'est ainsi qu'on emploie la chaux fluatée comme réactif pour le gypse et *vice versâ*. Le composé qui résulte de la

fusion simultanée de ces deux corps paraît être un sel double formé d'acide fluorique , d'acide sulfurique et de chaux ; et comme on ne peut obtenir une perle bien limpide qu'autant qu'on prend en volume un peu plus de gypse que de spath fluor, il paraît que ce sel double se compose d'une particule de chacun des deux sels constituans. Si l'on prend une trop grande quantité de l'un ou de l'autre, la fusion n'a lieu qu'imparfaitement. Lorsque la perle de verre a été soumise à un feu vif et prolongé, ou lorsqu'on l'a tenue en fusion durant quelques instans sous un feu de réduction , elle se fige , se boursoufle , et se transforme en une masse anguleuse ; dès lors elle n'est plus susceptible d'entrer en fusion. Ce phénomène paraît tenir à la décomposition de l'acide sulfurique , d'où résulte un dégagement d'acide sulfureux , et une décomposition partielle du sel double. Le gypse n'est pas l'unique fondant du spath fluor , ni celui-ci le seul fondant de l'autre ; le sulfate de baryte et le spath fluor d'une part , de l'autre le fluate de baryte et le gypse fondent aussi très-bien ensemble ; mais la fonte n'est jamais limpide , parce que le double sel calcaire qui en résulte , n'a pas la propriété de dissoudre les deux sels de baryte en présence desquels il se trouve.

8. *Nitrate de cobalt* dissous dans l'eau. — Cette dissolution doit être très-pure, exempte de tout

alcali et un peu concentrée. Je la conserve dans une petite fiole, dont la forme et la grandeur sont représentées (fig. 29, pl. II.), et que j'enclave pour plus de sûreté dans le cylindre destiné à creuser le charbon, après l'avoir garni intérieurement d'un morceau d'étoffe mince, en sorte que le verre ne porte pas immédiatement sur le métal et ne vacille en aucune manière. Cette fiole est fermée par un bouchon de liége dans lequel est implanté un fil de platine légèrement aplati par le bout, et servant à puiser le liquide goutte à goutte.

On emploie ce réactif pour reconnaître la présence de l'alumine et de la magnésie qui donnent avec l'oxide de cobalt, après une forte ignition, la première une belle couleur bleue, la seconde un rose pâle. La silice n'empêche pas la manifestation de ces caractères. Il y a deux manières de traiter une substance par le nitrate de cobalt. a) Si cette substance peut absorber une certaine quantité de la dissolution de cobalt, on l'emploie en morceau. Après avoir mis une goutte de la dissolution sur un côté de la pièce d'essai, on la chauffe très-fortement en évitant toutefois de la fondre. Après quelque temps de grillage la pièce d'essai prend couleur : si cette couleur est un bleu plus ou moins pur, on peut en conclure que la matière que l'on traite contient de l'alumine ; si elle tire sur le rouge ou le rose, c'est de la magnésie qu'elle renferme.

Dans le dernier cas on cherche à la faire entrer en fusion, parce que la fonte magnésienne conserve la couleur rouge, et acquiert même ordinairement une teinte plus forte. La couleur bleue de l'alumine persiste bien aussi dans la fusion; mais elle perd dans cette circonstance sa qualité de caractère distinctif; car les fossiles qui contiennent de la chaux et de l'alcali sans alumine, fossiles qui ne prennent pas la couleur bleue avant de fondre, donnent aussi un verre bleu par la fusion avec l'oxide de cobalt.

b) Pour des substances plus dures, par exemple pour des pierres cristallisées, le procédé n'est plus le même. On broie la pierre avec de l'eau dans le petit mortier d'agate jusqu'à ce qu'on l'ait réduite en bouillie. On retire ensuite le pilon de la masse en le tenant dans une situation verticale; par ce moyen on enlève avec le pilon une goutte qui pend à son extrémité et qui renferme la partie la plus fine de la poudre minérale. On dépose cette goutte sur le charbon qui en absorbe l'eau, tandis que la poussière forme un petit sédiment à sa surface. C'est alors qu'on y ajoute une goutte de la dissolution de cobalt; on chauffe ensuite peu à peu jusqu'au rouge. Durant cette expérience, il ne faut pas s'arrêter à l'examen des teintes successives de bleu et de rouge par lesquelles le sel passe avant de se décomposer, et qui se terminent toutes par le noir; ce n'est qu'à l'instant de la plus vive incandescence que la réaction caractéristique se manifeste. Si l'on voit que la masse commence à se détacher du charbon, on peut alors la saisir avec précaution entre les pincettes de platine, et l'exposant dans cet état à la flamme du chalumeau la porter plus facilement au degré de chaleur nécessaire.

On ne peut juger de la couleur que prend la matière d'essai qu'après un refroidissement complet et au jour. A la lumière d'une lampe ou d'une bougie le plus beau bleu paraît d'un violet sale, ou même presque rouge.

La quantité de solution de cobalt qu'il convient de prendre dépend du degré de concentration de cette solution. On l'apprend bientôt par expérience. La présence d'un oxide métallique dans la matière d'essai anéantit complétement les réactions de la dissolution de cobalt. Quelques traces de salpêtre dans cette dernière suffisent pour changer ces phénomènes au point de colorer en bleu certaines substances qui sans cela ne développeraient point cette couleur; Ex. : la silice et la zircone (1).

------

(1) Ces réactions avaient été reconnues par Gahn longtemps avant que M. Thénard eût découvert le bleu qui se fait avec l'alumine et l'arséniate ou le phosphate de cobalt; et ces premières observations l'avaient mené à la découverte.

9. L'*étain*. On emploie de préférence les feuilles d'étain coupées par petites languettes; ou mieux en longues bandes de $\frac{1}{2}$ pouce de largeur que l'on roule étroitement sur elles-mêmes. L'objet qu'on se propose en employant l'étain, est de produire le plus haut degré de réduction dans les fontes vitreuses, particulièrement lorsque la substance que l'on essaie renferme de petites quantités d'oxides métalliques que l'on peut transformer en oxidules, et qui, sous cet état, donnent un résultat plus décisif; on introduit dans la boule d'essai, encore chaude, et préalablement traitée par un feu de réduction, l'extrémité du rouleau d'étain qui fond et y dépose une petite partie de sa substance; aussi-

---

de la même couleur bleue; il la préparait avec de l'alumine exempte de fer qu'il retirait de l'alun par la précipitation, sur laquelle il versait une dissolution concentrée d'oxide de cobalt dans l'acide nitrique, et qu'il exposait enfin, après une dessiccation préalable, à l'action d'une chaleur intense. Mais GAHN ayant examiné cette belle couleur à la lumière de la lampe, la trouva plus rouge que bleue, désagréable à l'œil, et ne la jugea pas susceptible d'être employée dans les arts; il ne la crut pas même digne d'une description particulière. GAHN avait été conduit à cet essai par une série d'expériences dont l'objet était d'examiner les modifications produites dans les minéraux par des solutions métalliques, avec lesquelles on les soumet à l'action de la chaleur. De toutes ces solutions il n'y eut que celle de cobalt qui fournit un résultat utile.

tôt après on fait refondre la matière au feu de réduction ; après l'addition de l'étain, il n'est pas à
propos de souffler long-temps, car il arrive après
une longue insufflation ou que l'étain précipite entièrement le métal que l'on voulait ramener à l'état
d'oxidule, et alors toute réaction cesse, ou que
l'étain se dissout en si grande quantité dans le
fondant (surtout lorsque ce fondant est du sel de
phosphore), que la masse en devient opaque.

10. *Le fer*, sous forme d'un fil de clavecin, des
n⁰ˢ 6, 7 ou 8. BERGMAN et GAHN s'en servaient
pour précipiter différens métaux, et pour les séparer du soufre ou des acides fixes avec lesquels ils
peuvent être combinés. Les métaux dont on peut
opérer ainsi le départ, sont le cuivre, le plomb, le
nickel et l'antimoine. A cet effet, on enfonce un
petit bout de fil de fer dans la matière en fusion,
et l'on souffle dessus avec le chalumeau ; le fer se
recouvre alors du métal qu'il a réduit ; souvent on
voit apparaître ce dernier à la surface de la fonte,
sous forme de petits globules. Le fer a reçu dans
ces derniers temps une application encore plus importante ; elle est fondée sur la propriété qu'a ce
métal de réduire en phosphore l'acide phosphorique des phosphates, et de donner naissance à
un phosphure de fer qui forme, par sa fusion
dans la matière d'essai, une boule métallique
blanche et cassante. J'exposerai, en traitant des

phosphates, le procédé que l'on suit dans cette expérience.

11. *Le plomb*, exempt de tout alliage, et particulièrement d'argent, sert aux coupellations.

12. *Cendre d'os.* On l'emploie avec le plomb pour la coupellation des métaux ou minerais qui contiennent de l'or ou de l'argent. GAHN avait pour cet objet de petites coupelles d'un quart de pouce en diamètre, qu'il serrait l'une contre l'autre dans un petit étui cylindrique. Le procédé suivant est celui qui m'a paru le plus commode pour les essais de coupellation. La cendre d'os doit être réduite en une poudre très-fine ; on en recueille les parties les plus ténues, par voie de lavage, et on les conserve sous cette forme dans la boîte aux réactifs ; lorsqu'on veut s'en servir, on en prend une petite quantité sur la pointe d'un couteau, après avoir humecté celle-ci avec la langue, et on la pétrit dans la main gauche avec une très-petite dose de soude, de manière à former une pâte consistante. On creuse ensuite un trou dans le charbon, et on le remplit avec cette pâte dont on unit la surface extérieure, en la pressant sous le pilon d'agate. On la chauffe ensuite doucement au chalumeau jusqu'à parfaite dessiccation. (La soude n'est ici qu'un moyen de cohésion, et l'on peut s'en passer.) On met ensuite dans le milieu de la petite coupelle la matière d'essai préalablement fondue avec le plomb,

et l'on chauffe le tout à la flamme extérieure. Enfin le départ a lieu, et les métaux précieux restent
sur la coupelle. Cette épreuve est si délicate
qu'on peut extraire ainsi du plomb qu'on rencontre dans le commerce des grains d'argent perceptibles à l'œil nu, saisissables même et malléables *de fait*.

J'ai vu employer, en Angleterre, pour le même
objet, des tuyaux de pipe d'argile, sur la section
transversale desquels on opérait la coupellation.
Ces tuyaux ont l'inconvénient de n'absorber que
très-peu l'oxide de plomb, et ne permettent d'opérer que sur des quantités très-petites de matière,
ce qui réduit d'autant le volume du culot d'argent.
J'ai essayé pendant un temps de me servir d'os cylindriques brûlés ; j'opérais la coupellation sur un
bout, et j'enlevais chaque fois avec précaution la
partie qui s'était chargée d'oxide de plomb. Mais
eu égard à la fragilité extrême des os brûlés, le
procédé que j'ai décrit en premier lieu est de beaucoup préférable.

13. *La silice* telle qu'on l'obtient par les analyses de minéraux, et particulièrement du cristal de
roche pulvérisé, forme avec la soude un verre très-
fusible, au moyen duquel on reconnaît la présence
du soufre ou de l'acide sulfurique. Je me sers
quelquefois de verre au lieu de silice ; mais le verre
se mêle moins aisément avec la soude, que la si-

lice pure. Pour le surplus , voyez ci-dessous l'article relatif aux sulfates.

14. L'*oxide de cuivre* sert à dénoter la présence de l'acide muriatique. Voyez l'article relatif aux muriates.

15. Les *papiers à réaction* de tournesol, de fernambouc et de curcuma. On les coupe par petites bandes que l'on serre dans un étui particulier.

Règles générales pour les essais au chalumeau. Dans ces expériences diverses , il arrive quelquefois que la pièce sur laquelle on opère et dont on s'est déjà quelque temps occupé, abandonne tout à coup le support, entraînée par le courant d'air que l'on forme en soufflant. Pour retrouver la pièce d'essai après un cas semblable, GAHN plaça sous la lampe un grand plateau de tôle non étamée , terminé par un rebord d'un pouce de haut, et garni au fond d'une épaisse feuille de papier blanc. Ce plateau est destiné à recevoir la pièce d'essai, et le papier blanc a pour objet de l'arrêter sur un point du plateau , et de la faire apercevoir plus promptement. Si le plateau était étamé , et la pièce d'essai incandescente, elle fondrait l'étain au point d'incidence, et pourrait subir des modifications sur lesquelles on n'aurait pas compté. En voyage , on peut remplacer la plaque de tôle par un plat de faïence ou de terre cuite , tel qu'on en rencontre partout ; enfin, au défaut de cet ustensile, on met sous la lampe une feuille de papier dont les bords sont retroussés. A chaque nouvel essai on secoue le papier, et on a soin qu'il n'y reste aucun globule de verre, afin d'éviter tout mélange de substances.

Relativement à la grosseur de la pièce d'essai, voici le principe sur lequel on doit se régler : la pièce est assez grosse lorsqu'elle est telle qu'on peut voir distinctement la réaction à laquelle on veut la soumettre, et en général l'on est plus exposé à manquer son but sur une pièce trop grosse que sur une pièce trop petite.

Von Engeström veut que la pièce d'essai supposée cubique, ait $\frac{1}{8}$ de pouce de côté. Cette dimension serait très-bonne dans le cas où l'opération se ferait à la lampe d'émailleur ; mais pour les essais au chalumeau elle est toujours trop forte. Bergman assimile la grosseur requise à celle d'un grain de poivre ; il ajoute que l'on doit souvent opérer sur les plus petites parcelles. Cependant un morceau gros comme un grain de poivre est bien des fois plus qu'il n'en faut dans tous les essais au chalumeau ; il est rare que l'on réussisse à traiter convenablement au feu un volume aussi considérable, et même pour la vitrification qui se fait au moyen des fondans ce serait beaucoup trop. La grosseur d'un grain de moutarde pris parmi les plus forts de son espèce est presque toujours suffisante

Du reste, c'est de l'expérience qu'on apprend à déterminer le volume le plus favorable au succès d'un essai, particulièrement lorsqu'on cherche à produire sur une petite quantité ce qui n'a pas réussi sur une plus grande; mais lors même que l'épreuve peut réussir sur un gros morceau, elle exige toujours une insufflation plus forte et plus longue, et en définitive on juge tout aussi bien de la couleur et de la fusibilité sur une petite pièce que sur une grosse. Le seul cas où il y ait quelque avantage à opérer sur des pièces un peu plus fortes qu'un grain de moutarde, est celui de l'extraction des métaux, soit par la réduction au moyen de la soude, soit par la coupellation, parcequ'alors on obtient une quantité plus considérable du métal que l'on cherche, et que l'on peut ensuite l'essayer et le reconnaître plus facilement.

Avant de soumettre la matière d'essai à l'action des fondans, on doit examiner les phénomènes qu'elle présente d'elle-même au chalumeau. Cet examen se fait ainsi qu'il suit :

a) On chauffe la matière dans un petit matras sur la lampe à alcohol, pour voir si elle décrépite, si elle dégage de l'eau ou quelque autre substance volatile.

b) On la chauffe doucement sur un charbon à la flamme de la lampe ordinaire activée par le chalumeau, et aussitôt après l'avoir tirée du feu on la

flaire pour reconnaître la présence des acides vola-
tils, de l'arsenic, du sélénium ou du soufre, s'il y en a. On compare l'odeur développée par le feu d'oxidation avec celle que développe le feu de réduction, et l'on tient compte de la différence. Le premier feu rend plus sensible l'odeur du soufre et du sélénium; le second fait mieux sentir l'arsenic.

c) On examine la matière sous le rapport de sa fusibilité. Si c'est une substance dont on n'a que des grains ronds, le mieux est de les mettre sur le charbon, nonobstant la facilité avec laquelle ils s'en échappent, lorsqu'ils ne sont pas très-fusibles. Mais si l'on a le choix de la forme, on enlève sur l'échantillon, à l'aide du marteau, une écaille très-mince, dont un bord est ordinairement tranchant, ou bien on choisit parmi les petits morceaux que le marteau a détachés une parcelle pointue ou lamelleuse que l'on saisit entre les pincettes de platine, et dont on expose la pointe ou l'arête à l'ac-
tion de la flamme. Par ce moyen on voit tout de suite si la matière d'essai est fusible ou non. Les substances infusibles conservent toute la vivacité de leurs pointes et de leurs arêtes, ce que l'on reconnaît sur-le-champ à l'aide du microscope. Les mêmes parties s'arrondissent dans les sub-
stances qui se fondent difficilement; enfin les substances de facile fusion se convertissent en une

boule. Quant aux minéraux qui ne fondent que
très-difficilement, j'ai coutume de les broyer avec
de l'eau, et de mettre sur le charbon une goutte du
mélange, précisément comme pour les essais au
moyen du nitrate de cobalt; je sèche ensuite la
masse étendue sur la surface du charbon, et je la
chauffe au feu d'oxidation jusqu'à ce qu'elle ne
tienne plus au support. Elle forme alors un tout
cohérent, une sorte de gâteau, que je saisis avec les
pincettes de platine, et dont je soumets les parties
extrêmes au feu le plus ardent que je puisse produire. Ces parties se courbent ordinairement un
peu, même dans les substances que j'appelle infusibles, et c'est une preuve qu'elles ne le sont pas
absolument parlant; mais le microscope fait voir
distinctement si elles se sont vitrifiées ou non.
On traite de la même manière les matières pulvé-
rulentes sèches, après en avoir fait une pâte qu'on
étend avec la pointe du couteau sur la surface du
charbon.

Je suis convaincu que la température que l'on
peut produire avec le chalumeau alimenté par l'air
des poumons, a des limites étroites; que, par exemple, on ne peut fondre de cette manière ni l'alumine, ni la silice, quelque petites que soient les
quantités sur lesquelles on opère, et qu'ainsi la
détermination des différences de fusibilité n'est
pas, autant qu'on l'a cru, subordonnée à la gros-

seur de la pièce d'essai ou à l'habileté de l'opérateur. Sous ce rapport le chalumeau a un avantage
marqué sur les machines au moyen desquelles on
produit un courant d'oxygène.

H. DE SAUSSURE a fait une série d'expériences,
ayant pour but de déterminer les fusibilités relatives des substances minérales, et a calculé en
degrés du pyromètre de Wedgewood, les températures auxquelles ces diverses substances entrent
en fusion, d'après le rapport du diamètre du plus
gros volume de chaque minéral qu'il a pu fondre en
boule, avec le diamètre du plus gros grain d'argent
sur lequel il avait réussi à produire le même effet
à une température dont il avait préalablement déterminé le degré. Les tables qu'il a ainsi calculées
ont sans doute une grande valeur ; mais comme
elles ne peuvent pas servir à des *reconnaissances*,
et que les résultats qu'elles présentent sont tout
au plus approximatifs, je n'en parlerai pas davantage.

Certaines substances, et particulièrement certains minéraux, peuvent changer d'aspect et de
forme sous l'action du chalumeau, sans pour cela
entrer en fusion. Quelques-unes se boursouflent
comme le borax, ou forment des ramifications
dont l'ensemble offre l'aspect du chou-fleur. Parmi
ces substances, les unes se fondent après la tuméfaction, les autres persistent dans cet état sans

entrer en fusion. D'autres substances minérales jettent une sorte d'écume en fondant, et donnent naissance à un verre bulleux, qui, quoique transparent par lui-même, produit en masse l'effet d'un verre trouble à cause de la multitude de bulles d'air qu'il renferme.

Ce boursouflement et cette spumescence n'ont lieu pour la plupart des minéraux qu'à la température où la totalité de l'eau qu'ils contenaient s'est dégagée; les ramifications paraissent provenir d'un nouvel état d'équilibre, amené par la chaleur entre les parties constituantes des corps : quant au boursouflement et à la production d'écume qui ont lieu après la fusion, ils ne peuvent tenir qu'à l'expansion d'une partie constituante du corps, laquelle est volatile et passe à l'état de gaz, bien que ces phénomènes se rencontrent très-souvent dans des composés où l'analyse ne révèle la présence d'aucune substance semblable. Ils ont lieu principalement dans les silicates doubles de chaux ou d'alcali et d'alumine. Ils s'évanouissent parfois après quelques instans d'insufflation; d'autres fois ils durent aussi long-temps que l'on tient le corps en liquéfaction. Dans ce dernier cas, il paraît que la pièce d'essai prend de l'acide carbonique à la flamme, que cet acide carbonique se transforme par le contact du charbon en gaz oxide de carbone, et que c'est cet oxide de carbone qui remplit les bulles. La cause de ces diverses sortes de tuméfaction est digne de recherches particulières ; tant qu'on l'ignorera on ne pourra pas se flatter d'avoir une connaissance parfaite des corps qui présentent ce genre de phénomène. En attendant, il fournit un bon caractère, au moyen duquel on peut distinguer des corps qui se ressemblent sous d'autres rapports.

Dans l'emploi des fondans, il faut bien se garder de suspendre trop tôt l'insufflation ; telle substance paraît infusible au commencement de l'opération, qui cède peu à peu à l'action du flux, et entre, au bout de deux minutes, en fusion complète. Il faut, en outre, ne la mettre à fondre que par petites doses, et attendre pour en ajouter une nouvelle que la précédente ait subi l'action du fondant, tant qu'enfin le verre produit parvienne à un degré de saturation au delà duquel il ne puisse plus en dissoudre ; lorsque le verre est saturé de la sorte, il offre souvent des réactions vives et manifestes que l'on ne saurait obtenir avec le verre non saturé.

Lorsqu'on opère avec les flux sous un feu de réduction, il arrive quelquefois que la boule d'essai se réoxide pendant que le charbon se refroidit, et que l'on perd ainsi le fruit d'une première opération. Pour obvier à cet inconvénient, on renverse le charbon de manière à faire tomber la boule encore liquide sur un corps froid , par exemple sur le plateau qui se trouve sous la lampe , et lorsque cela ne suffit pas , on verse dessus une goutte d'huile. Cependant l'emploi de l'huile est sujet à un autre inconvénient ; souvent elle se charbonne et obscurcit le verre , ce que l'on doit tâcher d'éviter.

Lorsque la couleur de la fonte est tellement intense qu'elle offre une apparence opaque , on peut s'assurer de sa transparence en tenant la boule de verre vis-à-vis de la flamme de la lampe dans une certaine direction ; alors on voit même en plein midi l'image renversée de la flamme se peindre dans le globule de verre sous la couleur propre à ce dernier. On peut encore dans ce cas comprimer le globule avant qu'il ne se fige , avec des pincettes à serres plates que l'on a préalablement échauffées, et lorsque cela ne suffit pas , on tâche de tirer la masse vitreuse , au premier instant du refroidissement , en un fil que l'on peut obtenir assez fin pour voir la couleur au travers.

Exposées à la flamme extérieure ou intérieure de la lampe , fondues séparément ou avec les flux , les substances minérales présentent une multitude de phénomènes qui doivent être soigneusement notés , et dont l'ensemble forme pour chaque substance le *résultat* de l'essai auquel on l'a soumise. Il faut observer attentivement jusqu'à la plus

petite circonstance de ces phénomènes, parce
qu'elle peut souvent conduire à la découverte d'élémens dont on ne soupçonnait pas la présence. A
l'égard des substances *toutes nouvelles*, le parti
que l'opérateur peut tirer du chalumeau pour découvrir leur présence et quelques-unes de leurs
propriétés, dépend entièrement de l'étendue de
ses connaissances sur la chimie en général, et sur
les phénomènes pyrognostiques en particulier,
ainsi que de son habileté personnelle à observer et
à suivre de l'œil ce qu'il y a de caractéristique dans
les réactions ; on ne peut donner à ce sujet aucune règle générale. — Lorsqu'on veut consigner
le résultat d'une expérience au chalumeau, pour
sa propre instruction ou pour celle des autres,
il faut toujours faire deux essais, noter séparément le résultat de chacun d'eux, et comparer ensuite les deux résultats ensemble, parce
qu'il arrive souvent qu'une circonstance qui a
échappé à une première observation, frappe les
yeux dans une seconde. Le plus sûr est que deux
personnes fassent et notent séparément la même
série d'expériences, et comparent leurs résultats ;
s'ils sont d'accord, il y a lieu de les considérer
comme exacts ; dans le cas contraire on recherche la cause de la différence. Une petite difficulté s'attache quelquefois à cette association ;
c'est que deux personnes n'ont pas toujours la

même manière de voir et de dénommer les couleurs. Par exemple, il y avait certaines nuances que GAHN désignait souvent sous le nom de jaune, ou jaune-sombre, et que je m'obstinais à qualifier de rouges, bien que nous fussions d'accord sur le jaune pur et le rouge pur, c'est-à-dire sur les couleurs fondamentales.

VIII. *Description des phénomènes que présentent les diverses substances minérales sous l'action du chalumeau.*

Il ne saurait être question ici des corps non métalliques que l'on regarde comme simples ; leurs caractères physiques suffisent pour les faire reconnaître à l'état élémentaire ; et leurs propriétés sont censées connues de ceux qui veulent les retrouver dans leurs composés. Ceux de ces composés, à l'occasion desquels nous commencerons à nous en occuper, sont les combinaisons de leurs oxides et de leurs acides avec des corps non oxidés ; nous les décrirons à l'article des sels.

Je commencerai donc par les métaux, et je traiterai principalement de leurs oxides, au nombre desquels je range les alcalis et les terres ; j'exposerai, au sujet de chacun d'eux, ce que j'ai trouvé relativement à la manière dont on peut le reconnaître. J'ai fait dans cette vue une série de recherches nouvelles et particulières, où chaque substance a été traitée individuellement. Chemin faisant, je suis parvenu à trouver pour plusieurs d'entre elles des phénomènes caractéristiques que j'avais long-temps cherchés en vain, et que je n'aurais jamais pu obtenir sans l'attention soutenue que l'ensemble de mon travail exigeait. Je suis persuadé que lorsque l'emploi du chalumeau sera devenu plus général, on en découvrira d'autres encore plus précis. Je vais maintenant décrire successivement les réactions produites par les différens oxides pris à l'état de pureté, ou ce qui revient presque toujours au même dans les essais au chalumeau, à l'état de carbonates ou d'hydrates.

A. *Des alcalis, des terres et des oxides métalliques.*

1. *Alcalis.*

Les alcalis n'offrent pas sous l'action du chalumeau, des signes auxquels on puisse les reconnaître avec une certitude complète. Lorsqu'ils sont purs ou à l'état de carbonate, leur saveur ou leur action sur le papier de tournesol rougi, est encore la meilleure épreuve. Quand ils sont engagés dans des sels on reconnaît leur présence en faisant fondre le sel avec de la soude sur une feuille de platine; s'il ne se fait aucune précipitation dans la masse liquéfiée, on peut en conclure que la base du sel est un alcali. Mais lorsqu'un même composé renferme une terre et un alcali, je ne sache aucun moyen de reconnaître au chalumeau la présence de la partie alcaline. Le chalumeau ne fournit pas non plus de signe caractéristique par lequel on puisse distinguer la potasse de la soude, si ce n'est en présence de l'oxide de cobalt. (*Voyez* plus loin *Oxide de cobalt*).

La lithine diffère des deux alcalis dont je viens de parler, en ce que, fondue sur une feuille de platine, elle attaque ce métal et laisse autour du point sur lequel elle a reposé une trace d'un jaune sombre. La même réaction n'est pas produite par les sels de lithine, à moins qu'on n'y ajoute de la soude, qui, en mettant la lithine en liberté, lui permet d'agir sur le platine ; mais cette action est un caractère très-équivoque ; car bien quelle ait lieu d'une manière prononcée pour un sel de lithine, elle est encore produite jusqu'à certain point par d'autres corps qui ne contiennent pas de lithine, lorsqu'on les chauffe avec de la soude ; et la soude elle-même laisse quelquefois une trace sur le platine, autour du point où elle a gîté. Le même phénomène n'arrive pas avec la potasse ; au contraire, lorsqu'on l'ajoute en excès à la matière d'essai, elle empêche l'action de la lithine renfermée dans cette dernière. On fait disparaître la tache produite sur le platine, en lavant avec de l'eau la partie entachée, et en chauffant le métal jusqu'au rouge ; mais on reconraît ensuite, à l'aspect mat de cette partie, que le métal y a perdu son poli ; la différence d'aspect qui en résulte est particulièrement sensible durant l'ignition.

L'ammoniaque est rarement l'objet d'un essai au chalumeau. En général, on n'a qu'à mêler avec de la soude la matière où l'on veut manifester la présence de l'ammoniaque, que l'on peut déjà reconnaître à l'odeur du mélange, puis chauffer doucement ce mélange dans un petit matras ; il se forme alors un sublimé de carbonate d'ammoniaque. On peut encore faire chauffer séparément la matière d'essai dans un tube fermé à la lampe, et y introduire ensuite un papier de tournesol faiblement rougi et humecté.

2. *Baryte.*

Seule, elle n'entre en fusion qu'après avoir absorbé un peu de l'eau produite par la flamme. Son *hydrate* fond, bouillonne, se boursoufle et finit par se figer à la surface ; après quoi il s'introduit avec un vif bouillonnement dans la masse du charbon, où il perd bientôt son eau, et se transforme en une croûte solide.

Le arbonate de baryte fond très-aisément et se convertit par la fusion en un verre limpide, qui prend en refroidissant l'aspect d'un émail blanc ; sur le charbon il finit par subir une vive effervescence, éclabousse, devient caustique, et est absorbé par le charbon avec les mêmes phénomènes que l'hydrate. L'un et l'autre se comportent de même que la baryte pure à l'égard des fondans dont je vais décrire l'effet.

Avec le borax, la baryte fond aisément, subit une vive effervescence, et se transforme en un verre limpide. En augmentant la proportion de baryte on obtient un verre clair qui, par le refroidissement, se recouvre vers sa base de petits mamelons d'un blanc laiteux. Une nouvelle addition de baryte donne un verre limpide, qui tourne au blanc de lait, et enfin au blanc d'émail, à partir de sa base. Le verre qui ne devient pas opaque par le refroidissement le devient au *flamber*.

Avec le sel de phosphore elle fond aisément, et subit une vive effervescence, durant laquelle le globule écume et se gonfle ; la matière tuméfiée se ramasse ensuite et se convertit en un verre limpide. — En augmentant la dose de baryte, on obtient un verre transparent qui, en refroidissant, se couvre çà et là de taches d'un blanc laiteux ; en l'augmentant encore, on a un verre qui prend l'aspect de l'émail par le refroidissement.

Avec la soude, elle fond et passe dans le charbon.

Avec le nitrate de cobalt, elle produit par la fusion une boule qui, tant qu'elle est chaude, présente une couleur rouge-brun, rouge-brique, ou jaune-rouille, suivant les doses de nitrate ; elle perd sa couleur en refroidissant. Si on la chauffe de nouveau, elle ne reprend couleur que par une seconde fusion ; exposée à l'air elle ne tarde pas à se réduire en une poudre d'un gris clair.

3. *Strontiane.*

Seule, à l'état d'hydrate, elle offre les mêmes phénomènes que la baryte. Le *carbonate* entre en fusion à une température qui n'est pas très-élevée ; mais la fusion n'a lieu qu'à la surface, et la matière commence aussitôt après à former des ramifications semblables à celles du chou-fleur, et d'un éclat éblouissant ; exposées à toute l'ardeur du feu de réduction, elles communiquent à la flamme une faible teinte rougeâtre, que l'on aperçoit difficilement au jour ; la partie ramifiée a la saveur et offre les réactions des alcalis.

Avec le borax et le sel de phosphore, elle se comporte comme la baryte.

La soude ne dissout point la strontiane caustique. Le carbonate de strontiane, mêlé avec son volume de soude, se change par la fusion en un verre limpide, qui tourne au blanc laiteux par le refroidissement ; exposée à un feu plus ardent, la masse bouillonne, devient caustique et passe dans le charbon. Une plus grande quantité de carbonate de strontiane ne fondrait pas en totalité, mais deviendrait caustique sous un feu vif, et passerait dans le charbon.

Avec la solution de cobalt, la strontiane développe une couleur noire, ou gris-noire, et ne fond pas comme la baryte.

4. *Chaux*.

Seule, la chaux caustique n'éprouve ni fusion, ni altération ; le carbonate de chaux devient aisément caustique, et jette alors au feu une lumière plus blanche et plus vive ; il acquiert ensuite la saveur des alcalis, réagit à leur manière, et se réduit en poudre par l'humectation.

Avec le borax, la chaux se change aisément par la fusion en un verre transparent qui devient opaque au *flamber*. Le carbonate fond avec effervescence ; une augmentation dans la quantité relative de chaux produit un verre transparent qui se cristallise par le refroidissement, mais dont les facettes ne sont pas aussi régulières que dans le phosphate de plomb, par exemple ; le verre ne devient jamais d'un blanc de lait aussi parfait que ceux de baryte et de strontiane.

Avec le sel de phosphore, elle fond en grande quantité, et donne naissance à un verre limpide, qui conserve sa transparence après le refroidissement ; son carbonate fond avec effervescence, et donne le même résultat ; si l'on ajoute à la masse une parcelle de carbonate de chaux, l'acide carbonique s'en dégage et cette parcelle se change en phosphate de chaux, sans perdre sa forme. Après une longue insufflation, le phosphate de chaux se dissout lui-même en partie, et, par le refroidissement, dépose sur la portion non fondue de petites aiguilles cristallines ; si le verre est complétement saturé, il devient tout-à-fait blanc de lait par le refroidissement.

La soude ne dissout d'une manière sensible ni la chaux caustique, ni son carbonate, mais passe dans le charbon, et laisse à la surface une masse calcaire légèrement arrondie.

Traitée *par la solution de cobalt,* la chaux donne une masse noire ou gris-sombre, laquelle est infusible.

5. *Magnésie.*

Seule, ne subit aucune altération.

Avec le borax, se comporte comme la chaux, mais ne cristallise pas aussi bien.

Avec le sel de phosphore, fond aisément, et se transforme en un verre limpide qui, quand il est saturé de magnésie, tourne au blanc de lait par le refroidissement. Celui qui n'est pas complétement saturé prend cette couleur au *flamber*.

Avec la soude, action nulle.

Avec la solution de cobalt, elle prend après une forte insufflation, une belle couleur de chair, dont la teinte est très-faible, et qu'on ne voit bien qu'après le parfait refroidissement de la matière d'essai.

6. *Alumine*.

Seule, elle ne change pas d'aspect.

Avec le borax, fond lentement, et se transforme en un verre diaphane, qui ne devient opaque ni par le refroidissement, ni par le *flamber*; si l'on ajoute à la masse beaucoup d'alumine sous forme de poudre fine, on obtient un verre opaque dont la surface devient cristalline par le refroidissement, et qui dès lors perd presque entièrement la faculté de fondre. Ce verre est opaque à froid comme à chaud; celui qui est transparent à l'état liquide l'est encore après le refroidissement.

Avec le sel de phosphore, l'alumine forme encore par la fusion un verre transparent, qui ne devient opaque à aucun degré de saturation ; si la proportion d'alumine est trop considérable, ce qui ne fond pas offre une demi-transparence ; lorsqu'on mêle ensemble le sel de phosphore et le verre de borax, tous deux saturés d'alumine, le mélange demeure limpide (1).

Avec la soude, se gonfle un peu, forme un composé infusible, et l'excès de soude entre dans le charbon.

Avec la solution de cobalt, donne, au moyen d'une insufflation énergique, une belle couleur bleue, qui devient plus foncée sans perdre de sa beauté, par un renfort de cobalt ; on ne la voit bien qu'au jour, et lorsque la matière d'essai est refroidie.

7. *Glucine.*

Seule, elle ne subit aucune altération.

Le borax et le sel de phosphore en dissolvent une quantité relativement considérable, et la changent en un verre limpide, qui tourne au blanc laiteux par le *flamber;* si l'on y ajoute une nouvelle portion de glucine, le verre devient blanc de lait en refroidissant.

Avec la soude, point de réaction.

Avec la solution de cobalt, elle forme une masse noire ou gris-sombre.

---

(1) Les verres qui tournent au blanc de lait par le *flamber,* demeurent opaques, lorsqu'on mêle ensemble celui qui provient du sel de phosphore et celui qui provient du borax.

8. *Yttria.*

Se comporte comme la glucine.

9. *Zircone.*

Seule, telle qu'on l'obtient par la calcination du sulfate de zircone, elle jette une lumière plus vive qu'aucune substance que j'aie essayée. Toute la pièce où l'on opère en est éclairée, et cet éclat est si éblouissant, même en plein jour, que l'œil a peine à le supporter. Elle est d'ailleurs tout-à-fait infusible. KLAPROTH pose en fait que la zircone s'agglomère au chalumeau par un commencement de fusion : dans ce cas, elle n'est pas pure.

Avec le borax, le sel de phosphore et la soude, elle se comporte comme la glucine, avec cette différence qu'elle se dissout plus difficilement dans le sel de phosphore, et forme plus promptement un verre opaque avec ce réactif.

10. *Silice.*

Seule, elle n'éprouve aucun changement (1).

---

(1) H. DE SAUSSURE dit avoir fondu, avec la flamme d'une épaisse bougie, activée par un soufflet à deux âmes de 62 pouces carrés de surface, de la silice (cristal de roche) fixée sur un fil de dysthène, et l'avoir convertie

Avec le borax, elle fond très-lentement et donne un verre clair, de difficile fusion, que l'on ne peut pas rendre opaque par le *flamber*.

Le sel de phosphore n'en dissout qu'une très-petite quantité. Le verre qui en résulte conserve sa transparence après le refroidissement ; ce qui n'est pas fondu offre une demi-transparence.

Avec la soude, elle fond, produit en fondant une vive effervescence, et donne naissance à un verre limpide.

Avec la dissolution de cobalt, dans une certaine proportion, elle prend une faible teinte bleuâtre qui se change en noir ou gris sombre quand on augmente la quantité de cobalt. Cette couleur est un signe au moyen duquel on distingue la silice des substances alumineuses. Si l'on expose à un feu ardent une partie mince de la pièce d'essai, cette partie fond avec l'oxide de cobalt, et produit un verre bleu ; ce qui confine à la partie fon-

par ce moyen en une boule de 0¹,014 de diamètre. Pour moi, je n'ai jamais pu produire un commencement de fusion sur la plus mince lamelle de silice placée soit sur le charbon, soit entre des pincettes ; et je soupçonne que dans l'essai fait par DE SAUSSURE, d'une part l'action du support sur la pièce d'essai, de l'autre, la plus grande pureté de l'air qui alimentait sa flamme, ont contribué à donner un résultat que l'on ne saurait obtenir à l'aide du chalumeau, par la méthode ordinaire.

due prend aussi la couleur bleue ; mais ce bleu tire sur le rouge, et n'offre rien d'agreable à l'œil.

11. *Acide molybdique.*

Seul, dans un tube incliné, il fond et jette une fumée qui se condense en partie sur la paroi du tube qu'elle recouvre d'une poussière blanche, et en partie sur la surface même de la masse en fusion, où elle forme des cristaux brillans, d'un jaune pâle. Chauffé sur la feuille de platine, cet acide fond et dégage de la fumée; la partie fondue a une couleur brune, mais elle devient jaunâtre et cristalline par le refroidissement ; au feu de réduction elle devient bleue ; un feu très-ardent la rend brune. Sur le charbon il fond et s'introduit dans le support; une partie de l'acide est réduite par un feu soutenu, et l'on peut retrouver ensuite le métal par la pulvérisation et le lavage du charbon, sous forme d'une poudre métallique de couleur grise.

Avec le borax, il fond sur le fil de platine, et dans la flamme extérieure, où il se change en un verre incolore et transparent. Exposé sur le charbon, au feu de réduction, le verre devient d'un brun sale sans cesser d'être transparent, et assez semblable à celui qu'on obtient par un mélange d'oxide et d'oxidule de fer; si l'on ajoute à la masse une nouvelle quantité d'acide molybdique, le verre perd sa transparence au feu de réduction, et l'on aperçoit au dedans une multitude d'écailles brunes d'oxide de molybdene, environnées selon toute apparence d'un verre transparent un peu brunâtre.

Avec le sel de phosphore, il fond sur le fil de platine et dans la flamme extérieure, où il forme un verre transparent qui, tant qu'il est chaud, tire sur le vert, mais qui perd cette couleur en refroidissant ; au feu de réduction le vert devient opaque, paraît noir ou bleu sombre, mais par le refroidissement devient limpide, et d'un vert presque aussi beau que celui de l'oxide de chrôme. La même coloration a lieu sur le charbon (surtout quand la proportion d'acide est considérable), tant dans la flamme extérieure que dans la flamme intérieure. Sur le fil de platine, on peut oxider le verre vert à la flamme intérieure ; il redevient alors transparent en fondant. On ne peut séparer du sel de phosphore aucune portion d'oxide brun de molybdène par le moyen du feu de réduction. L'etain ne change pas la couleur du verre vert réduit ; mais on voit ce métal se gonfler dans le verre, et se combiner jusqu'à certain point avec le molyb-dène.

Avec la soude, l'acide molybdique fond sur le fil de platine, fait effervescence, et donne naissance à un verre limpide, qui tourne au blanc de lait par le refroidissement ; si l'acide molybdique est en petite quantité, le verre prend, au feu de réduction, la même couleur à peu près que le verre de borax placé dans les mêmes circonstances, mais perd sa transparence en refroidissant ; mais s'il est au contraire sursaturé d'acide molybdique, et si on l'expose à un bon feu de réduction, cet acide est réduit partie à l'état d'oxide, partie à l'état métallique, et en dissolvant dans l'eau la masse saline, on obtient pour résidu une substance spécifiquement pesante, d'un gris brun, et qui prend sous le polissoir d'acier l'éclat métallique et une couleur gris de fer.

Traité par la soude sur le charbon, l'acide molybdique est absorbé aussitôt que fondu, et on retire ensuite de la masse, par le broiement et le lavage, une très-grande quantité de molybdène, sous la forme d'une poussière métallique gris d'acier ; si l'on met sur la place même où la masse est entrée dans le charbon, une nouvelle portion d'acide molybdique avec une très-petite quantité de soude, et qu'on l'expose ensuite à un bon feu de réduction, la matière du nouvel essai demeure à la surface du support, et l'on obtient un grain formé de molybdène réduit et de molybdate de soude, qu'il suffit de laver pour en tirer le métal pur. Le molybdène se range donc, contre l'opinion généralement reçue, parmi les métaux de facile réduction, quoiqu'il ne soit pas fusible comme eux.

12. *Acide tungstique.*

Seul, il noircit, mais ne fond pas au feu de réduction.

Avec le borax, il fond aisément sur le fil de platine et à la flamme extérieure, où il se change en un verre transparent et incolore, qu'on ne peut pas rendre opaque par le flamber. Au feu de réduction le verre devient jaunâtre pour une faible proportion d'acide, et cette couleur augmente d'intensité par le refroidissement, en sorte qu'elle finit par devenir jaune. Si l'on ajoute à la masse une nouvelle quantité d'acide, le verre prend d'abord une couleur orangée et devient ensuite, par le refroidissement, transparent et rouge-sanguin. Sur le charbon on peut produire cette réaction avec une moindre quantité d'acide tungstique. Si l'on y ajoute de l'étain, le verre devient semblable à un émail par le refroidissement.

Avec le sel de phosphore, l'acide tungstique se dissout à la flamme extérieure et s'y change en un verre incolore ou jaunâtre. Au feu de réduction, le verre présente un beau bleu pur, plus beau que celui du cobalt. Si l'acide contient du fer, le verre prend une tout autre couleur au feu de réduction; il y devient rouge-sanguin et absolument semblable au verre de borax réduit. L'addition d'un peu d'étain détruit la réaction du fer, et développe dans le verre une couleur verte et quelquefois bleue; mais l'obtention de ce résultat exige que le verre ne soit pas très-saturé d'acide; s'il en renferme trop, on ajoute une nouvelle quantité de fondant.

La soude dissout l'acide tungstique sur le fil de platine, et le convertit en un verre transparent d'un jaune sombre, qui cristallise par le refroidissement, et devient en même temps opaque et blanc ou jaunâtre. Ce verre conserve assez bien la forme globulaire, même sur le charbon; au feu de réduction il présente une couleur sombre tant qu'il est chaud, mais redevient blanc par la congélation.

Si l'on traite l'acide tungstique sur le charbon, par une très-petite portion de soude, on obtient, au feu de réduction, une scorie métallique d'un gris d'acier, de laquelle on tire par le broiement et le lavage, une grande quantité de tungstène métallique, sous forme d'une poudre gris d'acier, qui offre l'éclat métallique sur tous les points où elle a été froissée par le pilon d'agate. Si l'on fait fondre l'acide tungstique avec une quantité de soude assez considérable pour que la masse entre dans le charbon, et qu'après l'avoir exposée à un bon feu, on la broie et la lave dans le mortier, on obtient une petite quantité de particules métalliques, qui tantôt sont d'un jaune d'or et tantôt d'un brun de tombac. Ce n'est autre chose que du tungstène, avec les nuances qu'il présente, selon VAUQUELIN et HECHT, lorsqu'on l'a fait rougir brusquement dans un vase clos.

13. *Oxide de chrôme.*

Seul, il ne change pas.

Avec le borax, il fond difficilement, même en petite quantité, et présente un beau vert d'émeraude, qui se développe principalement durant le refroidissement du verre; sur le fil de platine on peut faire disparaître cette couleur presque entièrement, en exposant le verre à la flamme extérieure; il devient alors jaune-brun, et conserve cette couleur tant qu'il est chaud; par le refroidissement il ne reprend qu'une faible teinte de vert.

Avec le sel de phosphore, il fond tant à la flamme extérieure qu'à la flamme intérieure, où il prend une couleur verte d'autant plus foncée que la partie fondue est plus considérable. Une très-petite portion d'oxide suffit pour produire une teinte forte. Si l'on mêle au verre une plus grande quantité d'oxide de chrôme qu'il n'en peut dissoudre, et qu'on le chauffe très-fortement, il acquiert la propriété de se boursoufler plus ou moins à l'instant de la congélation, et de se transformer en une masse écumeuse; la spumescence qui a lieu dans ce cas, est due à un dégagement de gaz; une seconde fusion la fait disparaître; mais la masse se boursoufle de nouveau en refroidissant. Ce phénomène a lieu, soit que la matière d'essai ait été traitée à la flamme extérieure, ou à la flamme intérieure, et sur le charbon comme sur le fil de platine; je n'en ai pas pu découvrir la cause; il n'a pas lieu lorsque le verre est transparent.

La soude dissout l'oxide de chrôme sur le fil de platine et à la flamme extérieure, où elle le transforme en un verre orangé sombre, qui perd sa transparence et devient jaune en refroidissant. Au feu de réduction, le verre devient opaque; il est vert après le refroidissement. Le charbon l'absorbe; mais je n'ai pu découvrir dans la masse absorbée aucune trace de métal réduit.

14. *L'antimoine et ses oxides.*

L'antimoine à l'état métallique fond aisément sur le charbon; lorsqu'il a été chauffé jusqu'au rouge, il demeure long-temps en ignition sans le secours du chalumeau, et dégage une épaisse fumée blanche. Peu à peu cette fumée se dépose et forme autour de la boule métallique un réseau de petits cristaux, dont l'éclat est nacré, et qui finissent par la recouvrir en entier. Durant quelques instans on voit, à la clarté de la lampe, le métal en ignition dans l'intérieur de la masse, après que le réseau cristallin l'a totalement recouvert. Ce réseau est de l'oxide d'antimoine cristallisé. Il entre en fusion lorsqu'on dirige dessus la flamme de la lampe. L'antimoine métallique étant chauffé seul dans un matras, ne se sublime pas à la température qui fond le verre. Chauffé jusqu'au rouge, dans un tube ouvert, il brûle lentement en répandant une fumée blanche qui se dépose sur le verre, et offre çà et là des traces de cristallisation. Cette fumée n'est autre chose que l'oxide du métal, et on peut la chasser, par la caléfaction, d'une partie du tube sur une autre, sans qu'elle laisse le moindre résidu ; mais dans le cas où l'antimoine est combiné avec le soufre, il se forme, outre l'oxide, une certaine quantité d'acide antimonieux qui adhère à la surface du verre sous forme d'une couverte blanche, après qu'on en a chassé l'oxide au moyen de la chaleur.

L'oxide d'antimoine, seul, fond aisément et se sublime sous la forme d'une fumée blanche. L'oxide d'antimoine, tel qu'on l'obtient par la précipitation, le lavage et la dessiccation, s'enflamme souvent avant d'entrer en fusion, brûle comme de l'amadou, devient infusible et se transforme en acide antimonieux. On le réduit sur le charbon à l'état métallique; dans cette opération il donne à la flamme une couleur verdâtre.

L'acide antimonieux ne fond pas, jette une vive lumière, et diminue de masse dans la flamme intérieure, en même temps que le charbon se recouvre d'une fumée blanche; mais il ne se réduit pas comme l'oxide.

L'acide antimonique blanchit au premier coup de feu, et se change en acide antimonieux; celui qui contient de l'eau, passe du blanc au jaune en dégageant de l'eau, puis revient au blanc par l'ignition en dégageant de l'oxigène.

L'oxide et les acides d'antimoine se comportent de la même manière à l'égard des fondans.

Le borax dissout une grande quantité d'acide antimonieux sans devenir opaque. Le verre qui en résulte a une teinte jaunâtre pendant qu'il est chaud; mais il la perd en grande partie par le refroidissement. Lorsqu'il est saturé, une partie de l'antimoine se sublime à l'état métallique, et se dépose sur le charbon autour de la masse : si on chauffe fortement le verre au feu de réduction, il devient opaque et grisâtre par l'effet des particules métalliques qui s'y forment.

Le sel de phosphore dissout le même acide en un verre transparent et incolore. Sur le fil de platine ce verre prend au feu d'oxidation une faible couleur jaunâtre qui s'évanouit par le refroidissement. S'il renferme du fer, il prend au feu de réduction la même couleur rouge que l'acide tungstique et l'oxide de titane ferrugineux. Au moyen d'une vive insufflation l'antimoine est réduit et s'évapore, et la couleur disparaît. Le même effet est produit par l'addition de l'étain.

Avec la soude, il fond sur le fil de platine en un verre transparent et incolore qui tourne au blanc par le refroidissement. Il est réductible sur le charbon.

15. *Oxide de tellure.*

Seul, il fond et dégage de la fumée sur la feuille de platine; sur le charbon, il fond et se réduit avec effervescence. Le métal réduit est aisé à confondre avec le bismuth et l'antimoine. Je dirai, à l'article du bismuth, comment on les distingue.

Avec le borax et le sel de phosphore, il donne sur le fil de platine un verre limpide et incolore, qui, sur le charbon, devient gris et opaque par l'interposition d'un grand nombre de particules de métal réduit.

Avec la soude, il donne sur le fil de platine un verre incolore qui blanchit par le refroidissement. On peut le réduire sur le charbon.

16. *Oxide de tantale.*

Seul, il n'éprouve aucune altération. *Avec le borax*, il se résout en un verre incolore et transparent qu'on peut rendre opaque par le flamber, et qui, pour une forte proportion d'oxide, devient blanc d'émail en refroidissant. *Avec le sel de phosphore* il fond aisément et en très-grande quantité, et donne naissance à un verre incolore, qui ne perd pas sa transparence par le refroidissement.

La soude s'en empare, et la combinaison a lieu avec effervescence, mais sans dissolution ni réduction de l'oxide.

Comme l'oxide de tantale ressemble sous ces rapports aux terres proprement dites, il serait facile de le confondre avec quelqu'une d'entre elles dans un essai au chalumeau. On le reconnaît pourtant à telles enseignes, que sa combinaison avec le sel de phosphore ne devient point opaque par le refroidissement, lors même que l'oxide de tantale est en excès; tandis que le contraire a lieu pour la glucine, l'yttria et la zircone. Si on ajoute au sel de phosphore un nouvel excès d'oxide, celui-ci s'étale uniformément sur la surface du verre qui devient alors opaque même dans la fusion; mais la partie non fondue ne tourne plus au blanc de lait; elle devient demi-transparente comme la silice, dont elle diffère cependant par la manière dont elle se comporte à l'égard de la soude. L'oxide de tantale se distingue de l'alumine par les phénomènes qu'il produit en présence du borax et de la dissolution de cobalt, laquelle ne donne pas de bleu avec l'oxide de tantale.

17. *Oxide de titane.*

Seul, il n'éprouve aucun changement. *Avec le borax*, il fond aisément sur le fil de platine, et donne naissance à un verre incolore qui tourne au blanc de lait par le *flamber*. Si l'on accroît la proportion d'oxide, le verre tourne de lui-même au blanc par le refroidissement. Exposé au feu de réduction, ce verre commence par jaunir si la proportion d'oxide est faible, et prend ensuite après une réduction complète une couleur d'améthyste sombre, qui devient plus marquée par le refroidissement. Le verre est transparent et assez semblable à celui de l'oxide de manganèse traité par le feu d'oxidation, mais tire un peu plus sur le bleu. Pour une plus forte proportion d'oxide, le verre exposé sur le charbon au feu de réduction devient jaune sombre, et acquiert par le refroidissement une couleur bleue tellement foncée qu'il paraît noir et opaque. Si l'on vient ensuite à le *flamber*, il devient bleu clair, mais opaque, et semblable à un émail. La teinte de bleu est plus ou moins belle, et varie d'un essai à l'autre. La cause de ces phénomènes est que le verre contient à la fois de l'oxide et de l'oxidule ; ce dernier tend à développer dans le verre une couleur bleu-sombre, et le premier, qui ne contribue pas à sa coloration, lui donne au *flamber* l'apparence d'un émail blanc ; du mélange du blanc et du bleu foncé, provient le bleu clair, dont le degré d'intensité dépend entièrement des quantités relatives d'oxide et d'oxidule, contenues dans le verre ; s'il reste peu d'oxide, le verre se conserve noir ; si au contraire il prédomine, le verre blanchit au *flamber*.

Le sel de phosphore dissout l'oxide de titane à la flamme extérieure, et le convertit en un verre incolore et limpide. Au feu de réduction, cet oxide donne un verre qui paraît jaunâtre tant qu'il est chaud, mais qui, par le refroidissement, rougit d'abord et prend enfin une très-belle couleur d'un violet bleuâtre. Une trop grande quantité d'oxide, rend la couleur si foncée, que le verre en paraît opaque, sans cependant offrir l'aspect de l'émail. On peut faire disparaître la couleur à la flamme extérieure. La réduction se fait mieux sur le charbon que sur le fil de platine ; mais elle exige même sur le charbon un feu soutenu, particulièrement lorsque l'on essaie des minéraux qui contiennent du titane, tels que le sphène, par exemple. L'addition de l'étain facilite et accélère considérablement la réduction. Si l'oxide de titane contient du fer, ou si l'on ajoute du fer au verre coloré par l'oxide de titane, la couleur violette due à l'oxidule s'évanouit, et le verre prend au feu de réduction une couleur rouge pareille à celle que développe l'acide tungstique ferrugineux. Si ces substances sont en petite quantité, la couleur devient rouge-jaunâtre ; cette teinte ne paraît pas tant que le verre est chaud, et ne commence à se manifester qu'à l'instant où la chaleur du verre diminue ; en général elle n'acquiert toute son intensité que par un refroidissement complet. Cette réaction est si délicate que lorsque le verre contient trop peu d'oxide de titane, pour qu'on puisse s'assurer pleinement de sa présence par l'inspection de la couleur, on peut la reconnaître sur-le-champ en y ajoutant du fer, et surtout du fer à l'état métallique ; alors la réaction a lieu infailliblement d'une manière très-prononcée. Les verres d'acide tungstique ferrugineux, d'acide antimonieux ferrugineux, et d'oxide de nickel, prennent aussi la même nuance au feu de réduction ; mais il est aisé de reconnaître laquelle de ces substances est combinée avec le fer. Quelques instans d'une bonne insufflation au feu de réduction suffisent pour chasser l'acide antimonieux ; cela fait, il ne reste plus que la teinte due au fer. J'ai déjà dit que l'acide tungstique ferrugineux donne avec l'étain un verre dont la couleur est tantôt verte, tantôt bleue; or, si l'on traite par l'étain le verre de titane ferrugineux, la couleur due au fer s'évanouit, et la nuance violette de l'oxidule de titane reparaît. Il faut néanmoins pour que cet effet ait lieu que l'intensité de la couleur ne soit pas considérable durant la fusion; dans le cas contraire, on ajouterait une nouvelle quantité de fondant. Mais comme il arrive souvent que la teinte dont il s'agit ici est développée par une quantité d'oxide de titane ferrugineux, tellement petite que l'oxide de titane qui s'y trouve n'aurait pu produire de lui-même aucune réaction sensible, l'étain en pareil cas détruit entièrement la couleur, et la réaction se trouve anéantie. On fait alors avec la substance que l'on essaie un verre de sel de phosphore que l'on sature complétement de cette substance, et que l'on traite ensuite par l'étain; de cette manière on parvient assez souvent à mettre en évidence la couleur due à l'oxide de titane, surtout après que le verre est totalement refroidi. La réaction produite par l'oxide de nickel se distingue des précédentes en ce qu'elle atteint son maximum quand le verre est chaud, et s'évanouit presque entièrement par le refroidissement, et en ce qu'elle est la même dans les deux flammes (extérieure et intérieure), tandis que la réaction produite par les autres substances disparaît à un bon feu d'oxidation. La modification produite par le fer sur l'oxide de titane et l'acide tungstique n'a pas lieu en présence du borax.

Avec la soude, l'oxide de titane se dissout, fait effervescence, éclabousse et se transforme en un verre transparent de couleur jaune-sombre, qui ne pénètre pas dans le charbon et devient blanc, ou gris-blanc par le refroidissement. Ce verre a la propriété de cristalliser à l'instant même où son ignition cesse ; et il dégage alors une si grande quantité de calorique, que le globule rougit de nouveau jusqu'au blanc. Ce phénomène a lieu dans tous les corps qui cristallisent à une assez haute température , par exemple dans le phosphate de plomb ; mais je n'ai jamais vu autant de chaleur développée par la cristallisation , que dans le cas dont il s'agit ici. L'intensité du phénomène dépend principalement de l'exactitude des proportions de soude et d'oxide. Si l'on prend plus d'oxide de titane que la soude n'en peut dissoudre , en sorte que les parties non fondues restent en suspension dans le verre , le phénomène n'a pas lieu ; mais si l'on ajoute alors de la soude par petites portions , jusqu'à ce que l'on ait atteint la dose précise qui est nécessaire pour fondre l'oxide de titane , le phénomène paraît alors dans tout son éclat. Chaque portion de soude que l'on ajoute ensuite diminue l'intensité de l'effet jusqu'à ce qu'enfin toute la masse s'introduit dans le charbon.

L'oxide de titane n'est pas réductible sur le charbon et avec la soude. Dans mes expériences, je me suis servi d'oxide de titane extrait du ruthile de France suivant la méthode de LAUGIER, et j'ai obtenu à chaque essai de réduction quelques grains aplatis d'un métal malléable, blanc, non magnétique, qui avait toutes les apparences de l'étain ; j'ai trouvé ensuite que quand cet oxide de titane a été digéré dans l'hydrosulfure d'ammoniaque, cette dernière substance en sépare, par la dissolution, un oxide d'étain, qui reste après l'évaporation de l'eau et le grillage de la masse desséchée, et que l'on transforme aisément par la réduction en un grain d'étain métallique.

Avec la solution de cobalt, l'oxide de titane prend une couleur noire, ou gris-noir.

18. *Oxides d'urane.*

Seul, l'oxide d'urane passe à l'état d'oxidule, noircit, mais ne fond pas.

Avec le borax, il se transforme, par la fusion, en un verre jaune-sombre qui devient vert sale au feu de réduction. On peut ramener la couleur jaune par le feu d'oxidation sur le fil de platine. Sur le charbon la même opération est très-difficile. Le verre vert saturé jusqu'à certain point est susceptible de devenir noir par le flamber, mais non semblable à un émail ou cristallin.

Avec le sel de phosphore, et sur le fil de platine, il donne, au feu d'oxidation, un verre jaune transparent, dont la couleur s'affaiblit par le refroidissement, et devient enfin jaune-paille, avec une légère teinte de vert. Au feu de réduction il donne un beau verre vert dont la couleur s'embellit encore par le refroidissement. Sur le charbon il est difficile d'obtenir une autre couleur que le vert, bien que son intensité diminue au feu d'oxidation.

La soude ne le dissout pas. Pour une quantité extrêmement petite de ce fondant, on aperçoit quelques signes de fusion. Une plus grande quantité donne à la masse une couleur jaune-brun, provenant de la formation d'un oxide qui sature l'alcali à la manière d'un acide. Avec une quantité encore plus considérable de soude on peut le faire passer dans le charbon, mais on ne le réduit pas. On y trouve ordinairement des traces d'étain, si ce métal n'a pas été préalablement séparé de l'oxide au moyen de l'eau sulfurée ou de l'hydro-sulfure d'ammoniaque.

19. *Oxides de cérium.*

Seul, l'oxidule passe à l'état d'oxide. Ce dernier ne change pas, même au feu de réduction.

Le borax dissout l'oxide dans la flamme extérieure, et en fait un beau verre rouge ou jaune-orangé foncé, dont la couleur s'affaiblit par le refroidissement et se réduit finalement à une teinte jaunâtre ; au flamber, ce verre prend la blancheur de l'émail. Au feu de réduction il perd sa couleur. Pour une plus forte proportion d'oxide, le verre, traité par le feu de réduction, tourne de lui-même au blanc d'émail et cristallise en se refroidissant.

Avec le sel de phosphore, l'oxide donne, par la fusion, un beau verre rouge qui, en refroidissant, perd sa couleur, et acquiert la limpidité de l'eau. Au feu de réduction le verre devient incolore, mais ne dissout jamais assez d'oxide pour devenir opaque par le refroidissement.

Avec la soude il ne fond point ; la soude passe dans le charbon, et l'oxidule de cérium demeure à la surface ; sa couleur est le blanc ou le gris-blanc.

Les réactions de l'oxide de cérium ressemblent beaucoup à celles de l'oxide de fer, surtout lorsque l'oxide de cérium est combiné avec la silice, parce que cette dernière substance empêche que le verre qu'il forme avec le borax ne perde sa transparence ; les oxidules de fer et de cérium ne se comportent cependant pas de la même manière à l'égard des fondans ; mais quand ils se trouvent combinés ensemble et avec la silice, qui est le cas ordinaire, on ne peut pas reconnaître à l'aide du chalumeau la présence de l'oxide de cérium.

20. *Oxide de manganèse.*

Seul, il ne fond pas, mais brunit à un feu vif.

Avec le borax, il fond et se convertit en un verre transparent, couleur d'améthyste, lequel devient incolore au feu de réduction. Si la proportion d'oxide est forte, il faut, à l'instant où l'on cesse de souffler, renverser le verre réduit sur un corps froid ; il reprendrait couleur par un refroidissement lent. Pour une très-forte proportion d'oxide, le verre, exposé à la flamme extérieure, finit par prendre une teinte si foncée qu'il paraît noir ; mais il suffit de le tirer en fil pour s'assurer de sa transparence.

Avec le sel de phosphore, il fond aisément et donne un verre transparent, qui est incolore au feu de réduction, et couleur d'améthyste au feu d'oxidation ; mais la couleur n'est jamais tellement foncée que le verre ne conserve sa transparence. Tant que ce verre est en fusion dans la flamme extérieure, soit sur le fil de platine, soit sur le charbon, il bouillonne et dégage un gaz. Cette effervescence cesse au feu de réduction, mais recommence aussitôt qu'on expose le verre au feu d'oxidation. On peut expliquer ce phénomène en disant que la perle de verre s'oxide à la surface, que la rotation du verre liquide fait entrer la partie oxidée dans l'intérieur de la masse, et qu'alors l'oxigène est chassé par l'acide phosphorique d'où il résulte que le sel d'oxide se change en sel d'oxidule. De là vient aussi que le sel de phosphore ne prend jamais la couleur d'améthyste que jusqu'à un certain point, parce qu'il n'y a qu'une certaine proportion de sel d'oxide qui puisse rester dans le verre. En général, le verre métallique, fait avec le borax, est plus aisé à maintenir à l'état d'oxidation qu'à l'état de réduction ; par contre, le verre fait avec le sel de phosphore se soutient mieux à l'état de réduction complète, et n'est pas complétement oxidable.

Si le verre produit par le sel de phosphore et l'oxide de manganèse contient une quantité d'oxide tellement petite que la couleur ne soit pas sensible, on peut la rendre manifeste en appliquant un cristal de salpêtre sur la perle liquide de la manière que j'ai décrite à l'article *Salpêtre*, en traitant des réactifs et de leur emploi. Le salpêtre fait écumer la masse, et l'écume prend, par le refroidissement, une couleur améthyste ou rose-pâle, suivant que la quantité de manganèse est plus ou moins grande.

Avec la soude, l'oxide de manganèse fond sur la feuille ou le fil de platine, en très-petite quantité, et donne une masse verte, transparente, qui se fige par le refroidissement et devient d'un vert bleuâtre. L'essai réussit mieux sur la feuille de platine. La dissolution de l'oxide de manganèse dans la soude a lieu avec écoulement sur les bords, ce qui permet de reconnaître avec facilité la couleur de la masse saline après le refroidissement. Un millième d'oxide de manganèse dans la matière d'essai, colore sensiblement la soude en vert ; on peut reconnaître à cette couleur jusqu'aux moindres traces de manganèse.

Le manganèse n'est pas réductible avec la soude dans le charbon ; mais s'il contient tant soit peu de fer, on peut réduire ce métal et le séparer par la méthode ordinaire.

21. *Oxide de zinc.*

Seul, il prend au feu une couleur jaune qu'on aperçoit bien au jour, mais non à la clarté de la lampe. La couleur blanche reparaît après le refroidissement. Il ne fond pas, mais jette un vif éclat dans l'incandescence, et se dissipe peu à peu au feu de réduction, tandis qu'une fumée blanche se dépose tout autour sur la surface du charbon.

Avec le borax, il fond aisément, et donne un verre transparent qui devient laiteux au flamber, et qui, pour une plus forte proportion d'oxide, prend la blancheur de l'émail en refroidissant. Au feu de réduction le métal se sublime et le charbon se recouvre d'une fumée blanche à une ligne de distance du verre.

Avec le sel de phosphore, il se comporte comme avec le borax, à cette différence près qu'il se réduit et se sublime moins facilement avec le premier qu'avec le second. Sous le rapport des réactions qu'il produit, il ressemble à la plupart des terres proprement dites.

La soude ne le dissout point ; mais, traité par ce réactif sur le charbon, il se réduit et couvre le support de fumée de zinc ; avec un bon feu on peut faire paraître jusqu'à la flamme de zinc. Cette réaction est le caractère principal de l'oxide de zinc ; et dans les fossiles qui en contiennent, comme la gahnite par exemple, c'est à la fumée blanche dont le charbon se recouvre quand on les traite par la soude, qu'on reconnaît la présence de cet oxide.

Avec la solution de cobalt, il donne une couleur verte.

22. *Oxide de cadmium.*

Seul, exposé à la flamme extérieure sur le fil de platine, il n'éprouve aucun changement. Sur le charbon il se dissipe en peu d'instans ; en même temps le charbon se couvre d'une poussière rouge ou jaune-orangé. Ce phénomène est si marqué dans l'oxide de cadmium, que les minéraux qui, comme le carbonate de zinc, contiennent un ou deux pour cent de carbonate de cadmium, étant exposés un seul instant au feu de réduction, déposent à peu de distance de la matière d'essai, un anneau jaune ou orangé d'oxide de cadmium que l'on aperçoit d'autant mieux que le charbon est plus refroidi. Cet anneau se forme bien avant le commencement de la réduction de l'oxide de zinc, et si les flocons de zinc se montrent en même temps, c'est une preuve que l'on a poussé l'insufflation trop loin; mais si l'on ne peut découvrir aucune trace jaune avant que la fumée de zinc commence à former un dépôt sur le charbon, on doit en conclure que la matière d'essai ne contient pas de cadmium.

Le borax en dissout une très-grande quantité sur le fil de platine, et donne naissance à un verre transparent, dont la couleur jaunâtre disparaît en grande partie par le refroidissement; si le verre est à peu près saturé, il devient laiteux au flamber, et s'il l'est complétement, il prend de lui-même la blancheur de l'émail en se congelant. Sur le charbon, ce verre éprouve un bouillonnement continuel; le cadmium est réduit et se volatilise, et le charbon se couvre d'une poussière jaune qui est de l'oxide de cadmium.

Le sel de phosphore en dissout aisément une grande quantité et donne lieu à un verre transparent qui, à l'état de saturation, devient blanc de lait par le refroidissement.

Avec la soude, il ne fond pas sur le fil de platine. Sur le charbon il se réduit, se volatilise, et laisse après lui une trace circulaire de couleur jaunâtre.

23. *Oxide de fer*.

Seul, il ne change pas à la flamme extérieure, mais noircit et devient magnétique à la flamme intérieure.

Avec le borax, il donne au feu d'oxidation un verre dont la couleur rouge-sombre s'éclaircit par le refroidissement et se termine par une teinte jaunâtre, ou même par l'absence de toute couleur. Si la proportion d'oxide est forte, le verre devient opaque à l'état liquide, et prend par le refroidissement une couleur d'un jaune sombre et impur. Au feu de réduction il devient vert-bouteille, et si la réduction est portée au plus haut degré possible, il acquiert une vive couleur vert-bleuâtre, tout-à-fait semblable à celle du vitriol qui s'obtient en dissolvant du fer dans l'acide sulfurique étendu d'eau. L'application de l'étain accélère la réduction totale de l'oxide à l'état d'oxidule. La couleur vert-bouteille appartient à l'oxide *ferroso-ferricum*, et devient quelquefois si foncée qu'elle en paraît noire. Tant que le verre ne contient que de l'oxide de fer, il est transparent à l'état liquide;

mais aussitôt qu'il se trouve exposé au feu de réduction, et que l'oxide *ferroso-ferricum* commence à se former, il devient opaque, et continue de l'être jusqu'à ce que sa réduction soit parvenue au point où il ne reste plus que de l'oxidule, terme auquel il redevient transparent. La couleur verte de l'oxidule est très-belle tant que le verre est chaud, mais elle s'affaiblit par le refroidissement et devient imperceptible pour une petite quantité de fer.

Avec le sel de phosphore il fond et offre les mêmes phénomènes de coloration qu'avec le borax ; mais la couleur perd davantage par le refroidissement : au moyen de l'étain on peut la faire disparaître presque complétement. Un verre qui contient beaucoup d'oxide de fer, donne, par l'application de l'étain, une couleur pâle d'un vert-bleuâtre ; quelquefois, au premier instant du refroidissement, la boule vitreuse *revêt* un gris perlé ; mais cette apparence s'évanouit quand on renouvelle l'insufflation.

La soude ne dissout point l'oxide de fer, mais l'entraîne avec elle dans le charbon ; il s'y réduit aisément et donne, après la despumation, une poudre métallique grise et magnétique.

24. *Oxide de cobalt.*

Seul, il n'éprouve aucun changement.

Avec le borax, il fond aisément et produit un

verre transparent de couleur bleue, qui ne devient point opaque au flamber. Une petite quantité d'oxide colore fortement le verre ; une quantité plus considérable lui donne un bleu si foncé qu'il en paraît noir.

Avec le sel de phosphore, il fond aussi facilement et offre la même couleur ; à la clarté de la lampe, elle semble violette ; au jour, c'est du bleu pur. Lorsque le sel de phosphore présente au jour une faible teinte de bleu, il paraît rose à la lueur de la lampe.

La soude n'en dissout qu'une très-petite quantité sur le fil de platine ; la masse fondue est rouge-pâle vue par transmission, et devient grise par le refroidissement. Sur la feuille de platine, la partie de l'oxide de cobalt fondue par la soude s'écoule sur les bords et forme sur le platine, autour de la partie non fondue, une mince couverte d'un rouge sombre.

Avec le sous-carbonate de potasse, l'oxide de cobalt fond en bien plus grande quantité, le sel ne coule pas autant sur les bords, et la masse congelée est noire sans aucun mélange de rouge. Ce serait un moyen de distinguer les deux alcalis (la soude et la potasse) l'un de l'autre, s'il n'était pas aussi aisé et beaucoup plus sûr de laisser à l'air l'alcali sur la nature duquel on a des doutes, et de voir s'il prend ou non l'humidité.

L'oxide de cobalt se réduit très-facilement sur le charbon et dans la flamme intérieure avec un alcali ou un sel alcalin, lors même qu'on en prend assez peu pour que la masse ne pénètre pas dans le charbon ; mais il ne fond pas. Après l'ablution de la soude et du charbon on obtient pour résidu une poussière métallique grise , magnétique , qui prend sous le polissoir l'éclat caractéristique des métaux.

25. *Oxide de nickel.*

Seul , il n'éprouve point de changement.

Avec le borax , il fond facilement et donne un verre jaune-orangé ou rougeâtre qui , par le refroidissement , devient jaune ou presque incolore. Une plus forte dose d'oxide donne un verre qui à l'état liquide est opaque et brun-sombre , mais qui devient , par le refroidissement , rouge-sombre et transparent comme l'acide tungstique ferrugineux traité par le sel de phosphore. Le feu de réduction détruit cette couleur , et le verre y devient grisâtre par l'interposition d'une fine poussière de nickel métallique répandue dans sa masse. En prolongeant l'insufflation on peut conglomérer cette poussière , mais non la faire entrer en fusion. Si l'oxide de nickel contient du cobalt, comme cela arrive souvent, la couleur de ce dernier métal prend alors le dessus; si le nickel renferme en même temps de l'arsenic, il se résout en perle par la fusion.

Avec le sel de phosphore, il fond et présente les mêmes phénomènes de coloration que dans le borax; mais sa couleur disparaît presque entièrement par le refroidissement. Il se comporte semblablement au feu d'oxidation et de réduction; par quoi il se distingue de l'oxide de fer, avec lequel il a d'ailleurs beaucoup de ressemblance dans ce genre d'essai. L'application de l'étain ne produit d'abord aucun changement; mais ensuite, le nickel se précipite et la couleur s'évanouit. On peut alors s'apercevoir de la présence du cobalt, s'il y en a; mais le verre bleu qu'il donne est opaque, et en général on découvre moins bien le cobalt de cette manière que dans le verre de borax.

La soude ne dissout point l'oxide de nickel. Une grande quantité de ce fondant le fait passer dans le charbon; il s'y réduit aisément, et donne par le lavage de petites particules métalliques, blanches, brillantes, qui sont attirées par l'aimant avec plus de force peut-être que le fer doux. Si la quantité de soude est relativement petite, la masse demeure à la surface du charbon, mais le nickel ne s'en réduit pas moins, et se retrouve par le lavage de la masse. Le nickel pur ne se fond pas au chalumeau. Le nickel qui contient des traces d'arsenic ne fond pas bien avec la soude ; mais si l'on y met du borax, il fond et se transforme en une boule qu'on peut forger et aplatir, mais dont les bords se déchirent ordinairement sous le marteau, et deviennent magnétiques à un haut degré.

26. *Bismuth, oxide de bismuth.*

Seul, l'oxide de bismuth fond aisément sur la feuille de platine, où il forme une masse d'un brun sombre qui devient jaunâtre par le refroidissement. Soumis à un feu très-intense, il se réduit et perfore le platine. Sur le charbon il se réduit instantanément en un ou plusieurs grains métalliques.

Avec le borax, il fond sans prendre couleur, à la flamme extérieure. Il se réduit à la flamme intérieure, et donne au verre un œil trouble et grisâtre, provenant de l'interposition des particules du métal dans sa masse.

Le sel de phosphore le dissout et le transforme en un verre brun-jaunâtre tant qu'il est chaud, et incolore, mais non complétement clair après le refroidissement. Au feu de réduction, particulièrement avec l'étain, on obtient un verre qui est clair et incolore tant qu'il est chaud, mais qui perd sa transparence et prend une couleur gris-noire en se congelant. L'oxidule de cuivre présente à peu près les mêmes phénomènes dans les mêmes circonstances, avec cette différence, que la couleur qu'il développe est rouge. Ce fait semble indiquer que le bismuth a un degré d'oxidation salifiable inférieur à celui que l'on a déterminé par la voie humide.

La facilité avec laquelle on réduit le bismuth, fait que dans les essais au chalumeau, c'est presque toujours sur le *métal* même que porte l'essai. Il devient alors très-important de pouvoir le distinguer de l'antimoine et du tellure avec lesquels il serait facile de le confondre.

a. *Dans le matras*, ni l'antimoine, ni le bismuth ne se subliment à la température que le verre peut supporter. Le tellure au contraire répand d'abord un peu de fumée (au moyen de l'oxigène de l'air atmosphérique), et l'on obtient ensuite un sublimé gris de tellure métallique.

b. *Dans le tube ouvert*, l'antimoine donne une fumée blanche qui en recouvre intérieurement la paroi, et que l'on peut chasser d'une partie à l'autre du tube, au moyen de la chaleur, sans qu'elle laisse de trace. La boule métallique s'environne d'une quantité très-notable d'oxide fondu.

Le tellure répand une grande quantité de fumée, qui s'attache aux parois du verre sous la forme d'une poussière blanche susceptible de se fondre et de se transformer en gouttes limpides et incolores lorsqu'on vient à la chauffer. Une petite partie se sublime, mais tout le reste se résout en gouttelettes, que la chaleur fait rouler sur la surface du tube, pour peu qu'elles aient de grosseur. Si la couche de poussière est mince, elle disparaît insensiblement pendant l'opération, comme si elle était sublimée par la chaleur ; mais le microscope fait voir que ce qui était pulvérulent s'est transformé en gouttelettes très-fines. La boule métallique s'environne d'un oxide fondu, clair, presque incolore, qui, par le refroidissement, devient blanc, opaque et feuilleté dans les parties épaisses. Avec un feu vif et un courant d'air faible, on sublime une partie du tellure métallique qui se condense sous la forme d'une poussière grise.

Le bismuth ne donne presque pas de fumée (s'il n'est pas combiné avec le soufre (1)), et le métal s'environne d'un oxide fondu d'un brun sombre qui, après le refroidissement, ne conserve qu'une teinte jaunâtre. Il attaque fortement le verre.

c. *Sur le charbon*, ces trois métaux s'en vont en fumée par une longue insufflation et laissent une aréole autour du lieu de leur gissement. Celle de l'antimoine est toute blanche ; celle du bismuth et du tellure a un bord rouge ou orangé. Si l'on dirige sur cette trace le feu de réduction, elle s'évanouit, et en même temps la flamme se colore en

---

(1) Voyez le sulfure de bismuth, parmi les minéraux.

un beau vert foncé, si l'aréole provient du tellure, et en bleu-verdâtre pâle, si elle provient de l'antimoine. Elle ne se colore point si c'est du bismuth. Je dois ajouter ici que l'odeur de raifort pourri, que l'on attribue au tellure, ne se fait aucunement sentir quand ce métal est pur; cette odeur est due au sélénium qui accompagne le tellure dans quelques minerais.

27. *Oxides d'étain.*

Seul, l'oxidule, pur ou à l'état d'hydrate, s'allume et brûle comme de l'amadou et se change en oxide. L'oxide ne fond pas et n'éprouve aucun changement; mais en l'exposant à un feu de réduction vif et soutenu, on peut le ramener tout entier à l'état métallique, sans le secours d'aucun réactif. Cette opération exige néanmoins l'habitude du chalumeau.

Avec le borax, l'oxide d'étain fond très-difficilement, et en petite quantité, et donne un verre transparent qui se conserve tel pendant le refroidissement. On ne peut pas le transformer en émail blanc au moyen du flamber; mais si le verre est saturé d'oxide, et qu'après un refroidissement complet, on le chauffe de nouveau à la flamme extérieure jusqu'au rouge naissant, alors il devient opaque, perd sa rondeur et subit une sorte de cristallisation confuse. La couleur du verre ne change pas au feu de réduction.

Avec le sel de phosphore, l'oxide d'étain fond difficilement et en petite quantité, et donne un verre transparent et incolore. Si l'on y ajoute de l'oxide de fer, cet oxide perd la propriété de colorer le verre ; bien entendu qu'une certaine partie d'oxide d'étain détruit la couleur d'une *certaine partie seulement* de l'oxide de fer, et que le surplus colore le verre comme s'il n'y avait pas d'oxide d'étain dans la masse. La présence de l'arsenic rend le verre opaque.

La soude et l'oxide d'étain se combinent avec effervescence sur le fil de platine. Le résultat de cette combinaison est une masse boursouflée, infusible, et qu'une plus grande quantité de soude ne saurait dissoudre. Sur le charbon elle se réduit aisément et donne un grain d'étain. Certains oxides d'étain, et particulièrement ceux qui contiennent du tantale, se réduisent difficilement avec la soude, en sorte qu'on pourrait croire, après un premier essai, qu'ils ne contiennent pas d'étain ; mais on n'a qu'à ajouter une petite quantité de borax et la réduction a lieu sur-le-champ.

L'étain se rencontre très-souvent dans la nature comme partie constituante accidentelle et relativement très-petite des minerais de tantale, de titane et d'urane, et peut-être de quelques autres, où on ne soupçonne guère sa présence lorsqu'on les essaie par la voie humide : mais lorsqu'on les traite par la soude au feu de réduction, surtout après la séparation du fer, on trouve toujours de l'étain métallique, n'y fût-il que pour $\frac{1}{200}$ du poids. Lorsque la proportion de fer n'est pas plus considérable, on peut jusqu'à certain point empêcher sa réduction en mettant du borax avec la soude.

28. *Oxide de plomb.*

Seul, le minium paraît noir lorsqu'il est chaud et se change au rouge naissant en oxide jaune. Celui-ci forme, par la fusion, un beau verre orangé qui, sur le charbon, se réduit avec effervescence en un grain de plomb.

Avec le borax, il fond aisément sur le fil de platine, et donne un verre transparent qui, à l'état de saturation, est jaune tant qu'il est chaud, mais devient incolore par le refroidissement. Il ne peut pas se tenir en perle sur le charbon, mais s'étend sur sa surface, tandis que le plomb se réduit en bouillonnant et coule vers les bords.

Avec le sel de phosphore, il fond aisément et donne naissance à un verre transparent et incolore. Lorsqu'il est saturé, il paraît jaunâtre à l'état liquide et prend le blanc d'émail en refroidissant. Il ne se réduit pas à la flamme intérieure, à moins d'un excès d'oxide de plomb.

Avec la soude, l'oxide de plomb fond aisément sur le fil de platine, et donne naissance à un verre transparent qui devient jaunâtre et opaque par le refroidissement. Sur le charbon la réduction a lieu en un instant.

29. *Oxide de cuivre.*

Seul, exposé au feu d'oxidation, l'oxide de cuivre se convertit, par la fusion, en une boule noire qui ne tarde pas à s'étendre sur le charbon, et qui se réduit en dessous. Au feu de réduction, et à une température qui ne suffit pas pour fondre le cuivre, l'oxide est réduit et brille de l'éclat métallique qui distingue le cuivre; mais aussitôt que l'insufflation cesse, la surface métallique se réoxide et devient noire ou brune (1). Exposé à une chaleur plus forte, il donne un grain de cuivre par la fusion.

Avec le borax, l'oxide de cuivre fond aisément au

---

(1) GAHN, qui avait à Fahlun une fabrique de cuivre considérable, qu'il dirigeait et surveillait avec le plus grand soin, remarqua que les minerais provenant de différentes parties de la mine, exigeaient des traitemens différens pour que le déchet métallique résultant de la scorification, n'outrepassât point une certaine limite. Afin de reconnaître sur-le-champ quand le contenu en cuivre d'une scorie s'était accru, il l'essayait au chalumeau, en exposant de minces et larges écailles premièrement au feu d'oxidation pour brûler

10

feu d'oxidation , et se transforme en un beau verre vert qui devient incolore au feu de réduction , mais qui prend en se solidifiant une couleur voisine du rouge cinabre et devient opaque. Si l'oxide de cuivre est impur, ce verre devient ordinairement brun foncé, et ne prend l'aspect de l'émail qu'à la flamme intermittente. Si la proportion de cuivre est considérable , une partie de l'oxide se réduit en grains fondus , que l'on obtient en brisant le verre.

Avec le sel de phosphore , il fond et présente les mêmes nuances qu'avec le borax. Si la proportion de cuivre est peu considérable , le verre exposé au feu de réduction , devient quelquefois transparent et rouge comme un rubis ; ce phénomène a lieu vers l'instant de la congélation. Ordinairement le verre devient rouge , opaque et semblable à un émail.

Lorsque la quantité relative de cuivre est tellement petite , que le feu de réduction ne peut pas développer le caractère de l'oxidule ; on ajoute à la

---

et enlever le soufre, puis au feu de réduction , de manière à ce que la flamme s'étendît sur la surface grillée. Quand une scorie contient du cuivre , on voit alors paraître sur cette surface des points , des stries et des taches qui ont la couleur et le brillant de ce métal , et dont la quantité indique celle du cuivre contenu dans la scorie. Rarement on peut obtenir une scorie tout-à-fait exempte de traces de cuivre , mais l'œil apprend bientôt à distinguer un déchet excessif d'un déchet ordinaire.

masse un peu d'étain (ce qui s'applique au verre fait avec le sel de phosphore comme au verre de borax), et l'on souffle un instant. Le verre précédemment incolore devient alors rouge et opaque par le refroidissement. Si l'on souffle trop long-temps, le cuivre se précipite sous forme métallique, particulièrement dans le sel de phosphore, et la coloration est détruite.

Avec la soude, l'oxide de cuivre se résout sur le fil de platine en un beau verre vert, qui perd de sa couleur et devient opaque par le refroidissement. Sur le charbon la masse est absorbée et l'oxide réduit. Il n'y a probablement aucun moyen possible, autre que la réduction au chalumeau, de découvrir des quantités relatives de cuivre aussi petites que celles que l'on peut mettre en évidence à l'aide de cet instrument, dans tous les cas où le cuivre n'est pas en combinaison avec d'autres métaux, qui étant comme lui susceptibles de se réduire, peuvent masquer ses propriétés. Dans ce dernier cas il faut employer le borax avec l'étain. Quand le cuivre et le fer se rencontrent ensemble, un même essai les réduit chacun de leur côté en particules distinctes, que l'on peut reconnaître à la couleur, et séparer au moyen de l'aimant.

3o. *Mercure.*

Les combinaisons de mercure sont toutes vola
tiles, et ne peuvent par conséquent réagir avec les
flux. On essaie les matières mercurielles en les
mêlant avec un peu d'étain métallique, ou avec
de la limaille de fer, ou enfin avec de l'oxide de
plomb, et en faisant chauffer le mélange jusqu'au
rouge, dans un tube de verre fermé par un bout.
Dans cette opération le mercure se réduit et se
rassemble dans la partie la plus froide du tube, sous
forme d'une efflorescence grise qui étant agitée se
conglomère en gouttelettes métalliques.

3i. *Oxide d'argent.*

Seul, il se réduit en un instant.

Avec le borax, il est en partie dissous et en partie
réduit. Au feu d'oxidation, le verre tourne, par
le refroidissement, au blanc de lait, ou prend les
couleurs de l'opale, suivant la quantité d'argent
dissous, lors même que cet argent y a été mis à
l'état métallique. Au feu de réduction il prend un
œil grisâtre, qui tient à l'interposition des particules d'argent réduit disséminées dans sa masse.

Avec le sel de phosphore, l'oxide ainsi que le métal donnent au feu d'oxidation un verre jaunâtre
qui prend les couleurs de l'opale, lorsque la pro-

portion d'argent augmente : vu par réfraction et au jour, il paraît jaune ; vu de la même manière à la lumière de la lampe, il offre une couleur rougeâtre. Il devient grisâtre au feu de réduction, de même que le verre de borax.

Les autres métaux nobles, l'or, le platine, l'iridium, le rhodium et le palladium ne réagissent point avec les flux, et sont inoxidables. Tout ce qu'on peut se proposer en les traitant par les flux, se réduit à voir s'ils ne renferment pas d'autres métaux plus oxidables dont les fondans s'emparent et par lesquels ils sont colorés. On peut encore les fondre dans du plomb parfaitement pur et les coupeler sur la cendre d'os, pour juger d'après la couleur de la coupelle chargée d'oxide de plomb, s'il s'y trouve quelques métaux étrangers. De ceux que nous avons nommés, l'or est le seul que l'on puisse obtenir en culot ; les autres forment, après la séparation du plomb, une masse infusible, grise, légèrement poreuse, qui prend l'éclat métallique sous le polissoir d'acier. Celle de platine et celle de palladium sont malléables.

B. *Substances résultant de la combinaison des corps combustibles.*

1. *Sulfures métalliques.*

On les reconnaît à l'odeur d'acide sulfureux

qu'ils répandent pendant qu'on les grille sur le charbon, ou dans un tube de verre. Lorsque la quantité de soufre contenue dans un composé métallique est trop petite pour que cette odeur soit sensible, on forme par la fusion de la soude avec la silice une perle de verre sur laquelle on applique un petit grain de la substance que l'on veut essayer; si cette substance contient du soufre, le verre prend, immédiatement ou par le refroidissement, une couleur rouge ou jaune, suivant la quantité relative de soufre. Mais si les métaux coloraient aussi le verre au point de masquer la couleur due au soufre, alors on grillerait la matière d'essai dans un tube ouvert où l'on aurait introduit supérieurement un papier de fernambouc; une quantité de soufre insensible à l'odorat suffirait pour le blanchir. On doit suivre ce procédé particulièrement pour le grillage des mines d'antimoine, où il est difficile de reconnaître l'odeur du soufre; à cause de l'odeur également piquante que développe la vapeur d'antimoine.

L'objet principal que l'on a ordinairement en vue, dans l'essai des sulfures métalliques, est de reconnaître l'espèce de métal qui est entrée en combinaison avec le soufre, et c'est pour cet effet que l'on doit chasser cette dernière substance le plus complétement possible au moyen du grillage. On prend en conséquence pour pièces d'essai des lames minces, sur lesquelles l'air a plus de prise que sur des masses égales de forme ronde ou cubique. Pour leur conserver la forme lamellaire, on fait au commencement un feu doux et incapable de les fondre. Si la fusion a lieu, ce que l'on a de mieux à faire est de choisir une nouvelle pièce d'essai. A un certain point de l'opération, quelques sulfures perdent la faculté de fondre; l'on peut alors faire un feu plus vif, afin de hâter le terme du grillage et de décomposer le sulfate qui se forme ordinairement pendant la première partie de l'opération. Ce grillage se fait très-bien sur le charbon; il ne faut pas le tenter sur le fil de platine, parce que ce dernier est souvent attaqué par le métal. Lorsqu'on veut éviter l'emploi du charbon, on peut sans difficulté effectuer l'opération sur une feuille de mica, en ayant soin de choisir, pour cet effet, une espèce de mica qui ne soit pas trop fusible.

Ce n'est qu'après que le grillage est terminé, que l'on peut tirer parti des réactions produites par les flux. La réduction par la soude exige en particulier l'expulsion intégrale du soufre; pour peu qu'il en reste, ou il se forme des sulfures métalliques dans lesquels on ne reconnaît pas les métaux, ou ceux-ci sont dissous et entraînés par le sulfure de soude, en sorte qu'après le lavage de la masse, il ne reste rien dans le mortier.

2. *Séléniures métalliques.*

On les reconnaît plus aisément que tous les autres composés métalliques du même ordre, à l'odeur qu'ils répandent lorsqu'on les chauffe à la flamme extérieure; pour mieux la percevoir il faut mettre sous son nez la matière d'essai encore chaude. Cette odeur est très-forte, très-désagréable, et ressemble à celle du raifort pourri; elle suffit pour trahir la présence de la moindre trace de sélénium.

Avec le verre de silice et de soude, les séléniures offrent la même réaction que les sulfures métalliques; mais leur couleur disparaît plus aisément par une insufflation prolongée que celle des sulfures.

Il est souvent très-facile d'obtenir le sélénium à l'état métallique, au moyen du grillage dans un tube ouvert. En inclinant convenablement ce tube, on peut ménager le courant d'air qui s'y établit, de manière à produire l'oxidation des métaux combinés avec le sélénium, en même temps que celui-ci se sublime et développe une couleur rouge. Lorsqu'un séléniure se rencontre avec un sulfure, le sélénium se sublime à l'état élémentaire, tandis que le soufre se dégage sous la forme d'acide sulfureux. Quelques galènes de Suède contiennent une petite portion de sélénium que l'on peut mettre ainsi à découvert. Si le sélénium se trouve engagé avec le tellure, l'oxide de tellure se sublime d'abord, et ensuite, plus près de la place échauffée, se dépose le sélénium sous la forme d'une poussière rouge. Le sulfure d'arsenic se sublime quelquefois avec toutes les apparences du sélénium ; mais l'odeur qu'il répand n'est pas la même.

3. *Alliages d'arsenic.*

On découvre l'arsenic à l'odeur qu'il développe pendant l'insufflation. Il faut se rappeler ici que ce n'est pas l'acide arsenieux, mais l'arsenic métallique à l'état de gaz qui sent l'ail. Lorsque le contenu d'arsenic est considérable, la matière d'essai fume abondamment, et l'odeur se fait sentir à une grande distance ; lorsqu'il est moindre, il faut, après avoir exposé la matière à un bon feu de réduction, l'approcher de son nez tandis qu'elle est encore rouge ; si la proportion d'arsenic est très-faible, on ne peut reconnaître l'odeur de ce métal qu'après l'avoir traité par la soude au feu de réduction. L'odeur d'arsenic est un si bon caractère que lorsqu'on prend, par exemple, un petit morceau de papier teint en bleu, à la manière ordinaire, c'est-à-dire avec le smalt, et qu'après l'avoir fait brûler on en expose la cendre charbonneuse à un bon feu de réduction, on reconnaît ensuite en flairant la matière d'essai, l'odeur de la petite portion d'arsenic contenue dans le smalt.

Lorsqu'on veut faire griller des alliages d'arsenic, le mieux est de commencer le grillage dans un tube aux parois duquel la majeure partie de l'arsenic s'attache, sous la forme d'un sublimé blanc et cristallin d'acide arsenieux, au lieu de se répandre dans l'air ambiant. On y trouve encore cet avantage que l'odeur d'acide sulfureux, s'il y en a, est plus sensible lorsque le gaz a déposé son arsenic sur le verre. Après que la séparation de l'arsenic est ainsi opérée en majeure partie, on achève le grillage sur le charbon, en faisant alternativement usage du feu d'oxidation et du feu de réduction, vu qu'une partie de l'arsenic se combine sous forme d'acide avec les oxides métalliques, et qu'il faut ramener cette partie à l'état de métal, au moyen du feu de réduction, pour la griller de nouveau au feu d'oxidation. Il est peut-être encore plus nécessaire de chasser complétement l'arsenic d'un alliage où il entre, que le soufre d'un sulfure, particulièrement dans les essais de réduction, parce que les métaux qui contiennent de l'arsenic sont plus difficiles à reconnaître que ceux qui contiennent du soufre.

Dans le grillage des minerais arsenifères, il ne faut pas s'exposer sans nécessité à la vapeur de l'arsenic, qui est toujours dangereuse; j'avouerai cependant que je me suis souvent trouvé au milieu d'une salle, dont l'air était rempli d'odeur arsenicale sans en avoir jamais ressenti les effets, et j'ai vu avec étonnement les ouvriers des fonderies d'argent voisines de Freyberg, journellement plongés dans une atmosphère infectée d'arsenic, sans que leur santé parût en souffrir.

4. *Alliages d'antimoine.*

Grillés dans un tube ouvert, ils dégagent de la fumée d'antimoine; mais la nature de cette fumée varie selon les métaux avec lesquels l'antimoine est combiné. Lorsque ces métaux sont très-oxidables, une grande partie de l'antimoine passe à l'état d'acide antimonieux, et alors sa fumée est infusible et fixe; mais si l'antimoine est combiné avec le cuivre et l'argent, il se volatilise en formant un oxide, et dépose sur le verre un sublimé volatil; la fumée qui sort du tube a une odeur piquante, mais non fétide, qui paraît due à l'oxide d'antimoine, ou à l'acide antimonieux.

5. *Alliages de tellure.*

Grillés dans le tube, ils déposent sur la partie supérieure de ses parois, la même couche pulvéru-

lente que le tellure pur. (*Voyez* Bismuth , p. 139).
La fumée qui sort du tube a une odeur piquante
analogue à celle de la fumée d'antimoine. Si elle
sent le raifort, c'est un signe que la matière d'essai renferme aussi du sélénium ; la couche pulvérulente , produite par l'oxide de tellure , se distingue d'avec celle de l'acide arsenieux en ce que
la première n'est pas cristalline et est fusible ,
tandis que la seconde est cristalline et se volatilise sans se fondre.

6. *Carbures métalliques.*

Les carbures métalliques, qui correspondent
aux sulfures métalliques et aux alliages d'arsenic,
je veux dire ceux dont on pourrait former des
carbonates, ne se rencontrent pas dans le règne
minéral. On peut les produire artificiellement par
la distillation sèche de certains sels formés d'oxides métalliques et d'acides végétaux, ou en chauffant jusqu'au rouge divers cyanures métalliques
dans des vases fermés ; ils ont la combustibilité du
charbon , s'allument comme de l'amadou , et en
brûlant mettent leurs oxides en liberté. Pourtant
ces propriétés sont principalement dues à leur
texture lâche.

Les carbures métalliques , qui se rencontrent
le plus souvent dans la nature , sont sursaturés de
charbon ; le graphite en est un exemple très-connu.

Les seuls caractères auxquels on puisse reconnaître le charbon traité par la voie sèche, se réduisent à ceux-ci : Il brûle peu à peu, ne répand ni odeur ni fumée ; réduit en poudre, mêlé avec le salpêtre et chauffé dans la cuiller ou sur la feuille de platine, il détonne et donne du carbonate de potasse.

C. *Réactions caractéristiques des acides considérés dans les sels.*

Au moyen de ce que j'ai dit touchant les phénomènes que présentent les oxides métalliques, considérés chacun en particulier, on est en état d'assigner la nature de la base d'une combinaison saline, principalement quand cette base est un oxide métallique. Il me reste maintenant à donner quelques règles, à l'aide desquelles on puisse reconnaître l'acide ou la partie électronégative du composé.

1. *Acide sulfurique.* — On reconnaît sa présence en plaçant sur un globule de silice et de soude fondus ensemble, une quantité extrêmement petite du sel que l'on veut essayer, ou en le mêlant avec la soude avant sa fusion avec la silice. Le second procédé est le plus facile, mais le premier est le plus sûr. L'acide sulfurique est réduit dans cette opération, et il se forme du sulfure de soude ; aussitôt le verre prend une teinte rembrunie, ou

devient incolore à l'état liquide, puis rouge ou orangé par le refroidissement, selon la quantité de sel que l'on a mise à l'essai.

2. *Les nitrates* ont pour caractère la détonation qu'ils produisent avec le charbon, lorsqu'ils sont fusibles; on chauffe ceux qui ne le sont pas d'abord jusqu'à parfaite dessiccation, puis jusqu'au rouge, dans un tube de verre fermé par un bout; le tube ne tarde pas à se remplir d'un gaz jaune-orangé, qui est de l'acide nitreux.

3. *Acide muriatique.* — J'avais fait en vain beaucoup d'expériences pour trouver par la voie sèche, un réactif propre à cet acide, lorsqu'une remarque de BERGMAN me conduisit à l'essai suivant, qui réussit au delà de mes espérances (1) : On dissout de l'oxide de cuivre dans du sel de phosphore, de manière à obtenir une perle d'un vert sombre; on ajoute ensuite la matière que l'on veut essayer pour savoir si elle contient de l'acide muriatique, et l'on soumet le tout à l'action du chalumeau; si cette matière en contient effectivement, la perle s'entoure d'une belle flamme bleue tirant sur le pourpre, laquelle persiste tant qu'il reste de l'acide muriatique. Aucun des acides que l'on rencontre dans

-----

(1) BERGMAN avait remarqué que le muriate de cuivre colore la flamme en vert, ce qui n'a lieu avec aucun des sels de cuivre des autres acides minéraux.

le règne minéral ne produit un phénomène semblable, et ceux dont les sels de cuivre peuvent d'eux-mêmes colorer la flamme du chalumeau, ne lui communiquent aucune couleur, étant combinés avec le sel de phosphore. Par exemple, la flamme de la lampe reçoit, sous l'action du chalumeau, une couleur verte très-intense, du fossile terreux dans lequel on rencontre le carbonate bleu de cuivre (à Chessy, France); mais quand on le traite par le sel de phosphore, préalablement saturé d'oxide de cuivre, on n'aperçoit plus la moindre coloration dans la flamme.

4. *Iodates.* — Soumis à la même épreuve que les muriates, ils donnent à la flamme une couleur superbe d'un vert foncé. Il est bon d'observer ici que le sel de phosphore en entrant en fusion jette quelquefois de petites flammes d'un vert pâle, provenant de la combustion de l'ammoniaque, et que soumis à un feu de réduction assez vif, il produit encore une lueur verdâtre; mais on ne saurait confondre ces apparences avec l'éclat du feu vert qui provient d'un iodate.

5. *Fluates.* — Depuis que l'on a trouvé de l'acide fluorique dans un grand nombre de minéraux où auparavant on ne soupçonnait pas sa présence, tels que la wawellite, la hornblende, le mica, il est devenu très-important de pouvoir reconnaître cet acide à l'aide du chalumeau, partout où il se ren-

contre. Cette *reconnaissance* est plus difficile dans les composés dont cet acide fait essentiellement partie, par exemple, dans le spath fluor, la topaze, la chrysolite, etc., que dans ceux où il semble ne se trouver qu'accidentellement, comme le mica et la hornblende. Dans les premiers on ne saurait chasser l'acide fluorique au moyen de la chaleur ; dans les seconds, la position relative des parties constituantes venant à changer au moment de l'ignition, l'acide fluorique se dégage et entraîne avec lui la silice, avec laquelle il est ordinairement combiné.

Lorsqu'un minéral est très-riche en acide fluorique, on le mêle avec du sel de phosphore, préalablement fondu, et l'on chauffe le mélange vers l'extrémité d'un tube ouvert, en sorte qu'une partie du courant d'air qui alimente la flamme, entre dans le tube ; il se forme alors de l'acide fluorique aqueux, qui se répand le long du tube, et que l'on reconnaît tant à son odeur propre, qu'à l'action corrosive qu'il exerce sur le tube, lequel devient terne dans toute sa longueur, et particulièrement sur les points où l'humidité s'arrête. Si l'on expose du papier de fernambouc à l'embouchure du courant d'air acide, ce papier jaunit aussitôt (1).

---

(1) D'après les expériences de Bonsdorff, quelques acides, tels que les acides fluorique, phosphorique et oxalique, ont la propriété de donner au papier de fernambouc une cou-

Lorsqu'au contraire l'acide fluorique est en petite quantité dans des fossiles où il est combiné
avec des bases faibles et en même temps avec une
petite proportion d'eau, on n'a qu'à chauffer la matière d'essai dans un tube fermé à la lampe, après
y avoir introduit du papier de fernambouc humecté. L'acide fluorique silicé est alors mis en
liberté par la chaleur; un anneau terne de silice
se forme sur le verre et à une petite distance de la
matière d'essai; enfin l'extrémité du morceau de
papier devient jaune, phénomène qui indique que
l'acide qui se dégage est de l'acide fluorique. On
découvre ainsi la présence de cet acide dans telle
espèce de mica qui n'en renferme que trois quarts
pour cent de son poids.

---

leur jaune-paille, propriété que n'ont pas les acides sulfurique, nitrique, muriatique, boracique, etc. Cependant il a
observé que quelques-uns de ces derniers, étendus d'une
certaine quantité d'eau, donnent aussi une teinte jaunâtre
au papier de fernambouc; mais il a remarqué en même
temps que cette teinte est moins vive et se développe,
peu à peu, tandis que la réaction de l'acide fluorique a
lieu sur-le-champ et présente une belle couleur jaune. Souvent on n'a besoin pour reconnaître un fluate, que de l'hu-
mecter dans une capsule de verre, avec de l'acide muriatique, et d'en frotter après quelques instans un papier de
fernambouc; la réaction propre à l'acide fluorique se manifeste alors.

6. *Phosphates.* — La découverte inattendue de l'acide phosphorique dans la wawellite et la lazulithe, a fait voir la nécessité d'un réactif pour cet acide, d'autant plus que la propriété qu'il a de se précipiter avec les bases terreuses le dérobe très-souvent à l'investigation des chimistes dans les expériences faites par la voie humide. La considération des phénomènes connus qu'il présente en combinaison avec l'oxide de plomb, me conduisit à chercher une méthode pour le reconnaître à l'aide du plomb ou de son oxide ; mais cette recherche fut vaine pour tous les phosphates autres que le phosphate de cuivre ; je ne pouvais atteindre mon but sans combiner préalablement, par la voie humide, l'acide phosphorique avec l'oxide de plomb, procédé inadmissible dans la série d'essais que je m'étais proposée. Après plusieurs autres tentatives infructueuses, je découvris enfin la méthode suivante, qui remplit parfaitement son objet : on dissout la matière d'essai dans de l'acide borique, et lorsque la fusion des deux substances est bien opérée, on enfonce dans la boule d'essai un petit bout de fil d'acier, un peu plus long que le diamètre de la boule, puis on fait un bon feu de réduction. Le fer s'oxide aux dépens de l'acide phosphorique, d'où résultent du borate d'oxidule de fer, et du phosphure de fer ; ce dernier fond à une température assez haute, et en

même temps la matière d'essai, qui s'est étalée sur la longueur du fil d'acier, reprend la forme globulaire; durant le refroidissement de la boule d'essai, on aperçoit ordinairement vers sa base, un éclat igné provenant de la cristallisation du phosphure de fer. On enlève ensuite la boule de dessus le charbon, pour la mettre sur l'enclumeau, où, après l'avoir enveloppée dans un morceau de papier, on la frappe légèrement avec le marteau; par ce moyen on opère la séparation du phosphure de fer qui se présente sous la forme d'un culot métallique, attirable à l'aimant, susceptible de se briser sous le marteau, et dont la cassure offre la couleur du fer; il est plus ou moins cassant pour des proportions différentes de fer, et quelquefois il se laisse aplatir un peu, cas auquel il peut supporter sans se briser une percussion plus forte. Si la matière que l'on essaie ne contenait point d'acide phosphorique, il arriverait que le fil de fer, en conservant sa forme et son éclat métallique, brûlerait seulement dans les parties extrêmes qui dépassent la surface de la boule d'essai. On ne saurait découvrir par ce procédé une proportion d'acide phosphorique qui ne s'éleverait pas au delà de 4 ou 5 pour cent, attendu que cette quantité d'acide ne suffirait pas pour fondre une masse de fer aussi considérable que l'exige la sûreté de l'observation.

11.

On conçoit qu'avant de faire l'essai qui a pour objet la découverte de l'acide phosphorique, on doit examiner s'il n'y aurait point, dans la substance que l'on traite, quelque autre corps réductible par le fer et susceptible de se résoudre en boule avec ce métal, comme de l'acide sulfurique, de l'acide arsénique, ou des oxides métalliques que le fer peut réduire; car alors on obtiendrait leurs radicaux combinés avec le fer.

7. Pour *les carbonates*, la voie sèche ne fournit aucun réactif que l'on puisse substituer avec avantage à l'emploi ordinaire d'une goutte d'acide muriatique ou d'acide nitrique.

8. Quant à *l'acide borique*, je n'ai pu trouver encore aucun réactif propre à signaler sa présence, chose très-désirable cependant, vu que cet acide se rencontre souvent, ainsi que l'acide fluorique, dans des minéraux dont il ne constitue qu'une très-petite partie, et où sa présence, en quelque sorte adventice, échappe très-souvent à l'observation dans les analyses faites par la voie humide.

9. Les *hydrates* ou combinaisons de l'eau avec les corps oxidés, se reconnaissent aisément en chauffant la matière d'essai dans un petit matras; les moindres traces d'eau se condensent alors dans le col. Il n'est guère de substances assez peu hygrométriques pour ne pas dégager dans cet essai une petite quantité de vapeur aqueuse.

10. Les *silicates* sont décomposés par le sel de phosphore ; la silice est mise en liberté, et la base se combine avec l'acide phosphorique ; lorsqu'on n'emploie qu'une petite quantité de sel de phosphore, il arrive le plus souvent que la silice se gonfle au moment de la décomposition, et absorbe la masse liquéfiée ; en mettant une plus grande quantité de fondant, on peut convertir le tout en une boule qui tient en suspension de la silice tuméfiée demi-transparente. On l'aperçoit mieux lorsque le verre est en ignition qu'après le refroidissement. La plupart des silicates donnent un verre transparent à l'état liquide, et qui prend l'aspect de l'opale en refroidissant. Cela n'arrive pas avec la silice pure. Lorsque la matière d'essai ne contient pas beaucoup de silice, celle-ci se dissout presque toujours complétement dans le flux.

Toute substance terreuse ou pierreuse, qui, traitée par la soude, fond avec effervescence et donne naissance à un verre transparent, doué de la propriété de conserver sa transparence après le refroidissement, est ou de la silice, ou un silicate dans lequel l'oxigène de la silice est, en général, à l'oxigène de la base, comme 2 (au moins) est à 1. Le verre de silice et de soude a donc la faculté de dissoudre jusqu'à la base que la soude a enlevée à la silice. Mais si la matière d'essai ne renferme qu'une petite quantité de silice, si, par exemple, les quantités d'oxigène sont égales dans la silice et la base, alors la décomposition du silicate et la formation du verre ont bien lieu, mais la quantité qui s'en forme ne suffit plus à la dissolution de la base, dont les pores absorbent le verre. Souvent alors un phénomène se présente, dont l'énoncé semble tout-à-fait paradoxal, savoir qu'un fossile peut, avec une très-petite quantité de soude, former un verre transparent qui devient opaque avec un peu plus de soude et infusible pour une quantité encore plus considérable. Ce phénomène a lieu ordinairement avec les silicates fusibles, dont la base, quoique infusible par elle-même, forme un verre avec la silice, aussi-bien que la soude. Une petite quantité de soude chasse bien une petite partie de la base infusible; mais celle-ci reste encore en dissolution; chaque fois que l'on ajoute ensuite de la soude, on met en liberté une nouvelle portion de la base, et la masse s'épaissit et se gonfle de plus en plus.

Cette relation entre les phénomènes qui résultent de différentes proportions de silice, ne souffre aucune exception et se reproduit constamment dans les silicates de même base; mais des bases différentes se comportent sous ce rapport d'une manière différente. Comme les silicates sont pour la plupart des sels doubles dont les bases sont souvent combinées dans des proportions inégales, il arrive que deux bases qui, dans un certain rapport, forment aisément un verre avec la soude, n'en produisent que très-difficilement dans un autre. Par exemple, quand la base est $C + 3A$, on vitrifie le silicate avec la même facilité que le bisilicate ou le trisilicate; mais quand la base est $C + 2A$, le silicate ne donne pas de verre avec la soude. Quand la base est $C + M$, le bisilicate a déjà beaucoup de peine à se vitrifier par la soude, et si cette base est $C + 2M$, on ne peut plus amener le bisilicate à un état de liquidité parfaite. La base étant $C + f$ ou $C + mg$, la vitrification aura lieu, au contraire, avec une grande facilité. Depuis que l'on peut déduire les proportions de silice de la forme des cristaux dans un grand nombre des silicates les plus communs, la fusibilité avec la soude est devenue un bon moyen de déterminer approximativement dans certains cas les quantités relatives des bases.

11. Les *séléniates*, les *arséniates*, les *molybdates*, *tungstates* et *chromates*, et les combinaisons dans lesquelles les *oxides* de *titane* et de *tantale* jouent le rôle d'acides, se reconnaissent aux caractères que j'ai tracés précédemment. Ainsi les séléniates et les arséniates se reconnaîtront à l'odeur qu'ils développent au feu de réduction, de même que les séléniures métalliques et les alliages d'arsenic; les autres sont suffisamment caractérisés par les réactions que leurs acides produisent, réactions que j'ai décrites pour chacun d'eux.

DESCRIPTION

Des phénomènes que présentent les minéraux sous l'action du chalumeau.

1er ORDRE. *MÉTALLOÏDES.*

PARMI les minéraux qui appartiennent à cet ordre, il n'en est qu'un que l'on ait lieu d'essayer au chalumeau, et c'est

L'*acide borique*, de Sasso en Toscane. (Mis sur un papier de fernambouc, préalablement humecté, il lui enlève sa couleur, et le blanchit dans l'espace d'une demi-heure. Un papier de curcuma trempé dans l'alcohol devient brun dans le même cas.)

Seul sur le charbon, il fond et donne un verre transparent. Lorsqu'il contient du gypse, le verre devient opaque en se refroidissant.

2e ORDRE. *MÉTAUX ÉLECTRO-NÉGATIFS.*

I. ARSENIC.

1. *Arsenic natif*, de Saxe.

Il répand une odeur d'ail lorsqu'on le chauffe. Se sublime dans le matras, et laisse un petit grain métallique qui n'est autre chose que de l'argent ; le sublimé est de l'arsenic métallique.

Observation. Plusieurs espèces d'arsenic natif, que l'on trouve sous cette dénomination générique dans les collections, sont ou des biarséniures, ou des mélanges de biarséniure avec le métal; par exemple, l'arsenic séapiforme (*Stänglicher arsenik*) de Schneeberg, le cobalt testacé (*Scherben kobolt*) de Saxe, ne sont autre chose que des biarséniures de cobalt.

2. *Sulfure d'arsenic*, rouge et jaune. As S² et As S³.

Seul sur le charbon, il brûle avec une flamme d'un jaune pâle. *Dans le tube ouvert*, il brûle et dépose de l'arsenic blanc dans la partie supérieure du tube; il s'évapore sans résidu. *Dans le matras*, il fond, bouillonne et se sublime. Le sublimé est transparent et d'un jaune sombre, quelquefois d'un beau rouge.

3. *Arsenic blanc*, Äs.

Seul, au feu de réduction, il dégage une odeur d'ail; au feu d'oxidation, il s'évapore sans résidu. Dans le matras, il se sublime sans fusion préalable. Le sublimé est cristallin.

2. CHRÔME.

1. *Chrôme terreux* (Chromockra, Chromium ocher). Mélange mécanique de Ch avec du quartz et des minerais de transition, du département de Saône-et-Loire.

Seul, il se décolore et devient presque blanc ; ne fond pas, mais présente une surface scoriacée, qu'on reconnaît au microscope pour être formée de parties vitrifiées et de parties non fondues.

Le borax s'empare de l'oxide de chrôme, et donne un verre d'une belle couleur verte ; le noyau blanchit et fond très-difficilement.

Avec le sel de phosphore, la dissolution est très-difficile ; à égalité de proportions, la couleur du verre fait avec le sel de phosphore est moins intense que celle du verre de borax.

Avec une grande quantité de *soude*, le chrôme terreux finit par se dissoudre. Le verre qui en résulte n'est pas transparent même à l'état liquide, et ressemble à un émail d'un gris sale et jaunâtre, après le refroidissement.

Observation. Le chrôme terreux d'Elfdalen (1) qui, selon toute probabilité, a son gissement dans une albite spathique, se comporte de la même manière, à la différence près qui résulte de la nature de sa gangue. On peut en dire autant de l'argile chromifère qui vient de Mortanberg, si ce n'est que dans cette dernière la totalité de la masse fond à un bon feu et se change en une scorie noire.

---

(1) Carrière de porphyre, en Dalécarlie.

3. MOLYBDÈNE.

1. *Sulfure de molybdène.* Mo S²

Seul, il dégage sur le charbon une odeur d'acide sulfureux, fume et laisse un dépôt pulvérulent sur la surface du support, surtout au commencement; il est extrêmement difficile à brûler; les parties centrales résistent à une très-longue insufflation.

Avec le salpêtre, il détonne et fulmine dans la cuiller; se dissout dans le sel fondu et donne pour résidu quelques flocons jaunes qu'on obtient séparément après avoir entraîné le sel au moyen de l'eau, et qui se comportent au chalumeau comme le molybdate de fer.

Dans le tube ouvert, il ne donne point de sublimé; mais le verre s'obscurcit dans le voisinage de la pièce d'essai.

2. *Acide molybdique*, sous forme d'un très-léger enduit jaune autour du sulfure de molybdène.

Se comporte comme l'acide molybdique pur; mais traité par la soude, il passe dans le charbon, et laisse un résidu d'oxidule de fer à la surface du support.

4. ANTIMOINE.

1. *Antimoine natif*, de Sala.

Se comporte comme l'antimoine pur, et se dissipe en fumée sans laisser de résidu.

2. *Sulfure d'antimoine*, noir et rouge. $Sb\,S^3$ et $\ddot{S}b + 2\,Sb\,S^3$.

Seul, il fond aisément sur le charbon ; celui-ci l'absorbe et se recouvre en même temps d'une masse noire dont l'éclat est vitreux. Après quelques instans d'insufflation, il se forme dans le charbon des globules métalliques qui paraissent être un sous-sulfure, et qui ne se comportent pas comme le métal pur, car ils ne brûlent pas, mais noircissent et deviennent ternes à la surface avant de refroidir.

Grillé dans le tube de verre, il donne au commencement beaucoup d'acide antimonieux ; ce qui se sublime ensuite est un mélange d'acide antimonieux avec beaucoup d'oxide. C'est là un phénomène très-digne de remarque, attendu que le métal pur ne donne que de l'oxide, et alors le sublimé est tout volatil. L'air qui sort du tube sent l'acide sulfureux.

3. *Alliage d'arsenic et d'antimoine.* Antimoine testacé de Poullaouen. $Sb\,As^2$ (?).

Seul, dans le matras, il donne d'abord beaucoup d'arsenic métallique, entre ensuite en fusion, et finit par ne plus former de sublimé. Si après avoir enlevé la boule de métal, on la chauffe jusqu'au rouge sur le charbon elle brûle avec les mêmes phénomènes que l'antimoine, mais la fumée a une forte odeur d'arsenic. Cette fumée cristallise enfin autour du métal; mais les cristaux sont plus blancs et à lames plus larges que ceux d'antimoine pur; la totalité de la matière d'essai se dissipe en fumée par une ignition soutenue.

4. *Oxide d'antimoine cristallisé*, Šb. Se comporte en tout comme l'oxide d'antimoine pur.

5. *Acide antimonieux*. Épigénie du sulfure d'antimoine.

Seul, il dégage de l'eau dans le matras ; c'est donc un acide aqueux. Il n'est pas réductible sur le charbon, mais donne un léger sublimé d'antimoine.

Avec la soude, il est réductible à l'état d'antimoine métallique. En réunissant les globules d'antimoine et les réduisant en fumée sur le charbon, on voit si l'acide antimonieux est pur ou non.

5. TITANE.

1. *Anatase* d'Oisan.

Se comporte comme l'oxide de titane parfaitement pur. Il est bon de remarquer qu'en général les oxides de titane natifs se dissolvent difficilement dans le sel de phosphore, et que la partie non fondue devient blanche, demi-transparente et a l'air d'un sel mélangé avec le minéral.

2. *Ruthile* et *Titane aciculaire*. Ils se comportent comme l'oxide de titane ; mais la couleur hyacinthe qu'ils donnent au feu d'oxidation n'est jamais aussi pure que celle de l'anatase. Traités par la soude, sur la feuille de platine, ils colorent en vert les bords du fondant, ce qui atteste la présence du manganèse.

R. Le ruthile de Käringbricka donne quelquefois avec les flux un verre vert-de-chrôme au feu d'oxidation ; fondu avec la soude sur une feuille de platine, il prend une couleur jaunâtre sous l'action du même feu. Mais quelquefois aussi on ne peut mettre aucunement en évidence le contenu de chrôme. Il paraît donc que ce contenu est accidentel et variable.

6. SILICIUM.

Silice, sous toutes ses formes (cristal de roche, quartz agate pyromaque, calcédoine, cornaline, etc.)

Je ne décrirai point ici les réactions particulières à chacune de ces variétés nombreuses où quelquefois de petites quantités de métal produisent des différences de coloration. La réaction générale est celle que j'ai donnée pour la silice, en traitant des oxides. Quelques variétés, comme l'opale et la résinite, donnent en outre de l'eau quand on les chauffe à part dans le matras. Mais ce contenu aqueux paraît être purement hygrométrique, de même que dans les masses sèches de silice que l'on obtient en analysant certains minéraux, et dont l'humidité varie avec l'hygromètre.

5ᵉ Ordre. *MÉTAUX ÉLECTRO-POSITIFS.*

1ʳᵉ Division. MÉTAUX PROPREMENT DITS.

1. Iridium.

Alliage d'osmium et d'iridium. Sous forme de petites paillettes blanches que l'on retire du sable de platine. (Fournies par le docteur Wollaston.)

Cet alliage est inaltérable, soit qu'on le traite seul, ou avec les flux ; l'ayant exposé à une forte chaleur dans le tube ouvert, j'ai cru sentir une odeur d'oxide d'osmium ; mais elle était trop peu intense pour qu'on puisse la ranger parmi les réactions caractéristiques.

2. Platine.

Sable de platine.

Les grains de platine n'éprouvent aucune altération, soit à part, soit avec les flux. Les phénomènes dus aux mélanges de substances étrangères ne doivent pas trouver place ici.

3. Or.

1. *Or graphique* (Schrift-erz) de Nagyag. . . . .
Ag Te² + 3 Au Te⁶.

Seul sur le charbon, se transforme par la fusion en une boule métallique d'un gris sombre, couvre le charbon d'une fumée blanche qui disparaît en jetant une lueur verte ou bleuâtre, lorsqu'on dirige dessus la flamme de réduction. Après une insufflation soutenue, on obtient un grain métallique jaune-clair, qui, au moment où il se fige, rougit un instant jusqu'au blanc. Il est, après le refroidissement, très-brillant et malléable.

Dans le tube ouvert, il dépose une fumée qui est blanche partout ailleurs que dans le voisinage de la pièce d'essai, où elle offre une couleur grise. C'est du tellure sublimé. Cette fumée se résout en gouttes limpides lorsqu'on dirige la flamme dessus. Elle répand une odeur piquante, mais qui n'a rien de commun avec celle du raifort pourri.

2. *Or tellurifère et plombifère* (Blätter-erz) du même lieu, $Au\,Te^3 + 2\,Pb\,S^2 + 4\,Pb\,Te^2$.

Seul sur le charbon, il fume ainsi que le précédent, et forme un dépôt pulvérulent sur le support ; mais ce dépôt est jaune, et s'évanouit à la flamme intérieure en développant une couleur bleue et non pas verte. Il donne enfin, après une vive insufflation, un grain d'or qui entre en ignition au moment où il se fige. Ce grain est malléable.

Dans le tube, il fume, jette une odeur très-sensible d'acide sulfuréux, mais pas la moindre odeur de raifort, et donne un sublimé qui est gris dans le voisinage supérieur de la pièce d'essai, et blanc partout ailleurs. La partie du sublimé qui avoisine la matière d'essai ne fond pas comme l'oxide de tellure; elle ne fait que changer d'aspect, et forme sur le verre une couverte grisâtre à demi fondue, dans laquelle on ne remarque aucune goutte liquide. Si l'on faisait l'essai sans songer à la possibilité de la présence du tellure, on pourrait fort bien se tromper sur la nature de cette partie du sublimé et la prendre pour de l'acide antimonieux; néanmoins la substance en question n'est pas aussi blanche que cet acide, lequel offre encore cette différence qu'il ne devient pas gris et ne fond pas à demi par l'effet de la chaleur. La partie du sublimé dont il s'agit ici est du tellurate de plomb. Plus loin de la matière d'essai, le sublimé a la fusibilité et présente tous les phénomènes caractéristiques de l'oxide de tellure. La boule métallique fixée sur la paroi du tube, est entourée d'une masse oxidée d'un brun sombre qu'on prendrait pour de l'oxide de bismuth, si sa couleur ne restait pas à peu près la même durant le refroidissement.

4. Mercure.

1. *Cinabre.* Hg S^2.

a. *Cinabre cristallisé*, d'Almaden en Espagne.

Seul sur le charbon, se volatilise sans résidu ; répand une odeur d'acide sulfureux.

Dans le matras, se sublime ; le sublimé est noirâtre, la raclure en est rouge.

Dans le tube ouvert, donne, par le grillage, du mercure et un sublimé de cinabre. Le mercure se dépose plus loin du foyer que le sublimé.

Dans le matras, avec la soude, on obtient des globules de mercure.

b. *Cinabre farineux*, de Zweibrücken.

Seul dans le matras, donne un peu de cinabre. Laisse un résidu considérable, où les fondans indiquent la présence d'une grande quantité de fer, ainsi que du plomb et des traces de cuivre.

c. *Mercure hépathique* (Leber-erz).

Seul, dans le matras, donne du cinabre, et pour résidu une masse noire. Si l'on enlève cette masse, et qu'on la brûle dans le tube ouvert, elle s'évanouit peu à peu sans sublimé, comme sans odeur, et donne pour résidu final une petite quantité de cendre terreuse. La partie non volatile a donc de l'analogie avec le charbon.

2. *Muriate d'oxidule de mercure*, Horn-erz, d'Almaden, Hg M̈.

Sur le charbon, se volatilise sans autre résidu que celui de la gangue, avec laquelle il peut se trouver engagé.

Dans le matras, donne un sublimé blanc.

Avec la soude dans le matras, donne une grande quantité de globules de mercure.

Avec le sel de phosphore cuivreux, sur le charbon, communique à la flamme une belle couleur d'azur.

5. PALLADIUM.

Palladium natif, du Brésil (1).

Chauffé avec précaution jusqu'au rouge naissant à la lampe à alcohol, et sur une feuille de platine, il prend à sa surface une teinte bleue qui disparait par une ignition complète.

Seul sur le charbon, il est infusible, inaltérable. Avec du soufre il fond au feu de réduction. Au feu d'oxidation le soufre se consume, et laisse le palladium pur.

6. ARGENT.

1. *Glanzerz. Sulfure d'argent*, Ag S². De Schemnitz.

Seul sur le charbon, il fond et se boursoufle considérablement en formant des bulles vides ; mais après quelque temps d'une insufflation soutenue, il se ramasse en grain. Il répand une

---

(1) Ces essais ont été faits sur du palladium non forgé, et obtenu par la réduction de l'oxide. Je ne connais encore personne autre que le docteur WOLLASTON, qui ait eu occasion de voir et d'examiner le palladium natif.

odeur d'acide sulfureux, et finit par donner un grain d'argent, entouré de scories. Fondues avec le borax et avec le sel de phosphore, ces scories offrent des traces de fer et de cuivre.

2. *Argent rouge* (Rothgülden) cristallisé, ... $2\,Sb\,S^3 + 3\,Ag\,S^2$ (1).

Seul sur le charbon, décrépite un peu, fond, brûle et fume comme l'antimoine, mais n'exhale point d'odeur arsenicale ; la production de fumée ne dure que quelques instans.

Dans le tube ouvert, il fume beaucoup, répand une odeur d'acide sulfureux qui est surtout sensible au commencement. La fumée se dépose en grande partie sur la paroi du tube et se forme quelquefois en cristaux ; c'est de l'oxide d'antimoine, que l'on peut chasser entièrement par la caléfaction. Le grain qui reste donne, après quelque temps d'insufflation à la flamme extérieure, un culot d'argent pur.

3. *Mine d'argent sulfuré aigre* (Spröd Glanzerz), de Saxe.

Seule, dans le tube ouvert, elle fond, ne fume pas d'une manière remarquable, et dépose sur le verre de petits cristaux blancs et brillans d'acide arsenieux, sans aucune trace de fumée antimoniale.

---

(1) D'après l'analyse de M. BONSDORFF.

Sur le charbon, ne forme aucun dépôt, met beaucoup de temps à griller, répand, sous un bon feu, une faible odeur d'arsenic, et abandonne le soufre beaucoup plus difficilement que le glanzerz : donne un grain métallique d'un gris sombre, que l'on peut forger et amincir considérablement, mais qui, dans ce dernier cas, se fèle sur ses bords. Si on le traite dans cet état par le verre de soude et de silice, ce verre prend la couleur de l'hépar, et l'argent reste pur.

Avec la soude, on accélère encore le grillage et la purification de l'argent.

On peut cependant obtenir l'argent pur sans le secours de la soude, au moyen d'un bon feu d'oxidation, d'où l'on voit que la substance étrangère contenue dans le grain est volatile.

Avec les flux on n'obtient que les réactions caractéristiques de l'argent.

R. Il y a une différence si frappante entre les forces avec lesquelles l'argent retient le soufre dans le spröd glanzerz et le glanzerz, que l'on voit *à priori* que cette différence est due à la présence d'une troisième substance. Suivant KLAPROTH il y aurait 10 pour cent d'antimoine dans le spröd glanzerz de Saxe. Pour moi, je n'en ai pas aperçu la moindre trace ; bien loin de là, l'expérience nous apprend qu'en présence de l'antimoine, la séparation du soufre se fait avec la plus grande facilité, et qu'on obtient alors de l'argent antimonial. Mais ayant fondu ensemble de l'argent et du sulfure d'arsenic, j'ai obtenu une combinaison qui offrait toutes les propriétés du spröd glanzerz. D'après cela je ne balance pas à considérer cette mine comme une combinaison de sulfure d'argent avec un alliage d'argent et d'arsenic, et j'attribue à cette dernière substance la difficulté avec laquelle le soufre se consume.

4. *Argent antimonial* (Spiesglanzsilber) et antimoine argentifère (Silber-spiesglanz), $Ag^2 Sb$ et $Ag^3 Sb$.

Seul sur le charbon, fond aisément et se transforme en un grain métallique gris, non malléable ; dégage une fumée pareille à celle de l'antimoine pur, mais moins abondante ; le globule prend après le dégagement d'une certaine partie de l'antimoine, un aspect mat, blanc, fortement cristallin, et entre en ignition à l'instant où il se fige. Lorsqu'il a perdu une quantité encore plus grande d'antimoine, sa surface devient lisse comme du verre dans la même circonstance, et la chaleur qu'il dégage alors est plus vive qu'à aucun autre instant. Enfin, après une insufflation soutenue, il ne reste plus que de l'argent. Durant l'opération, une grande quantité de fumée d'antimoine se dépose sur le charbon, et devient quelquefois rougeâtre dans la direction de la flamme, probablement à cause d'un contenu sulfureux qui donne naissance à du safran d'antimoine.

Dans le tube, il dégage beaucoup d'oxide d'antimoine, et le grain qui reste s'entoure d'un anneau de verre d'un jaune sombre.

5. *Electrum*, Ag + Au, probablement dans des proportions variables.

Donne, par la fusion, un grain d'un jaune plus ou moins pâle, qui offre avec le borax et le sel de phosphore les mêmes réactions que l'argent pur. (*Voyez* Argent).

6. *Amalgame*, Ag Hg², de Zweibrücken.

Dans le matras, bouillonne, éclabousse et donne du mercure ; le résidu est une masse d'argent un peu boursouflée, qui, sur le charbon, se résout en un grain d'argent.

7. *Muriate d'argent*, Ag M².

Seul sur le charbon, il se résout en une perle qui, selon le degré de pureté du sel, est gris de perle, brunâtre ou noire et en forme de scorie. Au feu de réduction, elle se convertit peu à peu en argent métallique, et donne finalement un grain d'argent.

Le muriate d'argent est fusible par le sel de phosphore, et si ce réactif a été préalablement mêlé avec de l'oxide de cuivre, on voit briller autour de la boule métallique une auréole bleu-de-ciel ; celle que produit le muriate d'oxidule de mercure dans les mêmes circonstances, est d'une couleur plus vive.

7. BISMUTH.

1. *Bismuth natif*, de Schneeberg.

Seul, fond en développant une faible odeur d'arsenic ; offre d'ailleurs les mêmes phénomènes que le bismuth pur.

Dans le tube ouvert donne un peu d'arsenic blanc. Passé à la coupelle, il teint la cendre d'os en jaune orangé pur.

2. *Sulfure de bismuth.*

a. *Sulfure de bismuth, dit bismuth natif, de Bispberg.*

Seul dans le tube, donne de l'acide sulfureux et un sublimé blanc ; chauffé jusqu'au rouge, il bouillonne et se rasseoit un instant après ; dépose de l'oxide de bismuth sur la paroi du tube et autour de la boule d'essai, de même que le bismuth pur.

Sur le charbon, fond, bouillonne et projette de petites gouttes incandescentes ; cette agitation est de courte durée. Après la séparation du bismuth, il reste une petite quantité de scories qui, fondues par le sel de phosphore, offrent une teinture de fer.

b. *Sulfure de bismuth de Riddarhytta*, Bi S^a.

Dans le tube, donne d'abord un peu de soufre sublimé, puis une petite quantité d'un autre sublimé qui ressemble à la fumée de tellure en ce qu'il fond lorsqu'on le chauffe ; mais les gouttes provenant de ce sublimé deviennent brunes , et après le refroidissement, jaunâtres et opaques, tandis que celles de tellure deviennent incolores et transparentes ; du moins lorsqu'elles sont en couche mince. Après la combustion d'une partie du soufre , la matière d'essai entre en ébullition , et éclabousse comme le sulfure précédent ; elle donne pour résidu un régule de bismuth , qui , passé à la coupelle , teint la cendre d'os en jaune orangé pur.

Rem. Il paraît résulter de ces essais que le bismuth natif trouvé depuis près de 5o ans à Gregers-klack près de Bispberg , est proprement un sulfure de bismuth , où la proportion de soufre est moindre que dans le sulfure de Riddarhytta lequel paraît susceptible d'être ramené par le grillage au même degré de saturation que le précédent. Le *Wasserbleysilber* découvert par von Born, et qui , conformément à l'analyse de Klaproth , serait un sulfure de bismuth , contenant seulement 5 pour 1oo de soufre , est réellement une toute autre combinaison, comme on le verra tout à l'heure.

3. *Alliages de tellure et de bismuth.*

a. *Alliage de tellure , sélénium et bismuth* de Norwége. Tellure natif d'Esmark. (Je dois à M. l'abbé

Haüy l'échantillon qui a servi aux essais ci-dessous décrits).

Seul sur le charbon, se transforme, par la fusion, en une boule métallique, qui colore en bleu la flamme du chalumeau, et dégage une forte odeur de sélénium. Forme sur le charbon un dépôt blanc, pulvérulent, irisé sur les bords, et qui, lorsqu'on dirige dessus la flamme de réduction, s'évanouit en donnant à cette flamme une couleur verte. On peut faire disparaître entièrement la boule métallique restante, à l'aide d'un feu soutenu. Si l'on fond un peu de sel de phosphore sur la place où elle a disparu, la réaction qui a lieu indique des traces de cuivre.

Dans le tube ouvert, fond et dégage une abondante fumée blanche, qui, après quelque temps de grillage, dépose une substance rougeâtre dans la partie du sublimé la plus voisine de la boule d'essai. Cette substance rouge est du sélénium dont l'odeur se fait sentir fortement dans le courant gazeux qui sort du tube. Le sublimé blanc se résout en gouttes claires et transparentes par l'effet de la chaleur ; c'est donc de l'oxide de tellure. Reste sur le verre une boule métallique, qui ne dégage plus de fumée et s'entoure d'une masse fondue de couleur brune, qui, par le refroidissement, devient opaque et d'un jaune livide. C'est par conséquent du bismuth.

b. *Alliage de bismuth et de tellure.* Wasserbleysilber de von BORN. (La matière de l'essai dont les résultats suivent, a été prise sur un échantillon provenant de la collection de l'université de Berlin, et que je dois au professeur WEISS.)

Seule dans le tube ouvert, la pièce d'essai sous forme d'écaille, brunit avant de fondre, se convertit en boule par une fusion facile, et alors répand, durant quelques instans, une odeur de sélénium : dégage dans l'ignition une abondante fumée blanche qui s'attache au verre, et est susceptible de se résoudre en gouttes blanches et transparentes ; c'est donc du tellure. Ce qui reste de la masse est un globule de bismuth, qui ne donne plus de fumée, et qui par suite d'une insufflation soutenue, s'environne d'un oxide brun de bismuth en fusion, de même que le bismuth pur.

4. *Oxide de bismuth,* Bi.

(Voyez *Bismuth,* p. 139). Offre quelquefois des traces de fer et de cuivre.

8. ETAIN.

Oxide d'étain, Sn.

(Voyez *Oxides d'étain,* page 142). Les espèces de couleur foncée, étant traitées par la soude sur la feuille de platine, offrent des traces plus ou moins remarquables de manganèse.

R. Lorsqu'il se rencontre du tantale dans l'oxide d'étain, comme à Finbo, près de Fahlun, on reconnaît la présence du tantale à deux signes : 1° l'oxide d'étain se réduit plus difficilement et moins complétement ; la partie non réduite est même assez considérable ; 2° lorsqu'on le dissout dans une certaine proportion avec le borax, celui-ci acquiert la propriété de devenir opaque par le flamber, ou même par le simple refroidissement.

9. PLOMB.

1. *Sulfure de plomb*, Pb S².

Seul sur le charbon, ne fond qu'après le dégagement du soufre, et alors des globules de plomb commencent à se former à la surface ; on obtient finalement un grain de plomb. En le passant à la coupelle, on voit s'il renferme de l'argent. Après la coupellation, la couleur de la cendrée indique si le plomb est pur ou non ; dans le premier cas, cette couleur est un jaune pâle, mais pur. Un contenu de cuivre la rendrait verdâtre, un contenu de fer, noire ou brunâtre, etc. On peut faire sur la cendre d'os le grillage aussi bien que la coupellation.

Dans le tube, la galène dégage du soufre et donne un sublimé blanc de sulfate de plomb, qui, exposé à une vive chaleur, devient gris, même dans la partie supérieure la plus voisine de la pièce d'essai.

On peut fondre le sublimé au moyen d'un bon feu, mais il se congèle aussitôt après, et ne dégage aucune substance volatile.

R. Les galènes de Fahlun et des mines de cuivre d'Åtvidaberg développent une odeur de sélénium, lorsqu'on les grille sur le charbon, et si le grillage a lieu dans un tube, on peut en tirer un sublimé rouge de sélénium qui n'est pas considérable, mais cependant très-sensible. Il faut pour cela conduire le grillage très-lentement et le pousser fort loin, parce que ce n'est que vers la fin de l'opération que le sélénium commence à se séparer. On voit alors un anneau rouge se former à un pouce de distance de la pièce d'essai, et l'on commence à sentir l'odeur de sélénium dans la partie supérieure du tube. On concentre le sélénium en exposant à la flamme d'une bougie la partie du tube comprise entre la pièce d'essai et l'anneau formé par le sublimé, de manière à repousser vers cet anneau la portion de sélénium qui s'est déposée dans l'intervalle. Quand le contenu de sélénium est faible on distingue à peine l'anneau rouge, en regardant au travers du tube ; mais il se détache très-bien sur un fond obscur. — Quand la galène contient de l'arsenic, il est aisé de confondre le sélénium avec le sulfure d'arsenic.

2. *Spiesglansbleyerz*, Bournonite, Endellione, $PbS^2 + CuS + SbS^3$, de Bleyberg.

Sur le charbon, fond et dégage de la fumée pendant quelque temps, puis se congèle en une boule noire. Exposé à un feu vif, il dégage de la fumée de plomb qui forme sur le charbon un dépôt circulaire : laisse une masse scoriacée, où les flux indiquent la présence d'une quantité considérable de cuivre, et dont on peut, avec la soude, retirer un grain de ce métal, après le grillage du plomb.

Dans le tube, dégage une odeur d'acide sulfureux, et une épaisse fumée blanche, qui se dépose en grande partie sur la paroi inférieure du tube; cette partie du sublimé n'est ni volatile ni fusible; mais le dépôt supérieur est volatil. Le premier est de l'antimonite de plomb; le second, de l'oxide d'antimoine.

3. *Licht Weissgültigerz*, de Freyberg, $Pb\,S^2$, $Ag\,S^2$, $Sb\,S^3$, $Ni\,As$.

Décrépite fortement, fond aisément et donne de la fumée de plomb.

Dans le tube ouvert, se comporte comme le précédent. Le minéral grillé étant traité par les flux, offre la teinture du nickel et quelquefois aussi celle du cobalt. Avec le borax on obtient un grain métallique qui, allié avec du plomb, et passé à la coupelle, perd considérablement de sa masse, et donne pour résidu de l'argent pur.

4. *Dunkel Weissgültigerz*, de Sala, ... $Pb\,S^2$, $Sb\,S^3$.

Dans le tube ouvert, se comporte comme le précédent : donne pour résidu après le grillage une masse de scories ; traitée par le borax, cette masse offre la teinture du fer, et donne un grain de plomb, qui, passé à la coupelle, donne lui-même une très-petite quantité d'argent.

5. *Blättererz.* Voyez *Or*, page 175.

6. *Oxide de plomb* rouge et jaune. Voyez *Oxide de plomb*, page 144.

7. *Sulfate de plomb* d'Anglesea, $\ddot{Pb} \ddot{S}^2$.

Décrépite : fond sur le charbon à la flamme extérieure, et se convertit, par la fusion, en une perle transparente, qui devient laiteuse en passant à l'état solide. Au feu de réduction il fait effervescence en donnant un grain de plomb.

Avec le *borax*, le *sel de phosphore* et la *soude*, se comporte comme l'oxide de plomb pur.

Avec le *verre de soude et de silice*, il prend la couleur du foie de soufre au moment où le verre se refroidit.

8. *Carbonate de plomb* d'Alstonmoore, $\dot{Pb} \ddot{C}^2$.

Se comporte comme de l'oxide de plomb pur, avec cette différence qu'il décrépite fortement, et que sa couleur blanche devient jaune par la chaleur.

a. *Muriate et carbonate de plomb*, Hornbly de Matlock, $\dot{Pb} \ddot{M}^2 + \dot{Pb} \ddot{C}^2$.

Seul se résout à la flamme extérieure en une

boule transparente, qui devient jaune pâle en se refroidissant.

Avec l'*oxide de cuivre dissous dans le sel de phosphore*, il offre la réaction ordinaire de l'acide muriatique (une flamme bleue autour de la perle d'essai).

b. *Sulfate et carbonate de plomb*, de Leadhills. L'échantillon qui a servi à l'essai suivant, provient de la collection du roi de France et m'a été donné par M. le comte BOURNON. Cette substance est décrite sous le nom de plomb carbonaté rhomboïdal dans le Catalogue de la collection minéralogique particulière du roi, Paris, 1817, pages 343—4.

Seul, sur le charbon, il commence par se gonfler un peu, jaunit, mais redevient blanc en se refroidissant. Se convertit par la fusion en une boule qui blanchit aussi par le refroidissement. Se réduit également bien avec ou sans addition de soude, en un grain de plomb métallique.

Avec le *verre de silice et de soude*, il donne la couleur du foie de soufre, absolument comme le sulfate de plomb (1).

9. *Phosphate de plomb* de Freyberg, $Pb\ddot{P}$.

Seul, sur le charbon, fond à la flamme extérieure ; le grain cristallise, et est après le refroi-

----

(1) Ce fossile se dissout avec effervescence dans l'acide nitrique, et donne pour résidu du sulfate de plomb sous forme de poudre blanche.

dissement, d'une couleur sombre. Exposé à la flamme intérieure, il dégage de la fumée de plomb; la flamme prend une couleur bleuâtre, et le grain forme, en se refroidissant, des cristaux à larges facettes, d'un blanc un peu nacré. Au moment de la cristallisation on remarque dans le globule une lueur d'ignition.

Avec le *borax*, le *sel de phosphore* et la *soude*, se comporte comme l'oxide de plomb.

Avec l'*acide borique et le fer*, il donne du phosphure de fer et du plomb métallique, que l'on peut obtenir séparément lorsque le phosphure de fer étant congelé, le plomb est encore liquide. Ce plomb ne donne point d'argent par la coupellation.

10. *Arséniate de plomb* de Johann Georgenstadt et de Cornwall, $\ddot{P}b\,\ddot{A}s$.

Seul, sur le charbon, fond avec quelque difficulté, et se réduit ensuite instantanément en un certain nombre de globules de plomb, avec un grand dégagement de fumée et d'odeur arsenicale. Avec les flux, se comporte comme l'oxide de plomb, à cette différence près que le verre d'arséniate dégage de la vapeur d'arsenic.

Si l'on saisit entre les pincettes un cristal d'arséniate de plomb, et que l'on fonde à la flamme extérieure l'extrémité antérieure de ce cristal, la partie fondue cristallisé ensuite par le refroidissement, de la même manière que le phosphate de plomb. Il ne faut pas que la matière en fusion touche le platine, parce qu'alors elle s'étalerait sur ce métal et l'attaquerait aisément. Elle coule pareillement sur le verre.

R. Un arséniate de plomb qui contient du phosphate de plomb, ne se réduit pas complétement. Le phosphate reste toujours à l'état de sel sous la forme d'une perle qui cristallise après la fusion. Un phosphate de plomb, qui contient des traces d'arséniate, donne du plomb métallique, et répand une odeur d'arsenic lorsqu'on le fond dans la flamme intérieure.

11. *Molybdate de plomb* de Bleyberg, $Pb\ Mo^2$.

Seul, décrépite fortement et acquiert une couleur jaune rembrunie, que le refroidissement efface. Il fond sur le charbon et pénètre dans l'intérieur de sa masse, en laissant à la surface une certaine quantité de plomb réduit. Si on lave la matière absorbée par le charbon, on obtient un mélange de grains de plomb malléables, et de molybdène métallique, ou de $Pb\ Mo$, qui offre l'éclat métallique, mais qui n'est ni malléable ni fusible.

Avec le borax, se dissout aisément, à la flamme extérieure, en un verre presque incolore. A la flamme intérieure, on obtient un verre transparent, qui, par le refroidissement devient tout à la fois sombre et opaque ; si on l'aplatit entre les pincettes, on reconnaît que sa couleur est brunâtre.

Avec le sel de phosphore, la dissolution s'opère aisément. Une quantité relativement petite de molybdate de plomb donne un verre vert, de même que l'acide molybdique; une quantité plus grande donne un verre noir et opaque.

La soude dissout le molybdate de plomb; une partie de la masse s'introduit dans le charbon et laisse du plomb réduit à la surface.

12. *Chromate de plomb* de Sibérie. Pb Ch.

Seul, décrépite et se fendille suivant la longueur du cristal, prend une couleur plus foncée, qui s'éclaircit ensuite par le refroidissement. Sur le charbon, fond et s'étale; en même temps la partie inférieure se réduit en développant la flamme et la fumée particulières au plomb. La partie supérieure est une masse de couleur sombre, qui donne une poudre d'un rouge-brun, et qui ne verdit point au feu.

Avec le borax, se dissout aisément. Une petite quantité de chromate colore le verre en vert; une plus grande quantité donne, à la flamme extérieure, un verre dont la couleur est verte, mais qui est tellement chargé de corpuscules noirâtres qu'il en paraît opaque. Au feu de réduction, il prend une couleur sombre, et, par le refroidissement, l'aspect d'un émail gris-verdâtre.

Avec le sel de phosphore, se convertit par une fusion facile en un verre d'une belle couleur verte.

Une plus grande quantité de chromate donne par le refroidissement un verre opaque, gris ou vert grisâtre.

Avec la soude, donne sur le charbon des grains de plomb métallique, tandis que la masse est absorbée. Sur le platine il forme, au feu d'oxidation, une masse saline et liquide, d'un jaune brun, laquelle est jaune après le refroidissement. Au feu de réduction, la masse fondue devient verte.

13. *Tungstate de plomb* de Zinnwald. $Pb\ddot{W}^2$. (La matière d'essai m'a été fournie par M. BREITHAUPT.)

Seul, sur le charbon, fond et dégage de la fumée de plomb; reste un globule cristallin dont la couleur est sombre et l'aspect métallique, mais qui donne une poudre d'un gris clair.

Avec le borax, il se dissout à la flamme extérieure, sans coloration; à la flamme intérieure, il devient jaunâtre par une brusque insufflation, et, en se refroidissant, gris et opaque. Au moyen d'un feu gradué, le plomb se dissipe en fumée, et le globule devient, par le refroidissement, transparent et rouge sombre, comme celui qui provient de l'acide tungstique pur.

Avec le sel de phosphore, on obtient à la flamme extérieure un verre incolore, et à la flamme intérieure un verre d'un bleu vif, dont la couleur n'est pas tout-à-fait aussi pure que celle du verre qui provient de l'acide tungstique. Une plus forte proportion de tungstate donne au verre une couleur verdâtre, et finit par le rendre opaque.

Avec la soude, on en tire une grande quantité de globules de plomb.

14. *Plomb-gomme* de Huëlgoat. $Pb \ddot{A}l^4 + 12Aq$. (Je dois la matière d'essai à M. GILLET DE LAUMONT).

Seul, dans le matras, dégage de la vapeur d'eau; en même temps la matière éclate quelquefois avec violence.

Sur le charbon, il perd sa transparence, blanchit, se boursoufle comme une zéolithe, et fond à demi sous un feu ardent, mais ne saurait entrer en liquéfaction complète.

Avec le borax, se dissout en un verre incolore et transparent.

Avec le sel de phosphore, même dissolution, même résultat. Pour une certaine proportion de plomb-gomme, le verre devient opaque en refroidissant.

Avec la soude, point de dissolution; mais des globules de plomb sortent de toutes parts.

Avec le nitrate de cobalt, on obtient une belle couleur bleu pur.

10. CUIVRE.

1. *Cuivre sulfuré.* Cu S.

Seul, sur le charbon, dégage une odeur d'acide

sulfureux, fond aisément à la flamme extérieure, bouillonne et projette des gouttes ignescentes. A la flamme intérieure, il se couvre d'une croûte, et dès lors ne peut plus entrer en fusion. On peut répéter cette expérience plusieurs fois. Tant qu'il reste du soufre, aucune portion de cuivre ne se sépare, en sorte qu'il semble que le soufre et le cuivre peuvent fondre ensemble dans toutes sortes de proportions.

Dans le tube ouvert, il y a dégagement d'acide sulfureux, et combustion d'une partie de la matière d'essai; mais aucun sublimé ne se forme. Le minerai grillé donne un grain de cuivre, lorsqu'on le traite par la soude ou le borax.

2. *Silber-kupferglanz,* (HAUSSMAN et STROMEYER), cuivre sulfuré argentifère (BOURNON) d'Ecatherinenburg. $2\,CuS + AgS^2$.

Seul, fond aisément, dégage une odeur d'acide sulfureux, ne donne point de fumée (pas même dans le tube), ne s'oxide point, et ne jette aucune scorie. La boule est de couleur grise, a l'éclat métallique, se colore légèrement à la surface, est demi-malléable, et a la cassure grise. Avec les flux, elle offre les réactions du cuivre. Coupelée avec du plomb sur la cendre d'os, elle donne un gros grain d'argent, et la coupelle devient d'un vert noirâtre.

3. *Combinaison de sulfure d'antimoine et de sul-*

fure de cuivre (Graugültigerz). a. *Cuivre et Anti-moine sulfuré* d'Ecatherinenburg. (BOURNON, Catalogue de la collection, etc., p. 235). b. *Endellione* ou *Bournonite* de Saint-Harey près Grenoble. c. *Schwarzerz* de Kapnick.

Seul, dans le tube ouvert, fond et dégage de la fumée d'antimoine, qui ne contient presque point d'acide antimonieux ; répand une odeur d'acide sulfureux, qui toutefois n'est bien sensible qu'après quelques instans d'insufflation ; blanchit complétement un papier de fernambouc placé dans la partie supérieure du tube. Le minerai grillé se congèle en une masse noire.

Sur le charbon, dépôt d'antimoine ; nulle trace de fumée de plomb. Le grain diminue de masse, devient gris et demi-malléable ; traité par le borax, il conserve quelque temps la couleur grise, puis offre la réaction caractéristique du cuivre ; fondu avec la soude, il donne un grain de cuivre.

4. *Cuivre pyriteux*. Combinaison de sulfure de cuivre et de sulfure de fer.

Seul, sur le charbon, prend, au premier coup de feu, une teinte superficielle de couleur sombre, et noircit ; devient rouge par le refroidissement ; fond plus facilement que le cuivre sulfuré, et en fondant donne un grain qui, après quelque temps d'insufflation, devient attirable à l'aimant. Ce grain est cassant et d'un rouge-gris dans la cassure. Si après l'avoir exposé long-temps au feu d'oxidation on le traite par une très-petite quantité de borax, il donne un régule de cuivre.

Dans le tube ouvert, dégage une forte odeur d'acide sulfureux, mais ne donne point de sublimé. *Dans le matras*, point de sublimé de soufre.

Après le grillage, cette mine produit avec les flux, une réaction complexe, qui tient des réactions particulières aux oxides de fer et de cuivre.

Avec la soude, on obtient séparément des globules de fer, et des globules de cuivre, pourvu que le soufre ait été complétement brûlé.

5. *Étain sulfuré* (Zinnkies) de Cornwall. . . . . . $SnS^2 + 2CuS$.

Seul, fond à une haute température et répand à la flamme extérieure une odeur d'acide sulfureux; devient blanc de neige à sa surface, et recouvre celle du charbon d'une poussière blanche, qui s'étend circulairement depuis la base du globule jusqu'à la distance de deux lignes comptées de sa circonférence. Cette poussière, qui constitue le principal caractère pyrognostique du fossile, est de l'oxide d'étain. Elle diffère de la couché pulvérulente que produisent d'autres métaux volatils, 1° en ce qu'elle est contiguë à la boule; 2° en ce qu'elle n'est sublimable ni par la flamme extérieure, ni par la flamme intérieure.

Dans le tube ouvert, ce fossile dégage une odeur

d'acide sulfureux, et se recouvre d'une fumée blanche non volatile ; une partie de la fumée produite se dépose aussi sur les points de la paroi du tube, qui avoisinent immédiatement la pièce d'essai.

Après un grillage prolongé sur le charbon, on obtient une boule métallique grise, non malléable, qui, traitée par les fondans, offre les réactions du fer et du cuivre. Exposé au feu d'oxidation, dans un mélange de soude et de borax, l'étain sulfuré donne un grain de cuivre, livide, dur et peu malléable.

6. *Nadelerz* d'Ecatherinenburg. . . . .
$Pb\,S^2 + 2\,Cu\,S + 2\,Bi\,S^3$.

Seul, entre en fusion, dégage de la fumée et forme sur le charbon un dépôt blanc, un peu jaunâtre sur son bord intérieur; puis donne un grain métallique ressemblant à du bismuth. La fumée se réduit à la flamme intérieure sans la colorer.

Dans le tube ouvert, ce fossile dégage une fumée blanche dont une partie est fusible et l'autre volatile : La première partie se convertit, par la fusion, en gouttes limpides dont quelques-unes deviennent blanches par le réfroidissement; le courant d'air qui sort du tube répand une odeur d'acide sulfureux. Le grain de bismuth s'environne d'un oxide qui est noir à l'état liquide, mais qui devient transparent et d'un jaune verdâtre en refroidissant.

Traité par les flux, ce grain offre les réactions du cuivre, un peu affaiblies. Après une forte insufflation on obtient en dernière analyse un grain de cuivre qui, affiné sur la coupelle au moyen du plomb, laisse des traces presque imperceptibles d'argent.

R. JOHN a trouvé dans ce minéral de 1 à 2 pour cent de tellure. Le fait de la présence de ce métal, s'accorde bien avec les propriétés de la fumée qui se forme dans le tube durant le grillage du fossile; mais la quantité de fumée qui s'y forme suppose un contenu de tellure plus considérable que celui que JOHN a trouvé.

La fumée de tellure colore communément en vert la flamme de réduction; mais ce phénomène n'a pas lieu pour le nadelerz, et si l'on aperçoit quelquefois une légère coloration de la flamme, la teinte qu'elle présente est bleuâtre. La même chose a lieu dans l'essai du blättererz, où le tellure et le plomb se rencontrent ensemble (voyez *Blättererz*, page 176); ainsi le plomb modifie jusqu'à certain point les réactions caractéristiques du tellure.

7. *Séléniure de cuivre* de Skrickerum, Cu Se.

Seul, sur le charbon, fond en une boule grise quelque peu malléable, et développe en même temps une très-forte odeur de sélénium.

Dans le tube, donne à la fois du sélénium qui se

sublime sous la forme d'une poudre rouge, et de l'acide sélénique qui forme, au delà du dépôt de sélénium, des cristaux susceptibles de se volatiliser par une chaleur très-douce.

Après un très-long grillage, durant lequel la matière d'essai développe constamment l'odeur du sélénium, on obtient un grain de cuivre, en la traitant par la soude.

8. *Euchairite* de Skrickerum. $2 Cu Se + Ag Se^2$.

Seule, entre en fusion, dégage une forte odeur de sélénium, et donne un grain métallique gris, doux, mais non malléable; coupelée avec le plomb, elle donne un grain d'argent; l'odeur de sélénium se fait sentir pendant toute la durée de l'opération.

Dans le tube ouvert, elle se comporte comme le séléniure de cuivre.

Avec les flux, la réaction du cuivre se manifeste d'une manière très-prononcée.

9. *Fahlerz* (les).

Ces minéraux se comportent diversement dans les mêmes circonstances, et se divisent en deux classes; l'une composée de ceux qui dégagent de l'arsenic, et l'autre de ceux qui dégagent de l'antimoine durant le grillage. Quelques espèces fondent, bouillonnent, et fument tout à la fois; d'autres fondent d'abord complétement et se boursouflent ensuite, en formant des excroissances qui offrent, en petit l'aspect du chou-fleur, mais qui fondent à un feu vif ; toutes donnent un grain de cuivre métallique, lorsqu'on les traite par la soude après un grillage préalable. Traités par les flux, les fahlerz offrent les réactions du fer et du cuivre.

10. *Oxidule de cuivre* et

11. *Oxide de cuivre*. (*Voyez* page 145).

12. *Le sulfate de cuivre* neutre, ainsi que le sous-sulfate, se décolore au feu, et dégage de la vapeur d'eau. Le sel neutre devient blanc, et le sous-sel noir. On reconnaît la présence de l'acide sulfurique, dans l'un et dans l'autre, en pulvérisant la matière grillée, la mêlant avec de la poussière de charbon, et la chauffant à l'extrémité d'un tube fermé à la lampe ; une grande quantité d'acide sulfureux se développe, et se fait connaître tant par son odeur que par son action sur un papier de fernambouc humecté, que l'on introduit dnsa le tube. Cet effet est très-marqué lors même que l'on opère sur un grain de sous-sulfate de cuivre, dont la grosseur n'excède pas celle d'une tête d'épingle.

13. *Sous-muriate de cuivre*, $\ddot{C}u^2 \ddot{M} + 4\,Aq$; aré-nacé et compacte du Chili.

Seul, colore fortement la flamme en bleu, et ses bords en vert. Un dépôt rouge pulvérulent se forme sur le charbon, autour de la matière d'essai ; ce dépôt colore la flamme en bleu, dans la partie qui rase la surface du support. La matière fond, se réduit, et donne un grain de cuivre entouré de scories. Le muriate de cuivre pulvérulent jette plus de scories que le muriate compacte. Ces scories offrent la réaction du cuivre et celle du fer ; on voit distinctement cette dernière sur le verre où la réduction s'est opérée, lorsque la réaction du cuivre ne s'est pas encore manifestée par le refroidissement.

Avec les flux, ce muriate se comporte comme l'oxide de cuivre.

14. *Phosphate de cuivre*, d'Ehrenbreitstein. ... $\ddot{C}u^2 \ddot{P} + x \, Aq.$

Seul, ne colore pas la flamme ; se réduit en poudre sous un feu vif et brusque, mais conserve sa cohérence sous une caléfaction lentement progressive ; noircit et fond en conservant sa couleur noire ; au centre du grain on aperçoit un petit globule de cuivre métallique. Ce noyau de cuivre jette un vif éclat, ou un *éclair*, au moment de sa congélation, à peu près comme l'or et l'argent, quand on les passe à la coupelle.

Avec le sel de phosphore et le borax, il se comporte de même que l'oxide de cuivre pur.

Avec la soude, un phénomène d'un genre particulier se présente. Une petite portion de soude donne une boule liquide. Si l'on ajoute une nouvelle quantité de soude, la masse se gonfle pour un instant, puis se liquéfie de nouveau, et à chaque dose nouvelle que l'on ajoute à la masse, le même phénomène se reproduit, jusqu'à ce qu'enfin elle se dilate, se solidifie et devienne infusible. Avec une grande quantité de soude, la masse saline s'enfonce dans le charbon, et laisse du cuivre à la surface.

La réaction qui forme le caractère principal du phosphate de cuivre, est celle que produit, en fondant avec ce phosphate, un volume de plomb métallique à peu près égal au sien. Si l'on expose le mélange à un très-bon feu de réduction, la totalité du cuivre se sépare à l'état métallique, et il se forme autour du régule une masse de phosphate de plomb fondu, qui cristallise en refroidissant. Si après la congélation de ce phosphate, on enlève le métal plombifère relativement plus fusible, et que l'on refonde ensuite la masse, on obtient une boule plus sphérique et dont les facettes de cristallisation sont plus larges.

15. *Carbonate de cuivre* vert et bleu. $\ddot{C}u \ddot{C} + Aq$ et $\ddot{C}u Aq^2 + 2 \ddot{C}u \ddot{C}^2$.

Seul, dans le matras, donne de l'eau et noircit.

Sur le charbon, fond et se comporte en tout comme l'oxide de cuivre pur (page 145).

16. *Arséniate de cuivre*, de diverses espèces, de Cornwall.

L'arséniate de cuivre se comporte, en général, avec les flux, de la même manière que l'oxide de cuivre, mais répand, au feu, une forte odeur d'arsenic, et donne, lorsqu'on le réduit seul ou avec la soude, un grain métallique blanc et cassant.

a. L'arséniate vert grisâtre, qui cristallise en aiguilles capillaires, étant chauffé seul dans le matras, ne dégage point d'eau, et n'éprouve aucune altération. Sur le charbon, il se réduit, au moment de la fusion, en produisant une détonation, par l'effet de laquelle il pénètre très-avant dans la masse du charbon, d'où l'on retire ensuite un grain métallique blanc, qui devient rouge par le refroidissement. La couleur rouge est due à une mince couverte d'oxidule de cuivre; le grain est blanc dans l'intérieur, et se casse sous le marteau.

b. L'arséniate cristallisé dont la couleur est d'un vert sombre, se comporte à peu près de la même manière, mais jette une scorie fondue autour du grain métallique réduit, ainsi que le fait voir un examen attentif. Que l'on ajoute du plomb, que l'on décante le métal fondu après la congélation de la scorie, laquelle adhère naturellement à la surface du support, et que l'on fasse subir à cette scorie une nouvelle fusion, on obtient alors du phosphate de plomb, dont la couleur est blanche, et qui cristallise au moment de sa congélation.

c. L'espèce verte et compacte, un peu bulleuse en son intérieur, offre les mêmes phénomènes, mais donne avec le plomb une quantité plus considérable de phosphate de plomb.

d. La belle variété à cristaux bleu-clair, dégage beaucoup d'eau dans le matras, fond imparfaitement, et ne se réduit pas avec détonation; mais donne pour résidu une masse de scories dans laquelle on aperçoit quelques grains métalliques blancs. Elle n'offre point, avec les flux, de réaction indicative du fer.

R. Cette dernière variété renferme donc, avec l'oxide de cuivre, une autre base qui n'est pas réductible.

17. *Vauqueline* de Sibérie. $\overset{..}{C}u^3 \overset{...}{C}h^2 + 2 \overset{..}{P}b \overset{...}{C}h^2$.

Seule, dans le matras, ne dégage point d'eau. Sur le charbon, se boursoufle un peu, fond ensuite avec une abondante production d'écume, et se convertit en une boule d'un gris sombre, qui a l'éclat métallique, et autour de laquelle on voit de petits grains de plomb réduit. La plus grande partie de la boule est inaltérable, même à un feu de réduction très-vif.

Avec le borax, elle fond en petite quantité, fait effervescence, et donne un verre vert, qui, exposé à la flamme extérieure, conserve sa transparence après le refroidissement, mais qui, exposé à un bon feu de réduction devient par le refroidissement, rouge et diaphane, ou bien rouge et opaque, ou enfin complétement noir, suivant la quantité de minéral que l'on a fait entrer dans le verre. On favorise le développement de la couleur rouge, qui provient du cuivre, en ajoutant à la masse un peu d'étain. Si l'on met tout d'un coup à l'essai une grande quantité de minéral, le verre noircit aussitôt.

Avec le sel de phosphore, mêmes phénomènes.

La soude la dissout avec effervescence. Sur le fil de platine, on obtient au feu d'oxidation, un verre transparent de couleur verte, qui devient jaune et opaque par le refroidissement. Si l'on met une goutte d'eau sur ce verre, il se colore en jaune comme celui qui provient d'un chromate d'alcali. Sur le charbon, l'absorption a lieu, et le lavage donne des globules de plomb.

18. *Kieselmalachit* de Sibérie, $Cu^3 Si^2 + 12 Aq$.

Seul, dans le matras, donne de l'eau et noircit. Sur le charbon, devient noir à la flamme extérieure, et rouge à la flamme intérieure, mais ne fond pas.

Avec le borax, se dissout aisément en un verre qui offre les réactions du cuivre. Si on le chauffe doucement à la flamme extérieure, il communique à cette flamme une belle couleur verte qui ne dure qu'un instant ; l'insufflation continuant, on ne voit

14

reparaître aucune couleur ; mais qu'on laisse refroidir le globule, qu'on le chauffe de nouveau jusqu'au rouge, et la flamme se colorera de nouveau. On peut répéter cette expérience sur le même globule aussi souvent que l'on veut. Ce phénomène n'a pas lieu avec l'oxide de cuivre pur. Au moyen d'un bon feu de réduction, on obtient un grain de cuivre réduit dans le verre de borax ; on peut rendre ce verre incolore par l'insufflation.

Avec le sel de phosphore, se dissout et présente encore les réactions du cuivre, mais donne un squelette de silice qu'on aperçoit distinctement, lorsque après avoir exposé le verre à la flamme extérieure on le laisse refroidir. La flamme n'est point colorée dans l'emploi de ce fondant.

Avec la soude, sur le charbon, se dissout en un verre opaque de couleur sombre, qui est rouge en dedans après le refroidissement, et qui recouvre un grain de cuivre. Pour une forte dose de soude le verre pénètre dans le charbon, et laisse du cuivre à la surface.

19. *Dioptase* du pays des Kirguises.

Se comporte en tout point comme le fossile précédent. La seule différence remarquable est qu'elle comporte une plus forte dose de soude avant de passer dans le charbon, et que l'on peut opérer la réduction du cuivre assez complétement pour que le verre devienne tout-à-fait incolore.

R. Lorsqu'on traite par les flux le kieselmalachit ou la dioptase, sans les avoir fait auparavant rougir au feu, ces minéraux se dissolvent avec une effervescence occasionée par l'eau qui se dégage, et quelquefois aussi par l'acide carbonique qu'il n'est pas rare de rencontrer dans le kieselmalachit.

11. NICKEL.

1. *Sulfure de nickel*, (Haarkies), Ni S².

Dans le tube ouvert, exhale une odeur d'acide sulfureux, blanchit un papier de fernambouc introduit dans le tube, devient noir, mais ne change pas de forme.

Sur le charbon, donne, au moyen d'un bon feu, une masse conglomérée par une demi-fusion, métallique, malléable et magnétique, qui n'est autre chose que du nickel.

Après un grillage à l'air libre, il se comporte avec les flux comme l'oxide de nickel.

Avec le verre de silice et de soude, il développe, avant le grillage, la couleur de l'hépar.

2. *Nickel arsenical* de Freyberg, Ni As.

Dans le matras, ne dégage rien de volatil; fond à demi à la température où le verre s'amollit; un dépôt d'arsenic blanc se forme sur la paroi du matras; mais cette formation a lieu aux dépens de l'air renfermé dans ce vase.

Sur le charbon, fond, dégage de la fumée et une

14.

odeur d'arsenic ; donne un globule métallique blanc.

Dans le tube ouvert, le grillage se fait aisément ; il en résulte une grande quantité d'arsenic blanc ; le résidu est une substance d'un vert jaunâtre qui, étant grillée de nouveau sur le charbon, puis fondue avec de la soude et un peu de borax, donne un grain métallique assez malléable, et très-magnétique.

Après le grillage, se comporte avec les flux de même que l'oxide de nickel, et donne ordinairement au verre, après la réduction, une couleur bleue, qui dénote la présence d'une certaine quantité de cobalt.

3. *Mine blanche de nickel,* de Loos (*Nickelglanz*). $NiS^4 + NiAs^2$.

Seule, dans le matras, décrépite fortement et donne, à la température rouge, une grande quantité de sulfure d'arsenic, qui se sublime sous la forme d'une masse fondue, transparente, roussâtre, laquelle conserve sa transparence après sa congélation. Le résidu offre l'aspect du nickel arsenical, et se comporte comme ce fossile à l'égard des fondans. La réaction indicative du fer est difficile à produire ; ordinairement on n'aperçoit qu'une couleur bleue de cobalt, après que le nickel est extrait par la réduction.

4. *Nickel-spiesglanzerz* de Baudenberg, dans le

comté de Nassau. (La matière d'essai m'a été fournie par le professeur ULLMANN). Ni As , Ni Sb , Sb S³ (?).

Dans le tube ouvert, dégage une abondante fumée d'antimoine , et une légère odeur d'acide sulfureux ; blanchit un papier de fernambouc introduit dans le tube.

Dans le matras , donne une petite quantité d'un sublimé blanc qui paraît formé aux dépens de l'air atmosphérique.

Sur le charbon, fond et fume considérablement ; une légère odeur d'arsenic se fait quelquefois sentir , mais elle est difficile à reconnaître. Quelque loin que l'on pousse le grillage de la boule métallique , elle demeure toujours fusible et non malléable. Traitée par la soude, elle ne dégage ni odeur d'arsenic , ni fumée ; la soude ne passe point dans le charbon , mais reste à la surface , où elle forme une boule noire par sa fusion avec le minéral. Ce fondant développe dans le verre la couleur de l'hépar. Traitée par les autres flux , la boule métallique se refuse à produire aucune autre réaction que celle qui caractérise le cobalt.

5. *Arséniate de nickel* (pulvérulent, d'un blanc légèrement verdâtre) d'Allemont, Ni³ As² + 18 Aq (1).

---

(1) BERTHIER , Annales de Chimie et de Physique , tome XIII, page 57.

Seul, *dans le matras*, donne de l'eau et prend une couleur plus sombre.

Sur le charbon, dégage une forte odeur d'arsenic ; fond à la flamme intérieure en un grain de nickel arsenifère.

Se comporte, à l'égard des flux, comme l'oxide de nickel ; mais accuse, à l'essai de réduction, un contenu de cobalt assez considérable.

6. *Pimélite* de Kosemütz, $Ni\ Si^4 + 20\ Aq$ (?).

Seule dans le matras, noircit et dégage une eau qui sent le pétrole. La couleur noire est due à un contenu de charbon ; lorsque ce charbon est consumé, la masse se trouve d'un gris-verdâtre tirant çà et là sur le brun. La pimélite est infusible, mais se scorifie dans les parties minces, et devient gris sombre.

Avec le borax, se dissout en offrant la réaction de l'oxide de nickel, et ne donne, après la réduction du nickel, aucune trace de cobalt.

Avec le sel de phosphore, se dissout en petite dose, et donne un verre transparent ; en mettant à l'essai une plus grande quantité de matière, on obtient un verre dont la couleur indique la présence du nickel, et qui tient en suspension un squelette blanc de silice non dissoute.

Avec la soude, fond imparfaitement en une masse scoriacée à peu près ronde. Une plus grande quantité de soude la fait passer dans le charbon, d'où l'on retire par le lavage une très-grande quantité de nickel réduit.

R. La pimélite ressemble beaucoup, quant à l'extérieur, à un talc qui contiendrait du nickel. La propriété qu'elle a de noircir et de développer une odeur empyreumatique, lorsqu'on la chauffe dans un vase fermé, appartient aussi à presque tous les fossiles où la magnésie entre comme partie constitutive essentielle, c'est-à-dire, en quantité notable. Ces circonstances réclament un examen plus particulier de la composition de la pimélite. Il serait possible que l'oxide de nickel eût dans ce cas la même propriété que la magnésie, qu'il imite encore dans ses sels doubles avec la potasse et l'ammoniaque.

12. COBALT.

1. *Sulfure de cobalt*, de Bastnäs, près Riddarhytta. $Fe\,S^4 + 4\,Cu\,S + 12\,Co\,S^3$.

Seul dans le matras, ne dégage aucune substance volatile, bien que la formule $Co\,S^3$ semble promettre un dégagement de cette espèce. Ne décrépite point.

Dans le tube ouvert, donne de l'acide sulfureux et un sublimé blanc peu considérable. Ce sublimé consiste en gouttelettes, ainsi qu'on le reconnaît à l'aide du microscope. C'est de l'acide sulfurique concentré. Il devient noir dans un tube poudreux par la décomposition qu'il y fait de la poussière. L'acide sulfurique se produit dès le commencement du grillage, et la quantité produite n'augmente plus dans la suite de l'opération. On ne découvre dans la matière aucune trace d'arsenic.

Sur le charbon, fond après le grillage en une boule métallique de couleur grise, qu'il est difficile de débarrasser entièrement du reste de soufre qu'elle contient.

Avec les flux, les réactions du cobalt prédominent tellement qu'il n'est pas possible de distinguer celles du fer et du cuivre. Mais si l'on fait refondre plusieurs fois, dans le borax et à la flamme extérieure, la boule grise préalablement fondue sur le charbon, le borax s'empare du cobalt, et le cuivre se concentre ; en sorte que lorsqu'on vient ensuite à fondre la masse dans du sel de phosphore, et à exposer au feu de réduction le verre saturé (de matière métallique), la couleur rouge de l'oxidule de cuivre se développe par le refroidissement, quoique nuancée de bleu par l'oxide de cobalt.

2. *Cobalt arsenical* de Riegelsdorf, $Co\,As^2$, As. *Speisskobalt* de Freyberg et Bieber.

Seul dans le tube ouvert, donne avec la plus grande facilité de l'acide arsenieux.

Dans le matras, quelques espèces donnent un peu d'arsenic métallique ; d'autres n'en donnent pas.

Sur le charbon, toutes dégagent de la fumée, et

une odeur arsenicale, et donnent par la fusion une boule métallique blanche qui, même après un traitement prolongé par la soude et le borax, demeure non malléable, et communique aux flux la *teinture* bleue du cobalt.

3. *Arsenic scapiforme* (Stänglicher arsenik) de Schneeberg. *Scherbenkobalt* de Saxe.

Ne donnent point d'arsenic *dans le matras*, ou n'en donnent qu'une quantité extrêmement petite.

Dans le tube ouvert, on obtient un abondant sublimé, partie d'acide arsenieux, et partie d'arsenic métallique, outre un résidu infusible d'un gris brun. Après un grillage complet ce résidu se dissout aisément dans les flux.

Le borax s'en empare, et la couleur indicative du cobalt se développe sans qu'on puisse produire aucune autre réaction.

Dans le sel de phosphore, les deux mines fondent pareillement en donnant la couleur du cobalt; mais l'arsenic scapiforme offre une réaction trèsclairement indicative de la présence de l'oxide de nickel ; car il ne prend la teinture de cobalt qu'après la précipitation du nickel par l'étain.

4. *Koboltglans* de Tunaberg. $Co\ As^2 + Co\ S^4$ (?).

Seul dans le matras, n'éprouve pas la moindre altération.

Dans le tube ouvert, se grille difficilement, ne donne d'acide arsenieux qu'à un feu vif, dégage une odeur d'acide sulfureux, et blanchit un papier de fernambouc introduit dans le tube.

Sur le charbon, fume abondamment et entre en fusion après quelque temps de grillage. Se comporte ensuite comme le cobalt arsenical fondu.

5. *Oxide noir de cobalt. Schwartzer Erdkobalt.* (La localité en est inconnue).

Seul, donne de l'eau qui sent l'empyreume.

Sur le charbon, développe une faible odeur d'arsenic ; ne fond point.

Se dissout *dans le borax et le sel de phosphore* en offrant une teinture de cobalt tellement foncée qu'elle masque toute autre réaction.

Est infusible *avec la soude*. Sur le fil de platine, forme une masse fortement colorée en vert par le manganèse. Si l'on enlève la soude colorée en vert pour la traiter à part sur le charbon, on obtient un métal blanc, peu magnétique, qui donne une teinture de fer au sel de phosphore, mais qui lui communique aussi la propriété de tourner au blanc laiteux par le refroidissement. Je n'ai pas examiné ce métal d'une manière plus particulière.

6. *Arséniate de cobalt* (cristallisé) de Schneeberg. $\ddot{C}o^4 \ddot{A}s^2 + 12 \dot{A}q$.

Seul dans le matras, dégage de l'eau et se rembrunit, mais ne donne point de sublimé.

Sur le charbon, fume abondamment, et dégage

une odeur d'arsenic. Fond à un bon feu de réduction, et se convertit en cobalt arsenical.

Avec les flux, on obtient un verre bleu.

7. *Arsénite de cobalt* (pulvérulent) de Schneeberg.

Seul, il donne dans le *matras*, comme dans le *tube ouvert*, une grande quantité d'acide arsenieux, et se comporte ensuite comme le précédent.

13. URANE.

1. *Urane oxidulé*, de Johan Georgenstadt, Ü.

Seul, ne fond ni ne s'altère ; mais entre les pincettes, il colore en vert la flamme extérieure.

Avec le borax et le sel de phosphore se comporte comme l'oxide d'urane (voyez page 126).

Avec la soude, ne se dissout pas, mais donne à l'essai de réduction des grains métalliques blancs de fer et de plomb.

2. *Hydrate jaune d'oxide d'urane*, du même lieu. $\ddot{U} + x$ Aq.

a. *Urane oxidé pulvérulent*, sous forme d'une poudre jaune-citrin.

Donne de l'eau dans le matras et prend une couleur rouge qu'il conserve tant qu'il est chaud : verdit, sans se fondre, au feu de réduction ; du reste offre toutes les réactions de l'oxide d'urane pur.

b. *Oxide d'urane compacte*.

Seul, dans le matras, dégage de l'eau et devient

rougeâtre. Exposé à un bon feu sur le charbon , il entre en fusion , et donne une fonte noire.

Avec les flux, se comporte comme les précédens.

Avec la soude , dégage de la fumée de plomb et donne des grains métalliques blancs.

R. La dernière variété est un mélange mécanique d'hydrate d'urane , d'uranate de chaux et d'uranate de plomb.

14. ZINC.

1. *Zincblende* , $Zi\ S^2$.

Seul, décrépite quelquefois avec force. Subit l'ignition sans altération remarquable. Ne fond pas, mais s'arrondit un peu dans les parties les plus minces de ses bords, sous l'action du feu le plus ardent que l'on puisse produire. Ne développe qu'une très-faible odeur d'acide sulfureux , et est difficile à griller.

Dans le tube ouvert , ne dégage point de fumée et s'altère peu. Sur le charbon forme un dépôt annulaire de fumée de zinc , lorsqu'on le chauffe vivement à la flamme extérieure.

La soude l'attaque faiblement , mais le zinc se réduit , de sorte que sous un bon feu , on voit apparaître la flamme de zinc , tandis que des fleurs de zinc se déposent sur le charbon.

2. *Oxide de zinc* d'Amérique , Zn , $\dot{M}g$.

Seul, n'éprouve d'autre altération qu'un obscurcissement de teinte lorsqu'il est chaud. Au feu de réduction il couvre le charbon de fumée de zinc.

Avec le borax, se dissout aisément, et prend une teinture de manganèse à la flamme extérieure. Le verre saturé devient opaque par le refroidissement ainsi que par le *flamber*.

Avec le sel de phosphore, se dissout aisément en un verre incolore. La couleur indicative du manganèse ne se développe que lorsque le verre est tellement saturé qu'il devient opaque en refroidissant.

Avec la soude, point de dissolution. L'essai de réduction est sans résultat.

Sur la feuille de platine, production d'un vert pâle.

Avec la solution de cobalt, la matière pulvérisée (dont la couleur est jaune) prend une teinte d'un jaune verdâtre sur les bords, mais ne donne pas l'ombre de bleu, et n'éprouve pas la moindre fusion.

3. *Sulfate de zinc* de Fahlun. $\ddot{Z}n\ \ddot{S}^2 + 12\ Aq.$

Seul, donne de l'eau dans le matras. Chauffé avec de la poussière de charbon, il dégage de l'acide sulfureux en grande quantité. Donne la couleur du foie de soufre au verre de silice et de soude, avec lequel on le fond.

Se comporte à l'égard des flux comme l'oxide de zinc, mais offre en outre la réaction du fer.

4. *Carbonate de zinc* (cristallisé). *Calamine.*
$\ddot{Z}n \ddot{C}^2$.

Seul, ne rend point d'eau, mais devient, au feu, semblable à un émail blanc, et se comporte ensuite comme l'oxide de zinc pur.

R. Si la calamine contient du cadmium, exposée sur le charbon à la flamme de réduction, elle s'entoure au premier coup de feu d'un anneau rouge ou orangé. Ce phénomène est bien sensible après le parfait refroidissement du charbon. (Voyez *Oxide de cadmium*, page 132).

5. *Sous-carbonate de zinc* (terreux). *Zinkblüthe* de Bleyberg et des Indes orientales. . . . $\ddot{Z}n \, Aq^6 + 3 \ddot{Z}n \ddot{C}$.

Seul dans le matras, dégage de la vapeur d'eau. Du reste se comporte à tous égards comme l'oxide de zinc. On peut, au moyen d'une insufflation soutenue, le volatiliser au feu de réduction ; alors il laisse pour résidu une très-petite quantité de scorie, où les flux manifestent un contenu ferrugineux.

6. *Carbonate double de zinc et de cuivre* de Sibérie.
Seul dans le matras, il donne de l'eau ; sa couleur verte se change en noir. Il offre, avec les flux, les réactions du cuivre ; mais les verres deviennent opaques par le refroidissement, à cause de l'oxide de zinc qu'ils contiennent.

Par l'essai de réduction *avec la soude* on obtient un bouton de cuivre, tandis que le charbon se recouvre de fumée de zinc.

7. *Silicate de zinc*, Zinkglas. $\dot{Z}n^3\ddot{S}i^2 + 3Aq$, ou $\dot{Z}n^3\ddot{S}i^4 + 3\dot{Z}n\,Aq^2$.

Seul dans le matras, décrépite un peu, puis dégage de l'eau et devient blanc laiteux. Ne fond pas, mais se gonfle un peu à un feu vif.

Avec le borax, se dissout en un verre incolore, qui ne devientlaiteux, ni par le flamber, ni par le refroidissement.

Avec le sel de phosphore, donne, en se dissolvant, un verre incolore qui devient opaque par le refroidissement. Ce n'est que par l'addition d'une grande quantité de matière que l'on peut apercevoir dans la perle quelque signe de la présence de la silice.

Avec la soude, il ne se dissout point, mais se gonfle et dégage à peine de la fumée de zinc.

Avec la solution de cobalt, se colore en vert à une température peu élevée ; mais à un feu vif, la matière devient sur les bords d'un bleu clair, dont la nuance est très-belle ; on aperçoit en même temps un commencement de fusion, et la couleur bleue s'étend un peu à la partie non fondue.

8. *Gahnite* de Fahlun. $\dot{Z}n\,\ddot{A}l^4$.
Seule, elle est inaltérable.

Dans le borax et le sel de phosphore, elle se dissout avec tant de peine qu'on la croirait inattaquable par ces fondans. Même en poudre elle fond très-peu.

Avec la soude elle ne fond pas, mais se conglomère en une scorie de couleur sombre.

Réduite en une poudre fine, et mêlée intimement avec la soude, elle donne au feu de réduction une aréole très-sensible de fumée de zinc, qui entoure la matière d'essai, au commencement de l'insufflation. C'est là le caractère principal de la gahnite dans l'ordre des caractères pyrognostiques.

Avec un *mélange de soude et de borax*, elle se dissout en un verre transparent coloré par le fer.

15. Fer.

1. *Fer natif* des pierres météoriques. On ne peut, au moyen du chalumeau, produire sur ce fer aucune réaction indicative du nickel qu'il contient. Quant au fer fossile de Kamsdorf, je n'ai pas encore eu occasion de l'essayer.

2. *Sulfure de fer.*

a. *Pyrite magnétique* (d'Utö). $Fe\,S^4 + 6\,Fe\,S^2$.

Seule dans le matras, n'éprouve aucune altération. *Dans le tube ouvert*, dégage de l'acide sulfureux sans aucune trace de sublimé.

Sur le charbon, devient rouge à la flamme extérieure, et se transforme, par le grillage, en oxide de fer. Dans la flamme intérieure, se résout, à une température assez élevée, en un grain dont l'ignition persiste quelques instans après qu'on l'a retiré du feu. Après le refroidissement, on le trouve revêtu d'une masse noire, inégale et cristalline. Sa cassure est cristalline, de couleur jaunâtre, et a le brillant métallique.

b. *Pyrite sulfureuse commune.* Fe S^4.

Seule dans le matras, exhale une odeur d'hydrogène sulfuré et donne du soufre. Vers la fin du grillage, on obtient, en poussant le feu, un sublimé rougeâtre moins volatil que le soufre, et dont la quantité varie pour différentes pyrites. Ce sublimé a toute l'apparence d'un sulfure d'arsenic. La pyrite sulfureuse bien grillée a l'aspect métallique, est poreuse, attirable à l'aimant, et se comporte comme la pyrite magnétique. *Sur le charbon*, la pyrite sulfureuse se comporte comme la pyrite magnétique.

3. *Misspickel* (cristallisé de divers lieux)..... Fe As^2 + Fe S^4.

Seul dans le matras, donne premièrement un sublimé rouge, qui n'est autre chose que du sulfure d'arsenic, puis un sublimé noir; enfin lorsque le feu est vif, l'arsenic se sublime sous la forme d'une substance grise, métallique et cristalline. Traité sur le charbon, le résidu ne dégage plus d'odeur arsenicale, et se comporte comme la pyrite magnétique.

Sur le charbon, le misspickel dégage d'abord une épaisse fumée d'arsenic, puis fond en exhalant l'odeur de ce métal, et se convertit alors en une boule qui offre ensuite les apparences d'un globule de pyrite magnétique. Si le misspickel contient du cobalt, on s'en aperçoit, lorsqu'après l'avoir bien grillé, puis dissous au feu de réduction dans du borax ou du sel de phosphore, on le laisse refroidir ; le verre prend alors cette couleur bleue qui caractérise le cobalt.

4. *Graphite.*

Devient jaune ou brun après avoir été long-temps exposé à la flamme intérieure. Il est infusible, inattaquable par les flux.

5. *Fer tantalifère* (Tantaljern) de Kimito en Finlande. Fe Ta, mélangé avec Mg Ta + Fe Ta. Tantalite à poudre cannelle d'EKEBERG (1).

Seul, n'éprouve point d'altération.

Dans le borax, la dissolution est d'une difficulté extrême, et, pour ainsi dire, nulle. Ce n'est qu'après avoir été réduit en une poudre très-fine que ce fossile peut se dissoudre dans le borax, et alors même sa dissolution s'opère très-lentement. Le verre qui en résulte prend une couleur vert-bouteille, et jusqu'à ce que la totalité de la poudre ait été dissoute (opération qui exige plusieurs minutes), il n'offre point

---

(1) *Voyez* Afh. i Fysik, etc., B. VI, p. 237.

de couleur indicative de l'oxide de fer à la flamme extérieure, et n'est pas susceptible de devenir opaque au *flamber* après le refroidissement. Lorsque la totalité de la matière est dissoute, ce verre se comporte comme celui du tantalite (voyez plus bas).

La différence entre les phénomènes que présentent le fer tantalifère et le tantalite, tient à ce qu'une grande partie du fer et du tantale sont à l'état métallique dans le premier minéral, et ne peuvent se dissoudre qu'après une oxidation préalable.

Avec le sel de phosphore, la dissolution est beaucoup moins difficile qu'avec le borax, et les choses se passent comme dans l'essai du tantalite qui ne contient point de tungstène.

Avec la soude, sur le platine on reconnaît la réaction du manganèse. Point de dissolution.

6. *Mine de fer magnétique* (oxidum ferroso-ferricum) $\ddot{F}e + 2\,\ddot{F}e$, et

7. *Oxide de fer*, $\ddot{F}e$.

Se comportent de la manière que j'ai déjà décrite à l'article des oxides de fer, page 134. Ils se rencontrent quelquefois mélangés avec une petite quantité de chrôme ou de titane. La présence de ces métaux se reconnaît aisément par les réactions que j'indiquerai au sujet des fers chromifère et titanifère.

8. *Sulfate de fer.*

a. *Vitriol de fer*, $\ddot{F}e\, \ddot{S}^2 + 12\, Aq.$

b. *Vitriol rouge* (provenant d'un puits de la mine de Fahlun, nommé *Insjö*) $\ddot{F}e^3\ddot{S}^4 + 6\,\ddot{F}e\,\ddot{S}^2 + 72\,Aq.$

c. *Ocre de vitriol*, $\ddot{F}e^2\ddot{S} + 6\,Aq.$

Ont tous la propriété de dégager de l'eau lorsqu'on les chauffe dans le matras, et de l'acide sulfureux lorsqu'on les fait rougir; on reconnaît cet acide à son odeur, et à son action sur le papier de fernambouc humecté.

Le sulfate qui a été chauffé jusqu'au rouge se comporte à l'égard des flux comme l'oxide de fer pur. Si l'on traite l'oxide de fer par la soude avant le dégagement complet de l'acide sulfurique, on obtient à l'essai de réduction des grains métalliques jaunes de pyrite magnétique. — Quand la quantité d'acide sulfurique combinée avec l'oxide de fer, est tellement petite qu'on ne peut pas reconnaître immédiatement sa présence par l'odeur ou par la réaction de l'acide sulfureux que dégage la matière ignescente, on peut mettre en évidence cette petite proportion d'acide sulfurique en traitant l'oxide de fer par la soude sur la feuille de platine, et en fondant un peu de verre dans la partie de la masse que la soude a dissoute. Pour peu d'acide sulfurique que la matière d'essai contienne, la couleur de l'hépar se développera.

9. *Phosphate d'oxidule de fer* (en cristaux bleuâtres et transparens) de Sainte-Agnès dans le Cornwall.

Seul dans le matras, rend beaucoup d'eau, se boursoufle, et se parsème de taches les unes grises et les autres rouges.

Sur le charbon, se boursoufle, devient rouge par l'action de la chaleur, et se résout ensuite très-aisément en un grain dont la couleur est gris d'acier et l'éclat métallique.

Avec le borax et le sel de phosphore, se comporte comme l'oxide de fer.

Avec la soude, sur le charbon, donne au feu de réduction des grains de fer attirables à l'aimant. Sur la feuille de platine, rien n'indique la présence du manganèse.

Avec l'acide borique, se dissout aisément et donne, par l'addition du fer métallique, suivant la méthode que j'ai exposée, page 162, un régule de phosphure de fer en fusion.

Toutes les variétés de phosphate de fer que j'ai eu lieu d'essayer se comportent de la même manière.

10. *Carbonate d'oxidule de fer*, $\overline{Fe}\ \overline{C}^2$.

Chauffé dans le *matras*, il ne donne point d'eau. Quelques espèces décrépitent très - fortement. Exposé à une chaleur très-douce, il noircit et donne de l'oxidule de fer, très-attirable à l'aimant.

11. *Arseniate de fer.*

a. *Scorodite* de Graul, près Schwartzenberg, $\ddot{Fe} \ddot{As} + xAq.$

Seul dans le matras, commence par dégager de l'eau et devient d'un gris-blanc ou jaunâtre. Exposé à une chaleur intense, il dégage de l'arsenic blanc qui se sublime en petits cristaux blancs et brillans, tandis que la masse noircit. Après le refroidissement elle offre çà et là des taches, les unes rouges, les autres d'un vert sombre, mais donne par le broiement une poudre d'un jaune gris-clair.

Sur le charbon, répand une abondante fumée d'arsenic, et se fond au feu de réduction en une scorie grise, qui a le brillant métallique, est attirable à l'aimant, et offre, en se dissolvant dans les flux, les réactions du fer, tandis que les verres dégagent une forte odeur d'arsenic.

b. *Würfelerz* du Cornwall, $\ddot{Fe} \ddot{As} + 2 \ddot{Fe} \ddot{As} + xAq.$

Seul dans le matras, dégage de l'eau et devient rouge. Exposé à un feu ardent, donne peu ou point d'arsenic blanc, se boursoufle un peu, devient rouge par le refroidissement, et donne, par le broiement, une poudre rouge.

Sur le charbon, avec les flux, se comporte comme le minéral précédent.

c. Eisensinter (Eisenpecherz de KLAPROTH) de Freyberg.

Seul dans le matras, rend une très-grande quantité d'eau. Dégage au rouge naissant de l'acide sulfureux que l'on reconnaît aisément, tant à son odeur qu'à la propriété qu'il a de blanchir un papier de fernambouc, introduit dans le col du matras. Ne donne aucun sublimé.

Sur le charbon, se contracte ou *se retire*, dégage une épaisse fumée blanche, et fait sentir long-temps une forte odeur d'arsenic. Du reste se comporte absolument comme les fossiles précédens.

Dissous dans le *sel de phosphore*, puis exposé au feu de réduction jusqu'à ce que tout son arsenic se soit dissipé en fumée, il donne, à l'aide d'une petite quantité d'étain, une perle rouge, qui doit sa couleur à de l'oxidule de cuivre. Si l'on ajoute l'étain avant le dégagement intégral de l'arsenic, la boule devient noire par le refroidissement, et l'on ne peut, au moyen d'une insufflation prolongée, produire la réaction indicative de la présence du cuivre.

R. Ces essais font voir que l'analyse que KLAPROTH a donnée de l'Eisenpecherz (Beytrage, V. 221) est inexacte, et que ce fossile est un mélange de sulfate et d'arseniate de fer dans des proportions inconnues jusqu'à présent.

12. *Fer chromifère* de plusieurs lieux.

Seul, n'éprouve aucune altération, si ce n'est que les espèces qui, avant d'avoir passé par le feu de réduction, ne sont point attirables à l'aimant, le deviennent par l'action de ce feu.

Avec le borax et le sel de phosphore, la dissolution est lente, mais complète. La couleur caractéristique du fer (avec les modifications qu'elle subit en passant de la flamme extérieure à la flamme intérieure), est seule apparente, tant que la matière est chaude ; mais lorsque par le refroidissement, cette couleur vient à s'effacer, le beau vert de l'oxide de chrôme se développe. Cette réaction est beaucoup plus intense lorsque la matière d'essai a été traitée par le feu de réduction , et paraît dans tout son éclat par l'addition de l'étain.

La soude n'attaque point ce fossile et n'en reçoit aucune couleur lorsqu'on les fond ensemble sur la feuille de platine. L'essai de réduction sur le charbon donne du fer.

13. *Fer titanifère* (Crightonite, Ménakanite, Nigrine, Isérine, fer volcanique, sable de fer, et en général toute mine de fer magnétique à cassure vitreuse).

Seul est infusible et inaltérable. Se comporte, avec les flux, comme l'oxidule de fer pur ; mais si on le dissout dans le sel de phosphore, et que l'on opère la réduction complète du verre, on voit apparaître après l'évanouissement de la couleur due à l'oxidule de fer, une couleur rouge plus ou moins foncée, qui est dans toute sa force au dernier période du refroidissement. L'intensité de la couleur indique la quantité relative de titane. On peut, avec de l'étain, faire paraître la réaction propre de l'oxidule de titane, lorsque cet oxidule est en quantité considérable dans le fossile : dans le cas contraire, la couleur s'évanouit après la fusion du minéral avec l'étain. Voyez ce que j'ai dit relativement aux réactions de l'oxide de titane, p. 121.

R. Lorsqu'on soumet aux mêmes épreuves l'oxide de fer exempt de titane, le verre où la réduction s'est opérée présente après le refroidissement une teinte jaunâtre ou rougeâtre, qu'un opérateur inexpérimenté, et qui s'attend à obtenir un verre parfaitement incolore, pourrait prendre pour un indice de la présence d'une petite quantité de titane. En général, il n'y a pas lieu à soupçonner la présence de ce métal, lorsque la réaction est équivoque.

14. *Hydrate de fer.*

(Brauneisenstein, Raseneisenstein, Lepidochrokite, Stilpnosidérite, etc.)

Donnent de l'eau dans le *matras*, et pour résidu de l'oxide rouge. Le stilpnosidérite est fusible en lame mince, à un bon feu.

Après la dissolution dans le *sel de phosphore*, il

donne, avec l'étain, sous un bon feu de réduction, quelques traces de cuivre.

16. MANGANÈSE.

1. *Sulfure de manganèse* de Nagyag. Mn S^2.

Seul dans le matras, n'éprouve aucune altération.

Dans le tube ouvert grille très-lentement sans émettre aucun sublimé. La surface grillée prend une couleur vert-gris clair, et l'intérieur demeure long-temps sans altération.

Sur le charbon, on peut, à un certain point du grillage, fondre, à l'aide d'un très-bon feu de réduction, les parties minces de la pièce d'essai, et les convertir, par ce moyen, en une scorie brunâtre. Après un grillage complet, elle se comporte à l'égard des flux, comme l'oxide pur de manganèse.

Avec le borax, se dissout très-difficilement en un verre qui prend, en refroidissant, une faible teinte jaunâtre, tant qu'une partie de la pièce d'essai est encore intacte. Cette couleur paraît être du même genre que celle que donne le soufre à des verres de silice et de soude. Lorsque la matière d'essai est dissoute, et que son action réductive a cessé, on voit apparaître la couleur indicative de l'oxide de manganèse.

Dans le sel de phosphore, se dissout avec une vive

effervescence, et un abondant dégagement de gaz, qui se prolonge encore quelques instans après que l'insufflation a cessé. Si l'on approche alors la perle d'essai de la flamme de la lampe, on entend de petites détonations occasionées par l'inflammation de l'air combustible qui se dégage. Si la perle est grosse, elle conserve d'autant mieux sa chaleur, et le phénomène se prolonge davantage ; arrive enfin une grosse bulle d'air qui produit, en s'allumant, une lumière d'un vert pâle. On reconnaît à l'odeur particulière de la matière en ébullition, que le gaz qui se dégage est du sulfure de phosphore, résultant médiatement de l'oxidation du manganèse, laquelle a lieu aux dépens de l'acide phosphorique, et immédiatement de la combinaison qui se fait ensuite entre le soufre et le phosphore de l'acide. Le verre offre, dans cette opération, un jeu de couleurs particulier. Liquide, il est transparent et incolore ; mais il acquiert, en se refroidissant, la même couleur jaune que le verre de borax. Tant que la majeure partie du minéral est encore indécomposée, la masse devient par le refroidissement d'un jaune clair. Mais ensuite sa couleur se rembrunit, et au moment de sa congélation une substance fixe se sépare, qui rend le globule noir. Avec le microscope on découvre dans l'intérieur du verre, dont la couleur propre est un jaune sombre, de petites particules noires en suspension, et

vers la fin de l'opération, la lumière qu'il trans-
met est bleuâtre (1). Lorsque la totalité du sulfure de manganèse est dissoute, et que toute effervescence a cessé, le verre devient parfaitement
clair et incolore, et acquiert au feu d'oxidation
une belle couleur d'améthyste.

Avec la soude, la dissolution est imparfaite.
Une masse hépatique s'enfonce dans le charbon,
et une scorie grise demi-fondue, reste à sa surface.

2. *Peroxide de manganèse*, Mn.

Seul dans le matras, n'éprouve aucune altération
sensible lorsqu'il est pur ; mais ordinairement le
peroxide de manganèse le mieux cristallisé renferme une quantité plus ou moins considérable
d'hydrate de manganèse, dont on peut chasser
l'eau au moyen de la chaleur, et dont la proportion sert de base à l'estimation de sa valeur
commerciale. Plus la matière chauffée dégage
d'eau, moins elle renferme de peroxide de man-

----

(1) La cause de cette dernière nuance ne gît assurément
pas dans le soufre. Le sulfure de manganèse serait-il soluble dans le sel de phosphore, ou bien y aurait-il un oxide
de manganèse d'un degré inférieur à celui de l'oxidule, et
cet oxide serait-il, comme les oxides infimes de cuivre et de
bismuth, soluble dans l'acide liquéfié, mais susceptible de
l'abandonner au moment de sa solidification ?

ganèse, et moins elle vaut. — Sur le charbon il devient brun-rouge à un bon feu de réduction.

Dans le borax et le sel de phosphore, se dissout avec une vive effervescence produite par l'oxigène qui se dégage; se comporte d'ailleurs comme l'oxide pur de manganèse (page 129). On rencontre dans la nature un peroxide de manganèse, qui contient une assez grande quantité de fer; la présence de ce métal se reconnaît en exposant le verre, et particulièrement le verre de borax, à un bon feu de réduction. La couleur caractéristique du fer persiste seule après cette opération. On peut encore le mettre en évidence par l'essai de réduction avec la soude; le métal étant réduit, et la masse absorbée, on le retire du charbon par le procédé ordinaire.

3. *Manganèse phosphaté ferrifère*, de Limoges, (Phosphormangan) $\ddot{\mathrm{Mn}}^2\ddot{\mathrm{P}} + \ddot{\mathrm{Fe}}^2\ddot{\mathrm{P}}$.

Seul dans le matras, donne un peu d'eau, qui réagit sur le papier de tournesol à la manière des acides, et qui jaunit le papier de fernambouc. La transparence du verre n'en est pas altérée. Mais si l'on traite la matière d'essai *dans le tube ouvert*, en dirigeant la flamme de la lampe dans l'ouverture du tube, ses parois deviennent opaques çà et là, en conséquence d'un dépôt de silice : le fossile contient donc une petite quantité d'acide fluorique. L'eau qui se condense dans l'intérieur du tube ne réagit cependant pas sur le papier de fernambouc.

Sur le charbon, la fusion s'opère très-facilement et est accompagnée d'une vive intumescence ; il en résulte une perle noire, ayant l'éclat métallique, et, à un haut degré, la vertu magnétique.

Avec le borax, se dissout aisément. Le feu d'oxidation développe la couleur caractéristique du manganèse, et le feu de réduction, celle du fer.

Avec le sel de phosphore, se dissout très-aisément. On ne voit guère que la couleur indicative du fer ; toutefois on peut produire une légère teinture de manganèse par une longue oxidation, aidée d'une ignition très-faible.

L'acide borique dissout ce fossile à l'aide de la chaleur ; en introduisant dans la masse un petit morceau de fer métallique, on en retire du phosphure de fer (voyez page 162).

Avec la soude, il ne se dissout pas *sur le charbon*, mais donne à l'essai de réduction une grande quantité de phosphure de fer. Sur la feuille de platine on aperçoit la réaction ordinaire de l'oxide de manganèse.

4. *Carbonate de manganèse* de Freyberg, ... $\ddot{\text{M}}$n $\ddot{\text{C}}^2$, $\ddot{\text{F}}$e C^2, $\ddot{\text{C}}$a $\ddot{\text{C}}^2$.

Seul dans le matras, rend un peu d'eau et décrépite avec violence. La chaleur augmentant, l'acide carbonique se dégage, et la matière d'essai prend la couleur gris-verdâtre qui distingue l'oxidule de manganèse. Dans un matras à large panse, ou

sur le charbon, elle devient noire par la suroxigé-
nation de l'oxidule. Au feu de réduction, et sur
le charbon, elle devient d'un brun-noir, et produit
ensuite la réaction de la chaux caustique sur le papier de fernambouc. Avec les flux, elle se comporte
ensuite comme l'oxide de manganèse légèrement
ferrugineux.

5. *Wolfram*, $\ddot{\text{Mn}}\, \ddot{\text{W}}^2 + 3\,\ddot{\text{Fe}}\,\ddot{\text{W}}^2$.

Seul, dans le matras, décrépite parfois un peu,
et rend une petite quantité d'eau.

Sur le charbon, peut, au moyen d'un bon feu,
se résoudre en une boule, dont la surface offre un
amas de cristaux assez grands, lamelleux, gris
de fer, ayant l'éclat métallique. Si la matière n'est
fondue qu'en partie, la cristallisation de la surface
est confuse et peu sensible.

Avec le borax, se dissout assez facilement et
donne les couleurs caractéristiques du fer, sans
que l'on puisse conclure du jeu de ces couleurs la
présence de l'acide tungstique.

Avec le sel de phosphore, se dissout facilement.
Au feu d'oxidation le verre ne prend qu'une teinture de fer ; mais au feu de réduction il devient
d'un rouge sombre. Une très-petite proportion de
wolfram suffit pour le rendre opaque, en sorte qu'il
en faut extrêmement peu pour produire une réaction manifeste. Si l'on ajoute de l'étain, et que l'on
souffle un instant, la couleur devient verte. Cela

ne se juge bien que lorsqu'elle n'est pas trop intense, car, dans ce cas, elle est communément
si foncée que la boule en paraît opaque. Exposé
long-temps à un bon feu de réduction, le wolfram
est réduit complétement par l'étain, et la couleur verte s'évanouit ; elle est remplacée par une
faible teinte rougeâtre, laquelle est persistante.

Avec la soude, se décompose et tombe en poudre sur la feuille de platine. La soude offre sur les
bords la couleur verte du manganèse. Sur le charbon la réduction se fait avec facilité, et donne un
alliage de tungstène et de fer, que l'on peut séparer
de la masse charbonneuse au moyen du lavage.

R. Quelquefois le wolfram a la propriété de
décrépiter très-fortement, et de se diviser en
feuilles minces. Dans ce cas il est ordinairement
recouvert d'une couche jaune, terreuse et un peu
dure au toucher. Cet enduit que l'on pourrait aisément prendre pour de l'acide tungstique est de
l'arseniate de fer, et le wolfram, traité au feu de
réduction, dégage lui-même une forte odeur d'arsenic.

6. *Tantalite.*

a. *Tantalite de Kimito, en Finlande,* . . . .

$\overset{..}{M}g\,Ta + \overset{..}{Fe}\,Ta.$

Seul, n'éprouve aucune altération.

Avec le borax, se dissout lentement, mais complétement. Le verre n'offre qu'une teinture de fer.

prend, à un certain degré de saturation, une couleur gris-blanc *au flamber*, et à un degré de saturation encore plus élevé, il devient de lui-même opaque par le refroidissement. Tant qu'il est transparent, sa couleur est un vert-bouteille pâle.

Avec le sel de phosphore, se dissout lentement, et n'offre que la couleur indicative du fer. Exposé au feu de réduction, le verre ne se colore point en rouge par le refroidissement; d'où l'on voit qu'il ne renferme pas d'acide tungstique.

Avec la soude, sur la feuille de platine, offre la réaction du manganèse. Sur le charbon, en ajoutant à la masse un peu de borax qui dissout le composé tantalifère, et empêche que l'oxide de fer ne se réduise, on obtient par l'essai de réduction ordinaire une petite quantité d'étain.

b. *Tantalite de Broddbo*...,(Ċa T̈a + Ḟe T̈a) + 3 (Ṁn T̈a + Ḟe T̈a), Ṁn Ẅ² + 3 Ḟe Ẅ², S̈n.

Seul, est inaltérable.

Avec le borax, se comporte comme le précédent.

Avec le sel de phosphore, se dissout lentement; prend au feu d'oxidation la teinture de fer, et au feu de réduction une couleur rouge, qui augmente par le refroidissement, et dénote la présence du tungstène. L'addition de l'étain n'altère pas cette couleur, et ne produit pas ici la couleur verte que donne en pareil cas le tungstène pur.

Avec la soude, se comporte comme le précédent, mais donne plus d'étain à l'essai de réduction par la soude et le borax.

c. *Tantalite de Finbo.*

Se comporte comme celui de Finlande, mais donne une quantité d'étain considérable à l'essai de réduction. La proportion d'étain paraît variable ; et certains échantillons ne sont manifestement autre chose que des mines d'étain tantalifères. On reconnaît toujours la présence du tantale par la propriété qu'ont ces fossiles de donner avec le borax un verre plus ou moins *teinté* par le fer, et susceptible de prendre au *flamber* l'aspect d'un émail.

d. *Tantalite de Bodenmais*, $Mn^2 Ta + 3 Fe^2 Ta$.

Seul, n'éprouve aucune altération.

Avec le borax, se dissout aisément en un verre de couleur noire ou vert-bouteille, très-sombre, et presque sans transparence. Il ne devient point opaque au *flamber* avant d'avoir acquis une teinture de fer tellement intense qu'il ne puisse plus transmettre la lumière. Cette circonstance sert à distinguer le tantalite avec excès de base du tantalite neutre.

Avec le sel de phosphore, donne, par une dissolution lente, un verre fortement coloré par le fer, et dans lequel on ne peut découvrir aucune trace de tungstène.

Avec la soude, offre sur la feuille de platine la réaction du manganèse : avec la soude et le borax on obtient , à l'essai de réduction , quelques traces d'étain.

e. *Tantalite du Connecticut* (1) (Haddaw).

Se comporte, avec le *borax*, comme le tantalite de Bodenmais ; et avec le *sel de phosphore*, comme celui de Broddbo. Il paraît en conséquence que c'est un tantalite tungsténifère , avec excès de base.

7. *Mangankisel noir* de Klapperud près Dal. $\mathrm{Mn^3\,S_i^2 + 6\,Aq}$, ou $mg\,S + Aq$.

Seul dans le matras , donne une grande quantité d'eau exempte d'acidité, et dégage ensuite un gaz fumeux dont l'odeur est empyreumatique : en même temps une couleur gris-clair succède à la couleur noire du fossile. Chauffé jusqu'au rouge , il se gonfle , et sa couleur s'éclaircit encore.

Sur le charbon , se gonfle et se résout en un verre qui , au feu de réduction , est vert-bouteille , mais qui noircit et prend l'éclat métallique au feu d'oxidation.

Avec le borax , se dissout aisément en un verre qui prend une forte teinture d'oxide de manganèse à la flamme extérieure et une faible teinte d'oxidule de fer au feu de réduction.

---

(1) J'ai rencontré ce tantalite dans le granit à gros grain où se trouve la cymophane. Sa gangue est une albite absolument semblable à celle de Finbo.

Avec le sel de phosphore, se dissout en un verre incolore qui prend, à la flamme extérieure, la couleur de l'améthyste, et donne pour résidu un squelette de silice.

Avec une petite quantité de soude, se dissout en un verre noir ; une plus forte proportion de soude donne une scorie noire, et le fondant passe dans le charbon.

8. *Mangankisel rouge* (Rubinspat) de Long-banshytta en Wärmelande. $\ddot{M}n^3 \ddot{S}i^4$, ou *mg S²*.

Seul, dans le matras, n'éprouve aucun changement.

Sur le charbon, ne s'altère qu'en commençant à fondre, et donne alors au feu de réduction un verre demi-transparent de la même couleur que la pierre ; mais au feu d'oxidation, il forme une boule noire, qui a le brillant métallique, et dont on peut faire disparaître la couleur au feu de réduction.

Avec le borax, donne par une dissolution facile un verre incolore au feu de réduction, couleur d'améthyste au feu d'oxidation.

Le sel de phosphore l'attaque difficilement. Le résultat de son action est un squelette de silice et un verre incolore qui prend à la flamme extérieure la couleur de l'améthyste.

Avec un peu de soude, il se dissout en un verre noir ; une plus forte dose de ce fondant, le transforme en une scorie noire de fusion difficile, et une quantité plus grande encore le fait passer dans le charbon.

9. *Pyrosmalite* de la mine de fer de Nordmark. $Mn^4 Si^4 + Fe^3 Si^4$, ou $mg S^2 + f S^2$, mélangé mécaniquement selon toute apparence avec 14 pour cent de $Fe^4 M^3 + 12$ Aq.

Seul dans le matras, donne d'abord de l'eau ; la chaleur augmentant, on obtient une substance jaune qui se dissout en gouttelettes de la même couleur dans les dernières traces d'eau.

Ces gouttelettes rougissent le papier de tourne sol, et ont une saveur styptique. C'est du muriaté de fer. Chauffé doucement *sur le charbon*, le pyrosmalite dégage une faible odeur d'acide ; se fond aisément en une boule dont la surface est brillante et unie, et la couleur gris-de-fer.

Avec le borax, se dissout aisément en offrant les couleurs caractéristiques du fer.

Dans le sel de phosphore, la dissolution est plus difficile, et l'intérieur du verre demeure longtemps obscur. Enfin la matière se dissout en offrant une teinture de fer, et donne pour résidu un squelette de silice. Avec le salpêtre, elle prend une forte teinture de manganèse.

Avec la soude, ce fossile offre sur la feuille de platine la réaction du manganèse. *Sur le charbon,* il donne un verre noir, qu'une forte dose de soude entraîne dans le charbon.

Si l'on traite un morceau de pyrosmalite par une dissolution d'oxide de cuivre dans le sel de phosphore, on voit se former autour de la perle l'auréole bleu clair caractéristique de l'acide muriatique; mais le phénomène ne dure qu'un instant.

10. *Silicate de manganèse*, du Piémont (1), $Mn^3 \ddot{S}i$, ou $Mg^3 \dot{S}$.

Seul, dans le matras, ne change point d'aspect.

Sur le charbon, fond sur les bords à un très-bon feu, et conserve sa couleur gris-noir.

Dans le borax, se dissout facilement. Présente à la flamme extérieure une couleur d'améthyste, et à la flamme intérieure une faible teinture d'oxidule de fer.

Dans le sel de phosphore, se dissout aisément et avec effervescence, en développant une vive couleur d'améthyste. Au feu de réduction le verre devient incolore, offre intérieurement un résidu de silice uniformément réparti dans toute l'étendue du globule, et devient très-opalin par le refroidissement.

Avec la soude, point de dissolution.

11. *Hydrate de manganèse* cristallisé d'Unde-

____

(1) Voyez le Nouveau système de Minéralogie, par J. Berzelius, Paris 1819, page 277.

näs. Hydrate terreux (Wad) de divers lieux.
$\ddot{M} + Aq$, ou $Mg^3 Aq$.

Seul, *dans le matras*, donne de l'eau en abondance. *Sur le charbon*, et avec les flux, se comporte comme l'oxide de manganèse.

12. *Kupfermangan*, de Schlackenwalde. $\ddot{M}n\, Aq$ mélangé, ou combiné avec $\ddot{C}u$.

Seul, *dans le matras*, donne d'abord beaucoup d'eau, puis éclate et se divise avec décrépitation. L'eau qui se dégage n'est point acide.

Sur le charbon, brunit, mais ne fond pas, au feu de réduction.

Avec le borax, se dissout aisément et prend une teinture de manganèse. Au feu de réduction donne un verre transparent et incolore, qui devient rouge et opaque par le refroidissement.

Avec le sel de phosphore, se dissout aisément et offre les mêmes nuances qu'avec le borax. Si l'on expose un instant au feu d'oxidation le verre incolore que l'on obtient par la réduction, il prend la belle teinture verte du cuivre, et conserve ensuite sa transparence après le refroidissement. Lorsque l'oxidation est poussée plus loin, il acquiert une couleur d'améthyste bleuâtre.

Avec la soude, point de dissolution : mais en ajoutant un peu de borax, on obtient des grains de cuivre fondu très-reconnaissables.

$Mg^3 Aq$.

17. CÉRIUM.

1. *Fluate de cérium*, de Finbo, Broddbo et Bastnäs.

a. *Fluate neutre*, des deux premiers lieux.

Seul dans le matras, rend un peu d'eau. A la température où le verre entre en fusion, on aperçoit les effets d'une corrosion légère de la substance du matras à une petite distance de la matière d'essai. L'eau qui est produite, colore en jaune le papier de fernambouc, et la matière d'essai devient blanche, de jaunâtre qu'elle était. Si l'on traite ce fossile dans le *tube ouvert*, en dirigeant la flamme dans son intérieur, sa paroi est attaquée, et devient opaque par suite du dépôt de silice qui s'y forme. L'eau qui se condense dans le tube, jaunit le papier de fernambouc. La matière d'essai devient d'un jaune-brun.

Sur le charbon, ne fond pas ; la couleur du fossile se rembrunit seulement un peu.

Avec le borax et le sel de phosphore, les réactions sont les mêmes que celles de l'oxide de cérium (voyez page 127). — Traité *par la soude*, le fluate de cérium se divise, et se gonfle, mais ne se dissout pas ; la soude entre dans le charbon, et laisse à la surface une masse grise.

b. *Fluate avec excès de base*, de Finbo.

Seul dans le matras, dégage de l'eau ; sa couleur se rembrunit.

Sur le charbon, change de couleur en s'échauffant, et paraît noir à la température voisine du rouge naissant ; mais par le refroidissement, il devient brun-sombre, puis d'un beau rouge, et enfin orangé. Cette permutation de couleurs le fait dès l'abord distinguer du sel neutre qui ne l'offre pas. Il est infusible. Se comporte d'ailleurs avec les flux comme le précédent, avec cette différence que sa cohésion n'est pas détruite par la soude, et qu'il se conserve entier, du moins lorsque l'insufflation n'est ni trop forte ni trop prolongée.

c. *Fluate de cérium* de Bastnäs (non encore analysé).

Seul dans le matras, donne un peu d'humidité sans changer d'aspect.

Sur le charbon, ne fond pas ; devient opaque à une chaleur douce ; acquiert par l'action du feu une couleur un peu plus sombre, et offre, dans sa coloration, les mêmes alternatives que le précédent.

Soumis dans le *tube ouvert* à l'action *immédiate* de la flamme, il donne des indices très-prononcés d'un contenu d'acide fluorique.

Se dissout *dans le borax et le sel de phosphore* comme les précédens.

Avec la soude, ne perd point sa cohérence, et ne se gonfle ni ne se dissout.

R. Paraît être un sous-sel où l'excès de base est peut-être moindre que dans le précédent.

2. *Cerite* de Bastnäs, près Riddarhytta.
$Ce^3 Si^2 + 6$ Aq, ou *ce S* $+ Aq$.

Seul dans le matras, dégage de l'eau, et devient tout-à-fait opaque. Sur le charbon, se fendille çà et là, mais n'entre pas en fusion.

Avec le borax, la dissolution s'opère lentement ; au feu d'oxidation, on obtient un verre orangé foncé dont la teinte s'éclaircit durant le refroidissement et devient enfin jaune-clair ; ce verre prend le blanc d'émail au *flamber*, et une faible teinture de fer au feu de réduction.

Le sel de phosphore s'empare de l'oxide de cérium en développant les couleurs qui le distinguent. Le verre est incolore après le refroidissement, et la silice y reste en suspension sous la forme d'un squelette blanc et opaque.

Avec la soude, ne se dissout point, mais fond à demi en une masse scoriacée de couleur orangée.

2ᵉ DIVISION. MÉTAUX IRRÉDUCTIBLES PAR LE CHARBON, ET DONT LES OXIDES FORMENT DES TERRES ET DES ALCALIS.

1. ZIRCONIUM.

Zircon et hyacinthe de Ceylan, Finbo, Fredriksvärn, et Expailly. *Z S.* (?)

Seul, le zircon incolore et transparent ne change pas. Le zircon transparent et rouge (*l'Hyacinthe*), perd sa couleur et devient ou parfaitement limpide, ou très-légèrement jaune. Le zircon brun et opaque de Fredriksvärn perd sa couleur, et devient blanc et semblable à du verre fendillé. Le zircon noirâtre de Finbo donne un peu d'humidité, devient blanc de lait et paraît comme effleuri. Aucune de ces variétés n'est fusible, soit en poudre, soit en lame mince.

Dans le borax, le zircon se dissout difficilement en un verre diaphane qui, saturé jusqu'à certain point, est susceptible de devenir opaque par le *flamber*, et qui, à un degré de saturation encore plus élevé, s'obscurcit de lui-même en refroidissant.

Le sel de phosphore n'attaque pas le zircon. Le fragment qu'on lui soumet conserve toute la vivacité de ses arêtes; et lors même que la matière a été préalablement réduite en poudre, on ne peut pas discerner s'il y a commencement d'action. Le verre reste parfaitement incolore (ou d'un blanc laiteux si l'on s'est servi de poudre), tant au feu d'oxidation, qu'au feu de réduction, en sorte qu'on ne saurait y apercevoir aucune trace du titane que CHEVREUL a trouvé dans le zircon de Ceylan, et JOHN, dans le zircon de Norwége (1).

La soude ne le dissout pas; elle l'attaque un peu

______

(1) En examinant ces grains roulés, semblables à l'hyacinthe, que l'on rencontre dans les collections sous le nom de *Adelstensgrus* (gravier-gemme), et dont la plus grande

sur les bords, et s'enfonce ensuite dans le charbon. Sur la feuille de platine la plupart des zircons offrent des traces de manganèse.

2. ALUMINIUM.

1. *Télésie*. Rubis. Saphir. Corundum. Äl.

Seule, est inaltérable soit en fragment, soit en poudre.

Avec le borax, se convertit par une dissolution lente, mais complète, en un verre transparent et incolore, qu'on ne peut pas rendre opaque par le *flamber*.

Avec le sel de phosphore, la matière se dissout lentement (encore faut-il qu'elle ait été pulvéri-

---

partie sont des spinelles, j'en ai trouvé qui avaient toute l'apparence d'hyacinthes, qui se dissolvaient en partie dans le sel de phosphore, et qui offraient alors une faible teinture de titane. Il est possible qu'un mélange de ces sortes de grains avec le zircon de Ceylan, ait donné lieu de croire que ce fossile contenait du titane. Pour ce qui concerne le résultat donné par JOHN, il est clair, d'après sa propre description, que ce qu'il prit pour du titane n'en était pas.

Pour obtenir la zircone, au moyen des sables gemmes de Ceylan, il serait peut-être nécessaire de faire rougir premièrement les zircons et les hyacinthes, et de choisir ensuite les grains décolorés, parce que ceux qui ne perdent pas leur couleur sont des spinelles, des essonites ou des pyropes.

sée), et se convertit peu à peu en un verre transparent. Si l'on en a mis à l'essai plus que le sel de phosphore n'en peut dissoudre, la partie non dissoute ne devient pas transparente comme dans les silicates, et le verre ne devient opalin, ni par le refroidissement ni par l'action de la flamme extérieure.

Avec la soude, point de réaction ; nulle apparence de fusion.

Avec la solution de cobalt, on obtient un bleu sombre ; la couleur est d'autant plus belle que la matière a été pulvérisée plus fin, et que le feu auquel on l'expose est plus vif et mieux soutenu, parce que l'oxide de cobalt n'agit que très-difficilement sur l'alumine placée dans les circonstances actuelles.

2. *Aluminite*, argile de Halle. $\ddot{Al}\,\ddot{S} + 9\,Aq.$

Seule dans le matras, donne beaucoup d'eau, puis, au rouge naissant, de l'acide sulfureux, reconnaissable et à son odeur et à son action sur le papier de fernambouc humecté.

Sur le charbon et avec les *flux*, se comporte comme l'alumine. L'aluminite de Newhaven dépose quelques flocons de silice dans sa dissolution par le sel de phosphore.

Avec la solution de cobalt, on obtient un bleu vif, agréable à l'œil.

3. *Wawellite* de Barnstaple, d'Annaberg dans

le Palatinat, et de Bohême. $Al^4 P^3 + 12 Aq$, mélangé mécaniquement selon toute apparence, avec $AFe + 6Aq$.

Seule dans le matras, dégage une eau dont les dernières gouttes sont acides, ont une consistance gélatineuse, en raison de la silice qu'elles contiennent, et colorent en jaune le papier de fernambouc. En s'évaporant elles laissent sur le verre un dépôt de silice qui trouble sa transparence. Des anneaux de silice se forment au-dessus de la matière d'essai durant l'ignition.

Sur le charbon, elle se gonfle, perd sa forme cristalline, et devient blanche comme la neige.

Avec le *borax*, le *sel de phosphore*, la *soude* et la *solution de cobalt*, se comporte comme l'aluminite.

Traitée par l'acide borique et le fer, de la manière que j'ai décrite page 162, elle donne un régule liquéfié de phosphuré de fer.

4. *Lazulite*. Feldspath bleu de Krieglach (1). Phosphate d'alumine, à un degré de saturation

---

(1) Le fossile bleu de Vorau diffère un peu de celui-là dans les phénomènes qu'il présente. Il se boursoufle beaucoup plus, et va jusqu'à tomber en pièces. Ne donne aucun signe de fusion, et n'offre la couleur bleue avec la solution de cobalt, qu'après être entré en fusion ; le bleu qu'il donne alors est sensiblement rougeâtre.

indéterminé, mélangé avec du phosphate de magnésie et du phosphate d'oxidule de fer.

Seul, dans le matras, donne de l'eau et perd sa couleur.

Sur le charbon, se boursoufle et prend, à l'endroit où la chaleur agit le plus énergiquement, un aspect vitreux et bulleux; du reste ne fond pas.

Dans le borax, se dissout en un verre transparent et incolore.

Dans le sel de phosphore, devient transparent sur les bords et se dissout peu à peu dans sa totalité, jusqu'à donner un verre transparent et incolore.

Avec la soude, se gonfle; mais ne fond ni ne se dissout.

Avec l'acide borique et le *fer,* donne du phosphure de fer.

Avec la solution de cobalt, produit un beau bleu.

5. *Calaïte,* turquoise de Perse. Mélange de phosphate d'alumine avec le phosphate de chaux et de silice, coloré en vert ou bleu verdâtre par du carbonate et de l'hydrate de cuivre (1).

----

(1) Dans ces essais de réaction, j'ai employé une turquoise bleue mamelonnée, et une turquoise verte; cette dernière m'avait été donnée par l'honorable M. STRANGWAYS, comme un échantillon de la vraie calaïte, dont la description correspond en effet d'une manière complète avec cet

Seule, *dans le matras*, donne un peu d'eau ; en même temps elle éclate ou décrépite avec beaucoup de violence, lors même qu'on la chauffe très-lentement. L'eau dégagée ne réagit pas sur le papier de tournesol. La masse est de couleur noire après la division.

Sur le charbon ou *entre les pincettes*, devient brune à la flamme intérieure, et verdit la pointe de la flamme. Ne fond pas, mais prend à la surface une apparence vitreuse, là où la chaleur a agi le plus vivement.

Avec le borax, se convertit, par une dissolution facile, en un verre limpide qui offre une couleur indicative du fer, tant qu'il est chaud, et qui prend après le refroidissement, une faible teinture verte de cuivre, s'il a été exposé à la flamme extérieure, ou devient rouge et opaque, s'il a été exposé à la flamme intérieure, surtout avec de l'étain.

—*Avec le sel de phosphore*, se convertit, par une dissolution facile et complète, en un verre transpa-

---

échantillon. C'est une plaque mince, recouverte des deux côtés par une masse argileuse de couleur grise. Ayant vu qu'elle offrait au chalumeau la réaction caractéristique de l'acide phosphorique, j'en fis l'analyse par la voie humide, et j'y trouvai du phosphate d'alumine, du phosphate de chaux, de la silice, de l'oxide de fer et de l'oxide de cuivre. Il s'ensuit que JOHN s'est trompé lorsqu'il a dit que la calaïte était de l'hydrate de silice.

rent qui offre les mêmes alternatives de couleur que le verre de borax.

Avec une petite quantité de soude, elle se gonfle d'abord, et se dissout ensuite lentement en un verre demi-transparent, coloré par du fer. Avec une plus grande quantité de soude, elle devient infusible ; et si l'on en met encore davantage, on retire beaucoup de cuivre de l'essai de réduction.

Avec l'acide borique et le fer, on obtient un régule de phosphure de fer.

6. *Topaze.* $A^2 Fl + 3AS$.

Seule dans le matras, ne change pas et ne donne aucune trace d'acide fluorique.

Sur le charbon, ne fond point. La topaze jaune, soumise à une ignition douce, devient rose-pâle par la transformation de l'hydrate de fer en oxide de fer. Cette topaze, ainsi que la topaze incolore et limpide, conserve sa transparence. A un feu très-ardent, les faces longitudinales du cristal se recouvrent d'une multitude de petites bulles blanches, dont l'ensemble offre l'aspect du givre, mais qu'on ne voit bien qu'à l'aide du microscope ; on n'en aperçoit pas sur la surface lamellaire de la section transversale ; ces petites bulles ne sont pas aussi perceptibles dans la topaze opaque de Finbo et de Broddbo ; mais on peut, au moyen d'un bon feu, les amplifier jusqu'à un certain point, au delà duquel elles crèvent le plus souvent. Il faut, pour cet effet, une température très-élevée, et l'opération ne réussit que sur de petits-fragmens.

Avec le borax, se dissout lentement en un verre diaphane. La topaze limpide devient blanche et opaque avant d'entrer en dissolution.

Avec le sel de phosphore, se dissout lentement et laisse pour résidu un squelette de silice; la perle est transparente et devient opaline par le refroidissement.

Avec une petite quantité de soude, se convertit par une dissolution laborieuse en une scorie bulleuse, incolore, demi-transparente. Avec une plus grande quantité de soude, elle s'enfle et devient infusible.

Avec la solution de cobalt, elle donne une couleur bleue, qui est impure et n'a rien d'agréable à l'œil.

7. *Pycnite* d'Altenberg. $AFl + 3AS$.

Se comporte comme la topaze, si ce n'est que chauffée à part, elle produit des bulles avec plus de facilité, et en plus grande quantité.

8. *Disthène* du Saint-Gothard et de Norwége (Cyanite, Sappare), et Rhætizite du Tyrol. A^2S (ARFWEDSON).

Seul, il ne s'altère point à la chaleur rouge, mais exposé à un feu très-ardent, il blanchit sans se fondre; la poussière même en est infusible. Le rhætizite rougit à un feu doux, mais blanchit à un feu plus intense.

Avec le borax, se dissout lentement, mais complétement, en un verre transparent et incolore.

Avec le sel de phosphore, se dissout en partie et donne pour résidu un squelette de silice bulleux et demi-transparent. Le globule ne devient pas très-sensiblement opalin par le refroidissement.

Avec une petite quantité de soude, se transforme, par une fusion imparfaite, en une masse bulleuse demi-transparente et arrondie. Si la fusion a lieu à la flamme extérieure, la matière prend une couleur rose-pâle et devient transparente dans la partie colorée. Exposée à une chaleur intense dans la flamme intérieure, cette couleur s'évanouit et ne peut plus reparaître à la flamme extérieure. On la développe mieux sur le fil de platine que sur le charbon, au moyen d'une quantité assez considérable de soude, parce que le charbon a l'inconvénient d'absorber la soude avant qu'elle ait pu réagir sur la matière d'essai. La couleur rose est bien plus apparente dans la cyanite du Saint-Gothard que dans celle de Norwége, et le verre fait avec le rhætizite devient seulement jaunâtre. Une plus forte proportion de soude fait gonfler la matière et la rend infusible.

Avec la solution de cobalt, il devient à un feu vif d'un beau bleu foncé.

9. *Néphéline* (primitive) du Vésuve. $NS+3AS$. (ARFWEDSON).

Seule, *sur le charbon*, s'arrondit sur les bords sans tuméfaction ou boursouflement sensible; n'est pas susceptible de se convertir en boule, mais donne un verre bulleux et incolore.

Avec le borax, se dissout lentement et sans effervescence ; le résultat de cette dissolution est un verre transparent et incolore.

Avec le sel de phosphore, se dissout sans effervescence, et donne pour résidu un squelette de silice. La perle de verre devient opaline par le refroidissement.

Avec la soude, commence par se gonfler et se dissout ensuite en un verre bulleux et incolore.

Avec la solution de cobalt, la partie non fondue de la masse pulvérulente, est d'un gris verdâtre ; et les bords fondus d'un bleu gris.

R. Il suit évidemment des résultats de ces essais, que la cyanite et la néphéline devaient avoir des compositions différentes, quoique l'analyse que KLAPROTH a faite de la première, et celle que VAUQUELIN a donnée de la seconde, offrissent à très-peu près le même résultat.

10. *Pinite* de Saint-Pardou en Auvergne, et du Groenland (1).

------

(1) La dernière m'a été donnée par M. HAÜY. Elle est cristallisée en un prisme hexaèdre, et plus pure que l'autre. On pourrait dire en général de la pinite qu'elle se comporte comme une argile cristallisée fusible.

Seule dans le matras, donne un peu d'humidité sans changer d'aspect.

Sur le charbon, blanchit et fond sur les bords où elle donne un verre blanc et bulleux. Celle d'Auvergne se sème de taches colorées. La pinite la plus ferrugineuse donne quelquefois un verre noir par une fusion facile.

Avec le borax, la dissolution est extrêmement difficile, lors même que la matière est en poudre Son résultat est un verre transparent, faiblement coloré par le fer.

Le sel de phosphore n'attaque pas visiblement la pinite d'Auvergne en grain; mais une teinture de fer se manifeste dans la perle aussi long-temps qu'elle est chaude. Pulvérisée, elle est susceptible de se décomposer sous un feu prolongé, et donne un résidu de silice. Le verre devient opalin par le refroidissement. La pinite du Groenland est plus aisément décomposée par le sel de phosphore; du reste son verre offre les mêmes propriétés.

Avec la soude, la dissolution s'opère lentement et donne naissance à un verre opaque, légèremen coloré par l'oxide de fer, et difficile à fondre.

11. *Fahlunite* de la mine d'Eric-Matts à Fahlun.

Seule dans le matras, dégage une eau exempte d'acidité.

Sur le charbon, blanchit et fond sur les bords; le verre en est blanc et bulleux.

Avec le borax, donne, par une dissolution lente, un verre légèrement coloré par du fer.

Avec le sel de phosphore, se décompose, et donne pour résidu un squelette de silice ; le verre est transparent et offre une teinture de fer tant qu'il est chaud, mais devient opalin et incolore par le refroidissement.

Avec la soude, ne se dissout pas, mais prend l'apparence d'une scorie, et se teint d'une couleur jaunâtre.

12. *Allophane* de Saxe et de Thuringe.

Seule dans le matras, dégage de l'eau et se sème de taches noires. On voit que la matière est hétérogène, et traversée par des lames blanches, testacées, lesquelles ne se colorent pas. L'eau qui se dégage réagit faiblement sur le papier de tournesol à la manière des acides.

Sur le charbon, ou entre les *pincettes*, ne fond pas, mais se boursoufle, tombe aisément en poussière, et donne à la flamme une couleur verte indicative de cuivre.

Avec le borax, se convertit par une dissolution très-lente en un verre incolore, qui, à la flamme intérieure, prend une teinte rouge-pâle, et, à l'aide d'un peu d'étain, une couleur rouge-sombre due à l'oxidule de cuivre.

Le sel de phosphore décompose facilement l'allophane, donne pour résidu un squelette de silice, et offre les couleurs caractéristiques du cuivre affaiblies. L'étain colore le verre en rouge.

La soude ne la dissout pas ; la masse verdit au feu d'oxidation, et rougit au feu de réduction. En y ajoutant du borax, on peut en extraire des grains de cuivre réduit.

13. *Carpholite* de Schlackenwald en Bohème.
$$FS^2 + 3\,mg\,S + 10\,AS + 8\,Aq\ (1)\,,\ \text{ou bien} \;.\,.$$
$$(FS^2 + AS + 2Aq.) + 3\,(mg\,S + 3\,AS + 2Aq.)$$

Seule dans le matras, dégage une eau qui devient acide lorsque la matière d'essai est en ignition, attaque le verre et jaunit le papier de fernambouc. Les parois du matras se recouvrent çà et là de silice déposée par l'acide fluorique.

Sur le charbon, commence par se gonfler, blanchit et donne ensuite par une fusion lente, un verre brun et opaque, qui, à la flamme extérieure, devient beaucoup plus sombre qu'à la flamme intérieure.

Avec le borax, se dissout en un verre transparent, qui, à la flamme extérieure, prend la couleur du manganèse et devient verdâtre à la flamme intérieure.

Dans le sel de phosphore, se gonfle et donne pour

____

(1) Cette formule, calculée par Steinman, d'après l'analyse qu'il a faite de ce fossile, ne saurait être exacte ; parce que le fossile contient une quantité sensible d'acide fluorique dont Steinman n'a pas tenu compte.

résidu un squelette glaceux de silice; mais contre l'ordinaire ce squelette se dissout avec la plus grande facilité, et donne un verre transparent qui devient très-opalin en se refroidissant. Au feu d'oxidation il prend sensiblement la couleur d'améthyste.

Avec la soude, ne se dissout pas sur le charbon. La pièce d'essai se gonfle et devient d'un beau vert. Elle se dissout au contraire sur la feuille de platine à l'aide d'une quantité suffisante de soude, et forme une masse vert-sombre de facile fusion.

Avec la solution de cobalt, prend une couleur bleu-sombre qui n'est pas très-pure.

Avec l'acide borique et le fer, n'offre aucune trace d'acide phosphorique.

14. *Staurotide* du Saint-Gothard, $F^3 S + 6 A^2 S$.

Seule, est infusible en grain, et n'éprouve aucune altération, si ce n'est que sa couleur devient plus sombre et pour ainsi dire noire. Réduite en poudre, elle finit par fondre sur les bords en une scorie noire.

Avec le borax, se transforme par une lente dissolution en un verre transparent d'un vert sombre, coloré par de l'oxidule de fer.

Dans le sel de phosphore, la fusion s'opère avec une lenteur extrême, à moins que la matière d'essai n'ait été pulvérisée. Il ne reste alors que peu ou point de silice à l'état solide; le verre non encore refroidi est transparent et d'un jaune verdâtre, mais devient opalin et perd sa couleur en refroidissant.

La soude ne la dissout pas, mais s'en empare avec effervescence, et donne lieu à une scorie jaune.

Avec la solution de cobalt, elle ne devient pas précisément bleue, mais prend dans les parties fondues une couleur sombre qui tire sur le bleu sale.

15. *Almandine*, *Grenat argileux*, $FS + AS$.

Seule, se rembrunit en chauffant, mais reprend sa couleur naturelle par le refroidissement, se résout sans le moindre boursouflement en une boule noire, dont la surface est mate, métallique et comme recouverte d'une pellicule de fer réduit. Durant le refroidissement, il se forme quelque part sur la boule une cavité qui résulte du rapprochement de ses parties. Sa cassure est vitreuse.

Avec le borax, la dissolution s'opère très-lentement et donne lieu à un verre sombre qui offre une teinture de fer. Le noyau solide que ce verre renferme paraît sombre.

Le sel de phosphore la décompose, la gonfle et donne lieu à la formation d'un squelette qui, d'abord, est blanc, moucheté de noir, mais qui devient incolore par une insufflation soutenue.

Tant que la cohésion du squelette subsiste, le verre est transparent après le refroidissement; mais si l'on souffle jusqu'à ce qu'il se dissolve, le globule devient opalin en refroidissant.

Dans la soude, l'almandine se décompose et se gonfle, puis se dissout en une boule noire, ayant l'éclat métallique. Une plus forte dose de soude ne diminue point sa fusibilité. Sur la feuille de platine on voit des traces de manganèse.

16. *Grenat de Finbo*, $fS^2 + mgS + 2AS$, ou $(FS^2 + AS) + (mgS + AS)$.

Seul sur le charbon, se comporte comme le fossile précédent, avec cette différence que la surface de la boule fondue n'est métallique que par places.

Avec le borax, se dissout, ainsi que l'almandine; mais le verre saturé prend au feu d'oxidation une couleur d améthyste.

Avec le sel de phosphore, se comporte comme l'almandine.

La soude le décompose; avec une petite quantité de ce fondant, il se résout lentement en une boule noire. Une plus forte dose diminue sa fusibilité, et finit par la détruire entièrement. Sur la feuille de platine il offre les réactions du manganèse d'une manière très-prononcée.

17. *Grenat de Broddbo*, $fS^2 + 2mgS + 2AS$.

Seul, fond en bouillonnant un peu et donne une

boule noire, dont la surface entière brille de l'éclat vitreux (1).

Avec le borax, se comporte comme le précédent.

Avec le sel de phosphore, aussi comme le précédent; mais le globule devient plus difficilement opalin en refroidissant.

Avec la soude, comme le précédent.

18. *Diaspore* (2).

Seul dans le matras, décrépite avec violence, et se divise ensuite en petites écailles blanches et brillantes. Durant la décrépitation il dégage peu d'eau; mais lorsqu'il approche de la chaleur rouge, il donne une quantité d'eau considérable, d'où l'on

---

(1) Les grenats aluminifères (*lergranater*) paraissent être des silicates doubles d'alumine, et de l'une des quatre bases *f*, *mg*, *M* et *C*, quelquefois de deux d'entre elles ou même de toutes ensemble. Lorsque la base *f* prédomine, le grenat se recouvre, après la fusion, d'une pellicule de fer réduit; mais à mesure qu'une plus grande quantité des autres bases entre en composition, cette couverte de fer s'amincit et disparaît, et la surface de la boule devient vitreuse; c'est par-là qu'on distingue, au chalumeau, le grenat calcaire (aplome), par exemple, du grenat ferroxidulifère (almandine). Les grenats n°s 16 et 17, sont des mélanges de grenat ferroxidulifère et de grenat manganoxidulifère.

(2) Ce fossile n'est encore connu que par une pièce unique que M. Le Lièvre a rencontrée chez un marchand de

voit que ce fossile retient l'eau avec beaucoup de force, semblable en cela à la plupart des hydrates. Si, après avoir fait subir une légère ignition aux débris écailleux de la pièce d'essai, on les pose sur du papier de tournesol rougi, ou sur du papier de fernambouc, imprégnés d'eau, chacune de ces écailles forme sur le papier une tache bleue dans la partie qu'elle recouvre, et autour de cette partie.

Sur le charbon, ces petites pièces sont infusibles.

Avec le borax, les écailles se dissolvent assez facilement, et donnent un verre incolore qui ne devient pas opaque au flamber.

Le sel de phosphore les dissout assez bien et donne lieu à un verre incolore, sans résidu siliceux.

La soude ne les attaque aucunement.

Avec l'acide borique et le fer, elles ne donnent nul indice d'un contenu d'acide phosphorique.

Avec la solution de cobalt, elles prennent un beau bleu.

19. *Argiles.*

a. *Argile smectique* (Walklera) d'Angleterre.

---

minéraux. M. HAüY, qui l'a décrite, a eu la bonté de livrer à mes recherches un petit morceau de cette substance, pris sur l'échantillon peu considérable qu'il avait obtenu de M. Le Lièvre. D'après l'analyse de Vauquelin, ce serait un hydrate d'alumine ; mais les réactions que j'ai obtenues font voir que ce fossile contient en outre un élément alcalin.

Seule dans le matras, dégage de l'eau et s'éclaircit d'abord, mais se rembrunit ensuite et répand une odeur empyreumatique. L'eau qui se dégage réagit faiblement à la manière de l'ammoniaque.

Sur le charbon, elle pétille et même éclate avec violence, à moins qu'on ne la chauffe très-lentement. Elle blanchit au moyen d'une caléfaction soutenue, puis se convertit par la fusion en un verre blanc et bulleux.

Le borax la dissout lentement, en sorte que les dernières parties exigent pour se liquéfier une insufflation prolongée. Le verre est transparent et incolore.

Avec le sel de phosphore, elle se dissout, en laissant un squelette de silice, et donne un verre transparent qui, après une vive insufflation, devient opalin par le refroidissement.

Avec la soude, se dissout en une perle de verre de couleur vert-bouteille.

Avec la solution de cobalt, elle noircit.

b. *Argile de Côlln.*

Seule dans le matras, dégage de l'eau, ainsi que la précédente ; mais cette eau n'est pas alcaline.

Sur le charbon, ou bien *entre les pincettes,* il faut la chauffer peu à peu si l'on ne veut pas qu'elle éclate ; elle fond ensuite dans les parties minces à un feu vif, et donne un verre blanc.

Avec le borax, le sel de phosphore et la soude, se comporte comme la précédente.

Avec la solution de cobalt, donne un bleu impur.

c. *Argiles de Stourbridge, de Rouen et des houillères de Höganäs*, dites communément argiles apyres (1) AS^3.

Dans le matras, se comportent comme les précédentes.

Chauffées doucement *sur le charbon*, elles perdent leur couleur brune foncée et deviennent blanches. Exposées à un feu vif, elles se transforment, dans les parties minces, en un verre incolore ayant l'aspect d'une scorie ; mais ne se résolvent pas en boule.

Avec le borax et le sel de phosphore, se comportent comme les précédentes.

Avec la soude, elles fondent et donnent un verre transparent, faiblement coloré par du fer.

Avec la solution de cobalt, on obtient un bleu pâle.

3. Yttrium.

1. *Fluate d'yttria et de cérium* de Finbo. Mélange mécanique de fluate d'yttria et de fluate de cérium, contenant en outre de la silice, soit à

---

(1) Cette formule est calquée sur l'analyse que M. Sefström a donnée des argiles de Stourbridge et de Helsinborg, dans les Annales du Bureau des fers (*Jern-contoirets Annaler*) pour l'année 1820.

l'état d'acide fluorique silicé, soit comme aggrégat mécanique.

Se comporte comme le fluate neutre de cérium (p. 248), avec cette différence que l'on peut en mettre beaucoup dans le verre de borax avant qu'il n'acquière la propriété de devenir opaque au *flamber*. Les fluates terreux les plus siliceux donnent, avec la soude, une masse cohérente qui offre l'aspect d'une scorie, et qui, à cet état, ne peut plus être modifiée par une nouvelle addition de soude.

2. *Yttrotantale* d'Ytterby et de Finbo. *Noir* et *jaune*, mélange mécanique de $Y^2 Ta$, avec de petites quantités de $Ca^2 Ta$, $U^2 Ta$, et quelquefois avec le tantalite et le tungstène. Yttrotantale *sombre* $Y^3 Ta$ mélangé avec les mêmes substances.

Seul dans le matras, dégage de l'eau et devient jaune, s'il était noir auparavant. Quelques-uns deviennent mouchetés, parce qu'ils renferment des parties noires que la chaleur n'altère pas. Chauffé jusqu'au rouge, il blanchit, et la substance du matras est attaquée au-dessus de la matière d'essai. L'eau qui se dégage alors, jaunit le papier de fernambouc au premier instant et le blanchit ensuite.

Avec le borax, se dissout en un verre presque incolore, qui, à un certain degré de saturation, peut devenir opaque par le flamber, et qui, à un degré de saturation encore plus élevé, devient opaque de lui-même.

Avec le sel de phosphore commence par se décomposer ; l'oxide de tantale reste à l'état solide, sous la forme d'un squelette blanc, mais peut aussi se dissoudre au moyen d'une insufflation soutenue. L'yttrotantale noir d'Ytterby donne un verre qui, après avoir été soumis à un bon feu de réduction, acquiert, en se refroidissant, une faible couleur rose due à la présence d'une certaine quantité de tungstène. La variété sombre et la variété jaune d'Ytterby prennent, en se refroidissant, une belle teinte de vert-pâle, laquelle provient d'un contenu d'urane. — Dans l'yttrotantale de Finbo et du Korarf une couleur de fer très-intense masque la réaction de l'urane.

Avec la soude, se décompose sans se dissoudre. Sur la feuille de platine, on remarque la réaction du manganèse. Par la réduction avec la soude et le borax, on tire de quelques variétés des particules d'étain. Mais celle de Finbo donne tant de fer qu'on ne saurait apercevoir l'étain.

3. *Gadolinite*, YS.

a. *Gadolinite du Korarf.* Mélange de YS avec de petites quantités de CS^2, mgS, ceS, fS et GS (1).

---

(1) L'échantillon sur lequel ces essais ont été faits était de l'espèce la plus pure, de celle dont la cassure est granu-

Seule dans le matras, donne un peu d'eau.

Sur le charbon, blanchit, et, à l'aide d'un bon feu, se convertit sans boursouflement en un verre opaque, gris-de-perle sombre ou rougeâtre.

Avec le borax, se dissout facilement en un verre diaphane très-faiblement coloré par du fer. Si l'on sature la perle vitreuse, elle devient opaque, cristallise en refroidissant, et prend une couleur grise qui tire sur le rouge ou le vert, suivant le degré d'oxidation du fer; mais elle n'est pas susceptible d'acquérir, comme l'yttria pure, le genre d'opacité qui distingue les émaux.

Avec le sel de phosphore, se dissout, sauf un squelette de silice, et donne un verre à peu près incolore; le globule devient opalin par le refroidissement.

Avec la soude, donne, par une fusion lente, une scorie d'un rouge-gris. — Sur la feuille de platine on obtient la réaction du manganèse.

b. *Gadolinite d'Ytterby, de Broddbo et de Finbo*, gadolinite vitreuse. $4 Ys + ce^2 S + f^2 S.$

Ces gadolinites sont de deux espèces; l'une, a) ressemble parfaitement à un morceau de verre

leuse et jaune. Les autres espèces renferment souvent un noyau de gadolinite vitreuse; et lorsqu'on essaie au chalumeau ce mélange naturel, on observe une réaction complexe résultant du mélange des réactions des deux espèces.

noir, et l'autre b) a la cassure esquilleuse et moins largement conchoïde (1).

a) *Seule dans le matras*, ne subit aucune altération, et ne dégage point d'humidité. Si l'on chauffe le matras jusqu'à ce qu'il commence à fondre, un instant arrive où la pièce d'essai brille tout à coup comme si elle prenait feu ; en même temps elle se dilate un peu, et si ses dimensions sont plus fortes que de coutume, elle se fendille çà et là, et devient d'un vert-gris clair. Rien de volatil ne se dégage.

Sur le charbon, le même phénomène a lieu ; elle ne fond pas, mais noircit à un feu vif dans ses parties les plus minces.

b) *Seule*, elle se boursoufle, s'étend en ramifications semblables à celles du chou-fleur, et blanchit ; en même temps elle dégage de l'humidité. Rarement elle offre quelque chose de semblable à l'espèce d'ignition dont nous venons de parler. Du reste les deux gadolinites se comportent de la même manière à l'égard des flux.

Avec le borax, elles se dissolvent aisément en un verre sombre fortement coloré par du fer, lequel

---

(1) La plus vitreuse des deux ne contient aucune trace de glucine. Il est vraisemblable que ce fut de celle qui se brise en éclats esquilleux que EKEBERG tira 4 pour 100 de cette terre.

devient au feu de réduction d'un vert-bouteille foncé.

Dans le sel de phosphore, la dissolution s'opère avec une extrême difficulté. Le verre prend une teinture de fer et le fragment s'arrondit sur les bords, mais reste blanc et opaque, en sorte que l'acide phosphorique n'opère point ici la séparation de la silice ; c'est principalement par ce caractère que l'on distingue les gadolinites a) et b) de celle du Korarf.

Avec la soude, la variété a) se convertit en une scorie demi-fondue d'un brun-rouge. La variété b) se résout en boule si la dose de fondant n'est pas trop forte. Ni l'une ni l'autre ne donnent, sur la feuille de platine, le moindre signe d'un contenu de manganèse.

4. GLUCINIUM.

1. *Émeraude, Béril,* $GS^4 + 2AS^2$.

Seule, ne s'altère pas à un feu doux. Soumise en paillette à une longue et forte insufflation, elle s'arrondit au bord, et forme une scorie bulleuse et incolore. L'espèce transparente tourne au blanc laiteux, là où la chaleur a agi avec le plus de force.

Avec le borax, se dissout en un verre transparent et incolore. L'émeraude vert de chrôme donne un verre qui prend, en se refroidissant, une teinte verte, légère, mais pure et agréable à l'œil.

Avec le sel de phosphore, la dissolution s'opère lentement, et sans résidu siliceux ; la pièce d'essai ne change pas d'aspect, mais diminue continuellement de volume et finit par se résoudre en un globule qui devient opalin par le refroidissement. L'émeraude vert de chrôme donne un verre dont la couleur est verte.

La soude dissout l'émeraude et la convertit en un verre transparent et incolore. L'émeraude jaunâtre à cassure granuleuse de Broddbo et Finbo, donne à l'essai de réduction des traces sensibles d'étain.

Avec la dissolution de cobalt, elle donne une couleur impure très-légèrement bleuâtre.

2. *Euclase*, $GS + 2\,AS$.

Seule, n'est pas altérée par une légère ignition. A un feu plus ardent, elle se boursoufle, blanchit et se ramifie ; enfin, soumise à l'action d'une chaleur très-forte, elle fond sur les bords et donne un émail blanc.

Dans le borax, se gonfle avec une légère effervescence et blanchit. Se convertit ensuite par une dissolution lente en un verre transparent et incolore. La dissolution des dernières parties est difficile à opérer. Le verre qui en résulte ne devient point opaque au flamber.

Dans le sel de phosphore, se décompose en produisant une effervescence, dont la durée est très-courte. Donne pour résidu un squelette plus blanc que ne l'est ordinairement un squelette de silice, et ne subit point de décomposition ultérieure. Du reste le verre est transparent et incolore, mais devient opalin par le refroidissement.

Avec un peu de soude, se résout en une perle opaque ; et avec une plus grande quantité, en un verre transparent qui devient opaque par le refroidissement ; une quantité encore plus considérable de soude passe dans le charbon : le demeurant fond comme auparavant. A l'essai de réduction on obtient des traces d'étain.

5. MAGNÉSIUM.

1. *Sel amer* de Catalayud en Espagne.....
$Mg \ddot{S}^a + 12 \dot{A}q$.

Seul dans le matras, dégage beaucoup d'eau, cette eau n'est point acide. Le sel fond et ne change plus à la température où le verre entre en fusion. Il dégage de la chaleur et durcit lorsqu'on fait tomber une goutte d'eau dessus. En faisant chauffer le sel desséché, sur le charbon ou entre les pincettes, on le fait de nouveau entrer en fusion. Sur le charbon, et à une certain degré de température, il se pénètre de feu presque instantanément et jette un éclat qui dure autant que l'insufflation. Dès lors la matière est infusible, et a perdu son acide sulfurique. Posée sur du papier de fernambouc humecté, ou sur du papier de tournesol rougi, elle colore l'un et l'autre en bleu.

Avec le borax et le sel de phosphore, le sel amer se comporte comme la magnésie (page 105).

Avec la soude, il se gonfle, mais ne fond pas ; la masse jette une odeur d'hépar lorsqu'on l'humecte. Si l'on dépose un atome du sel desséché sur du verre où la soude est en excès, ce dernier prend la couleur de l'hépar.

Avec la dissolution de cobalt, il donne une couleur rose, dont la nuance est belle, quoique pâle.

2. *Magnésite* de Baudissero, $\overset{..}{M} \overset{..}{C}^2$.

Seule, dans le matras, ne dégage point d'eau, ou n'en dégage que fort peu. Chauffée *sur le charbon*, elle se fêle un peu, et subit un retrait considérable. Elle agit ensuite sur le papier de fernambouc humecté à la manière des alcalis.

Avec le borax, le sel de phosphore, la soude et la solution de cobalt, présente les phénomènes décrits au sujet de la magnésie, page 105.

3. *Boracite* de Lunebourg, $\overset{..}{M}g \overset{.}{B}^4$.

Seule, dans le matras, n'éprouve point d'altération.

Sur le charbon, fond et se boursoufle. La perle de verre est difficile à obtenir transparente, et se hérisse, en refroidissant, d'aiguilles cristallines. Le verre est jaunâtre tant qu'il est chaud, mais devient blanc et opaque par le refroidissement.

Avec le borax, se dissout facilement en un verre diaphane, qui offre une teinture de fer.

Avec le sel de phosphore, se dissout aisément en un verre transparent, susceptible de devenir opaque par le flamber. Pour une proportion plus considérable de boracite, il devient de lui-même opaque en refroidissant.

La soude la dissout. Si l'on ne met à l'essai que la quantité de soude nécessaire pour obtenir un verre transparent à l'état liquide, il forme, en se refroidissant, des cristaux à larges facettes, aussi parfaits que ceux du phosphate de plomb. Avec une plus grande proportion de soude on obtient un verre diaphane, non susceptible de cristalliser, et qui n'est autre chose qu'une dissolution de magnésie dans du verre de borax.

R. Si après avoir décomposé la boracite sur le charbon avec de la soude, on la réduit en une poudre fine ; si l'on dissout cette poudre dans un peu d'acide muriatique ; si l'on trempe ensuite dans la dissolution une bande de papier, et si après l'avoir fait sécher on l'imprègne d'alcohol, et qu'enfin on l'allume, la flamme produite devient verte vers la fin de la combustion.

4. *Chondrodite* de Pargas , d'Åker, et d'Amérique. Brucite des Américains. *MS.*

Seule, dans le matras, noircit au feu (1), mais ne donne point d'eau en quantité notable. La couleur noire disparaît par le grillage à l'air libre. Est-infusible *sur le charbon*. La chondrodite la plus ferreuse devient opaque et brune dans les points où la chaleur a agi avec le plus d'intensité. Celle qui contient moins de fer, par exemple, celle d'Åker, devient blanc de lait par l'effet de la chaleur.

Avec le borax, se convertit par une fusion lente mais complète, en un verre diaphane qui offre une légère teinture de fer. Si le verre est saturé de chondrodite, il perd sa transparence au *flamber* ; mais il ne tourne pas au blanc laiteux, il devient demi-translucide et cristallin.

Avec le sel de phosphore, se décompose assez facilement, et donne un résidu siliceux demi-transparent ; le verre est clair et incolore, mais devient opalin par le refroidissement.

---

(1) Presque tous les silicates de magnésie recèlent une substance combustible, qui se charbonne lorsqu'on les chauffe dans des vases fermés. Lorsque ensuite on chauffe le minéral à l'air libre, la couleur noire disparaît par la combustion du charbon. La stéatite en est un exemple remarquable.

Une petite quantité de soude la transforme en une scorie grise de difficile fusion. Avec une plus forte dose, elle se gonfle et devient infusible.

Avec la solution de cobalt, elle donne, au moyen d'un feu ardent, une couleur rouge pâle, qui n'a rien d'agréable à l'œil. La chondrodite de Pargas donne du brun gris, parce que la présence du fer anéantit l'action de l'oxide de cobalt sur la magnésie.

5. *Pyrallolite* de Pargas (1), MS^2.

Seule dans le matras, donne de l'eau, noircit et dégage un gaz dont l'odeur est empyreumatique. Blanchit par le grillage, lorsqu'on la chauffe à l'air libre, s'enfle et fond à demi sur les bords en un émail blanc légèrement bulleux.

Avec le borax, se convertit par une fusion facile en un verre diaphane.

Avec le sel de phosphore, se décompose et donne un résidu consistant en un squelette de silice demi-transparent. Le verre est diaphane et incolore, et devient opalin en refroidissant.

----

(1) NORDENSKÖLD (*Bidrag till närmare kännedom af Finlands Mineralier och Geognosie*, 1 H. p. 31), regarde ce fossile comme formé de $AS^2 + CS^4 + 6MS^2 + 2Aq$; mais sa ressemblance marquée avec la stéatite de Bayreuth donne lieu de penser que la chaux et l'alumine n'en font point partie essentielle.

Avec la soude, se dissout en un verre transparent, légèrement coloré par le fer.

Avec la solution de cobalt, on n'obtient de couleur bien tranchée que lorsque la matière d'essai est fondue sur les bords ; elle donne alors un verre bleu tirant un peu sur le rouge (1).

6. *Ecume de mer*, de Turquie, et de Valecas en Espagne, $MS^3 + 5 Aq.$

Seule dans le matras, donne de l'eau, répand une odeur d'empyreume, noircit.

Sur le charbon, retourne au blanc, *se retire* considérablement, et fond sur les bords les plus minces, où elle donne un émail blanc.

Avec le borax et le sel de phosphore, se comporte comme le fossile précédent.

Avec une quantité suffisante de soude, fond et se convertit en un verre transparent : trop ou trop peu de soude rend le verre opaque.

Avec la solution de cobalt, prend une belle couleur lilas.

----

(1) En raison de la grande quantité de magnésie contenue dans ce fossile, on aurait pu s'attendre à obtenir un verre rouge ; mais d'autres minéraux, également chargés de magnésie, tels que la malacolithe de Tjötten, donnent aussi un verre bleu, tandis que quelques-uns qui le sont moins, donnent un verre rouge. Je ne connais pas encore la raison de cette anomalie.

7. *Serpentine* noble, de Skyttgruvra, près de Fahlun, *Aq M + MS²*.

Seule dans le matras, donne de l'eau et noircit.

Sur le charbon, blanchit par l'action de la chaleur et pétit, au moyen d'un bon feu, se résoudre en émail dans les parties minces.

Avec le borax, la dissolution s'opère lentement. Son résultat est un verre transparent et verdâtre.

Avec le sel de phosphore, se comporte comme les fossiles précédens.

Au moyen d'*une certaine quantité de soude*, on obtient, non sans difficulté, une masse à demi liquéfiée, qui offre l'aspect de l'émail. Si la dose de soude est plus forte, la matière s'enfle et devient infusible.

La dissolution de cobalt lui donne une couleur rouge.

8. *Serpentine commune*, jaune, translucide, de Sala et de Bayreuth.

Seule dans le matras et sur le charbon, se comporte comme la précédente.

Avec le borax, se dissout lentement, quoiqu'à forte dose, en un verre transparent qu'on ne peut pas rendre opaque par le *flamber*.

Avec le sel de phosphore, la soude et la solution de cobalt, se comporte comme les précédentes.

9. *Seifenstein* du Cornwall, ... *MS² + AS² + 2Aq*.

Seul, dans le matras, dégage de l'eau et noircit.

Sur le charbon, redevient blanc, et se résout ensuite en un verre incolore et rempli de bulles.

Avec le borax, la dissolution est lente mais complète, et a pour résultat un verre transparent.

Avec le sel de phosphore, se comporte comme la pyrallolithe.

Avec la soude, peut, au moyen d'un feu ardent, se transformer par une fusion imparfaite, en un verre demi-transparent, qui ne devient pas plus fusible par l'addition d'une nouvelle quantité de soude.

La dissolution de cobalt donne un violet sombre et impur, et du bleu dans les bords fondus.

10. *Nephrite, Jade* des environs de Genève.

Seul, dans le matras, ne rend presque point d'eau et ne noircit pas.

Sur le charbon, se convertit par une fusion difficile en un verre blanc.

Avec le borax, le sel de phosphore et la soude, se comporte comme le fossile précédent.

Avec la solution de cobalt, donne un verre noir dans les parties fondues.

11. *Fahlunite dure* de Fahlun, ...
$MS + 3AS + \frac{1}{2} Aq$ (1).

____

(1) L'analyse de HISINGER, Afh. i Fysik, etc., B. VI, page 347, donne cette formule, et non pas $MS^2 + 2AS$ comme on le trouve à cet endroit.

Seule, *dans le matras*, donne de l'eau, se décolore et devient blanche, mais demi-transparente.

Sur le charbon, se résout en un verre incolore, demi-transparent.

Avec le borax, se dissout très-lentement, mais en grande quantité et donne un verre diaphane, qui ne devient pas opaque par le *flamber*.

Avec le sel de phosphore, se dissout comme les fossiles précédens.

Avec une certaine dose de soude, se dissout en un verre incolore, demi-translucide, et de très-difficile fusion. Une plus forte dose de soude fait gonfler le verre et le rend infusible.

Avec le cobalt, la couleur est incertaine jusqu'au moment de la fusion, où l'on obtient un verre bleu.

12. *Dichroïte* (Steinheilit, Cordiérite, Saphir d'eau), d'Orrijerfvi et de Sala. $MS^3 + 4\,AS$, ou $MS^2 + 4 \begin{Bmatrix} A \\ F \end{Bmatrix} S$. (BONSDORFF.)

Seule, ne s'altère pas à un petit feu; exposée à un feu ardent, elle fond lentement sur les bords, et donne un verre sans bulles qui a la couleur et la transparence de la pierre même.

Avec le borax et le sel de phosphore, se comporte comme la précédente.

Avec la soude, point de dissolution; une petite dose de ce fondant donne lieu à une scorie vitreuse d'un gris-sombre ; si l'on en met davantage la matière se gonfle et devient infusible.

Avec la solution de cobalt, la masse devient noire et les bords fondus d'un gris-bleu.

13. *Péridot, Olivine*, d'Auvergne , $fS + 4MS$.

Seul, ne dégage point d'humidité ; se rembrunit un peu , principalement sur les bords , mais ne fond pas et conserve transparence et couleur.

Avec le borax et le sel de phosphore, se comporte comme les fossiles précédens ; les verres sont colorés par le fer , et n'offrent , avec le salpêtre , aucune trace de manganèse.

Avec la soude, se transforme par une fusion laborieuse en une scorie brune.

14. *Chlorite* de Fahlun.

Seule, dans le matras, dégage de l'eau et, à la température où le verre entre en fusion , de l'acide fluorique qui jaunit le papier de fernambouc , et laisse sur le verre un dépôt de silice.

Sur le charbon, se résout en une boule noire , dont la surface est mate.

Avec le borax, se dissout aisément et donne un verre d'un vert-sombre.

Avec le sel de phosphore, se décompose et donne un résidu siliceux. La couleur du verre dénote une assez grande quantité de fer.

Avec la soude, ne se dissout ni ne se boursoufle.

mais s'arrondit sur les bords. Sur le platine n'offre aucune trace de manganèse.

15. *Diallage* (1), $fS^2 + 3MS^2$.

Seule, dans le matras, donne une eau qui n'est point acide, pétille, et prend une couleur plus claire.

Sur le charbon, fond lentement au bord en une scorie grisâtre.

Avec le borax, se transforme par une dissolution laborieuse en un verre diaphane légèrement coloré par du fer.

Avec le sel de phosphore, se décompose et donne un résidu siliceux.

Avec une certaine quantité de soude, se résout en une boule opaque d'un gris-verdâtre. Pour une dose plus forte la matière se boursoufle et devient infusible. Sur la feuille de platine, ne donne aucun signe de la présence du manganèse.

16. *Hypersthène* (2) $fS^2 + MS^2$.

Seul, dans le matras, pétille un peu et donne une eau qui n'est pas acide; mais ne change pas sensiblement d'aspect.

---

(1) Je n'ai pas l'indication des lieux d'où proviennent les échantillons de diallage et d'hypersthène que j'ai mis à l'essai; mais comme je dois ces deux échantillons à M. Haüy, je ne saurais douter de l'exactitude de leurs dénominations.

(2) Voyez la note précédente.

Sur le charbon, se convertit par une fusion aisée en un verre opaque d'un vert grisâtre.

Avec le borax, se dissout aisément en un verre de couleur verdâtre.

Avec le sel de phosphore, point de décomposition sensible ; la pièce s'arrondit sur les bords, et se dissout avec une lenteur extrême.

Avec la soude, se comporte comme le fossile précédent.

17. *Sordawalite*, de Sordawala en Finlande. Paraît être un mélange de $Mg \ddot{P} + 2 Aq$ avec un fossile pierreux, formé de $MS^3 + 2fS^2 + 3AS^1$ (1).

Seule, dans le matras, dégage une grande quantité d'eau ; cette eau n'est point acide.

Sur le charbon, fond sans se boursoufler, et donne une boule noire qui prend, au feu de réduction une couleur grise, et un éclat métallique.

Avec le borax, donne, par une dissolution facile, un verre qui offre une teinture verte de fer.

Avec le sel de phosphore, se décompose facilement, et donne pour résidu un squelette de silice.

Avec une petite quantité de *soude*, elle se fond en une boule noire ; avec une dose plus forte, elle se gonfle et se transforme en une scorie anfrac-

---

(1) D'après l'analyse de NORDENSKÖLD, 1 H., pages 86 et suivantes de l'ouvrage déjà cité.

tueuse sur la feuille de platine, elle offre la réaction du manganèse.

Avec l'acide boracique et le fer, je n'ai pas pu parvenir à en tirer du phosphure de fer.

18. *Grenats magnésiens :* ceux de Syrie, d'Orrijerfvi, de Hallandsos, etc., se comportent comme l'Almandine, et la magnésie qu'ils contiennent ne se laisse pas apercevoir au chalumeau.

19. *Spinelle* de Ceylan et d'Åker, MA^6.

Seul, n'éprouve aucune altération. Le spinelle rouge de Ceylan se rembrunit à la vérité, noircit même et devient opaque sous l'action de la chaleur; mais en se refroidissant il reprend sa couleur de la manière qui suit : vu au jour par transmission, il déploie d'abord un beau vert de chrôme, puis il devient presque incolore, et enfin se rubéfie de nouveau.

Avec le borax, il donne, par une dissolution lente, un verre diaphane peu coloré. Le spinelle d'Åker renferme quelquefois de la chaux dans ses interstices; dans ce cas il se dissout avec effervescence, et donne un verre qu'on peut rendre opaque par le *flamber*.

Avec le sel de phosphore, se dissout difficilement en grain, mais facilement et sans résidu lorsqu'il est sous forme pulvérulente. Le verre offre en général les couleurs caractéristiques du fer;

mais celui qui provient du spinelle de Ceylan prend, après le refroidissement, une teinte sensible quoique faible de vert de chrôme. Il ne devient point opalin.

Avec la soude, ne se dissout point, mais se tuméfie ; montre, sur la feuille de platine, de faibles traces de manganèse.

20. *Pléonaste* de Ceylan et de Somma. . . . . . fA + MA^6 (1).

Seul, n'éprouve aucune altération, si ce n'est qu'à un feu très-ardent il prend la couleur bleue des scories vitreuses des fourneaux gradués. Ne fond pas , même en poudre, mais offre une apparence vitreuse sur les bords.

Avec le borax, se dissout en un verre transparent, dont la couleur est un vert sombre, identique avec celui que développe le fer.

En morceau , il n'est presque pas attaqué *par le sel de phosphore* ; mais sous forme de poudre, il s'y dissout aisément, ne laisse point de résidu, et donne un verre transparent coloré par le fer.

Avec la soude, il se tuméfie et donne une scorie noire qu'une plus forte dose de soude ne rend pas fusible.

---

(1) Cette formule est calquée sur l'analyse de COLLET DESCOTILS (Journal des Mines, xxx, 421). La composition chimique de ce fossile réclame un nouvel examen.

21. *Hydrate de magnésie* de New-Jersey. *M A q.*

Seul, dans le matras, donne de l'eau ; avant comme après l'ignition, il ramène au bleu le papier de tournesol rougi.

Sur le charbon, s'épaissit dans le sens de la longueur des lames, et en même temps pétille un peu, tourne au blanc de lait, mais ne fond pas.

Avec les flux et la solution de cobalt, se comporte comme la magnésie pure.

6. CALCIUM.

1. *Sulfate de chaux,* Gypse.

a. *Gypse anhydre,* Anhydrite ; $\overset{..}{Ca} \overset{...}{S}{}^2$.

Seul dans le matras, ne donne point d'humidité, ou n'en donne que des traces.

Entre les pincettes, se résout difficilement au feu d'oxidation en un émail blanc.

Sur le charbon, se décompose sous un bon feu de réduction, réagit alors comme un alcali sur le papier de fernambouc, et répand une odeur de foie de soufre lorsqu'on l'humecte.

Dans le borax, se dissout avec effervescence, et donne un verre transparent qui, après le refroidissement, est jaune ou jaune-brun. Si l'on augmente la proportion de gypse, la boule devient brune et opaque par le refroidissement.

Avec les autres fondans, se comporte comme de la chaux pure.

Traité par le *fluate de chaux*, il se résout facilement en une perle transparente, qui prend la blancheur de l'émail en se refroidissant, et qui par une insufflation soutenue se gonfle et devient infusible.

Le verre de soude y développe la couleur de l'hépar.

b. *Gypse commun*, $\ddot{C}a\ddot{S}^2 + 4Aq$.

Seul dans le matras, dégage de l'eau et tourne au blanc laiteux. Se comporte ensuite comme le précédent.

2. *Fluate de chaux*, $\ddot{C}a\ddot{F}$.

a. *Spath fluor.*

Seul dans le matras, et à une température bien inférieure au rouge naissant, jette souvent dans l'obscurité une lumière verdâtre. Soumis à l'action d'une chaleur plus vive, il décrépite fortement et donne très-peu d'eau.

Sur le charbon, on peut, au moyen d'un bon feu, le convertir par la fusion en une perle opaque.

Dans le borax et le sel de phosphore, se dissout avec la plus grande facilité en un verre transparent qui, à un certain degré de saturation, devient opaque.

Avec un peu de soude, se dissout et donne un verre diaphane, qui, après une longue insufflation, perd sa transparence en se congelant; mais si l'on augmente la dose de soude, on le transforme en un émail de difficile fusion, lequel reste sur le charbon, tandis que l'excès de soude pénètre dans l'intérieur.

Avec le gypse, se résout facilement en une perle diaphane, qui devient opaque par le refroidissement. Voyez *Gypse*.

b. *Yttrocérite de Finbo*, $\ddot{C}a\ddot{F}$, $\ddot{Y}F$, $\ddot{C}e_2\ddot{F}^3$.

Seul dans le matras, donne un peu d'eau qui sent l'empyreume; celui de couleur sombre blanchit.

Sur le charbon, ne se fond pas de lui-même; mais si l'on y ajoute du gypse, il se résout en une perle qui n'est transparente à aucune température.

Avec le borax, le sel de phosphore et la soude, se comporte comme le spath fluor, si ce n'est que les verres deviennent jaunes au feu d'oxidation, et conservent cette couleur tant qu'ils sont chauds. Ils perdent leur transparence plus promptement que ceux de spath fluor.

c. *Yttrocérite de Broddbo*: décrépite légèrement, sans se fondre, et passe du blanc laiteux au rouge-brique (cette coloration n'est pas uniforme); ne fond point à l'aide du gypse, et se comporte du reste comme le fluate de cérium, qu'il contient en quantité très-considérable.

3. *Carbonate de chaux*, $\ddot{C}a\ddot{C}^2$.

a. *Spath calcaire.*

Seul dans le matras, ne dégage point d'humidité.

Sur le charbon, devient caustique au feu, et brille d'un éclat particulier aussitôt que le dégagement d'acide carbonique est terminé; s'échauffe avec de l'eau, et réagit comme un alcali sur le papier de tournesol rougi. Le spath calcaire ferrifère ou manganésifère noircit au feu. Se comporte à l'égard des flux, dans lesquels il se dissout avec effervescence, comme il est dit au sujet de la chaux, page 104. Ceux qui contiennent du fer ou du manganèse, donnent un verre coloré.

b. *Arragonite.*

Seule dans le matras, ne s'altère point au commencement, quoique exposée à une température bien supérieure au degré de l'ébullition de l'eau; mais en approchant de la chaleur rouge, elle se gonfle et se réduit ensuite en une poussière blanche, grossière et spécifiquement légère; en même temps se rassemble dans le col du matras une très-petite quantité d'eau, plus petite même que la quantité produite par d'autres fossiles qui ne contiennent que de l'eau de décrépitation. Avec les flux, se comporte comme le fossile précédent.

4. *Bitterspath* (spath magnésien), ...
$\ddot{C}a \ \ddot{C}^2 + \ddot{M}g \ \ddot{C}^2$

Ne se distingue pas au chalumeau du spath calcaire.

5. *Phosphate de chaux*, $Ca^3 P^2$.

a. *Moroxite* d'Arendal et de Pargas.

Seule, est inaltérable en grain ; mais en paillette
et sous l'action d'une chaleur très-vive, on parvient
à la fondre au bord en un verre incolore et translucide ; c'est un des fossiles les plus difficiles à
fondre.

Avec le borax, se dissout lentement en un verre
diaphane, lequel tourne au blanc de lait par le
flamber, et qui, pour une forte proportion de moroxite, devient opaque en refroidissant.

Avec le sel de phosphore, se dissout en grande
quantité et donne un verre transparent, qui étant
à peu près saturé devient opaque par le refroidissement, et offre des facettes moins apparentes que
celles qui résultent de la cristallisation du phosphate de plomb. A l'état de saturation complète,
elle se congèle sans cristallisation régulière en une
boule d'un blanc laiteux.

Avec la soude, se boursoufle et fait effervescence ; la soude passe dans le charbon, et laisse
une masse blanche à la surface.

Dans l'acide borique, se dissout avec une difficulté extrême, mais donne *avec le fer métallique*
un régule de phosphure de fer.

b. Phosphate de chaux rayonné, phosphorite, d'Estramadoure.

Dégage un peu d'eau dans le matras ; fond un peu plus facilement que le fossile précédent et se convertit par la fusion en un émail blanc. Offre du reste les mêmes réactions que la moroxite.

c. Phosphate de chaux, des dents d'un mammout (déterré à Kannstadt).

Dans le matras, subit un retrait considérable et dégage beaucoup d'eau. *Sur le charbon,* noircit dans la partie extrême qui a subi l'action de la flamme ; ne fond pas, mais s'arrondit et devient demi-transparent dans la même partie. Du reste les réactions sont les mêmes que pour les fossiles précédens.

6. *Datholite,* $\ddot{\text{Ca}} \ddot{\text{B}}^4 + \ddot{\text{Ca}} \ddot{\text{Si}}^2 + \text{Aq},$ et

7. *Botryolite,* $\ddot{\text{Ca}} \ddot{\text{B}}^2 + \ddot{\text{Ca}} \ddot{\text{Si}}^2 + \text{Aq},$ toutes deux d'Arendal, se comportent l'une comme l'autre, et de la manière qui suit :

Seules dans le matras, donnent un peu d'eau.

Sur le charbon, se boursouflent un peu comme le borax, et se résolvent en un verre transparent, lequel est incolore, rose-pâle ou vert de fer, suivant le degré de pureté ou de coloration de la matière d'essai.

Avec le borax, se convertissent par une dissolution facile en un verre transparent dont la couleur peut varier, ainsi qu'il vient d'être dit.

Dans le sel de phosphore, se dissolvent sauf un

squelette de silice. En ajoutant une nouvelle quantité de la matière d'essai, on obtient un verre qui perd sa transparence, et finit par prendre le blanc d'émail.

Avec un peu de soude, se dissolvent en un verre transparent. Si l'on augmente la dose, le verre devient opaque par le refroidissement, et pour une dose encore plus forte, toute la matière pénètre dans le charbon.

Avec le gypse, entrent en fusion, mais plus difficilement que le spath fluor ; il en résulte une boule diaphane qui conserve sa transparence après le refroidissement.

Avec la solution de cobalt, on obtient un verre bleu, non transparent.

R. Que l'on pulvérise l'un ou l'autre minéral, qu'on en humecte la poudre avec une goutte d'acide muriatique, et qu'on la laisse sécher sur une bande de papier mince ; que l'on mouille ensuite cette bande de papier avec de l'alcohol, et qu'on y mette le feu : vers la fin de la combustion la flamme se colorera en vert. Ce phénomène n'a pas lieu avec la boracite sans une ignition préalable avec la soude.

8. *Arséniate de chaux*, pharmacolite.

$\overset{..}{C}a \overset{..}{A}s + 6 \overset{.}{A}q$;

Seul dans le matras, donne beaucoup d'eau ; cette eau n'est point acide ; point de sublimé d'acide arsénieux ; la pièce d'essai perd sa transparence, et devient semblable à un sel effleuri, mais conserve sa forme.

Entre les pincettes, fond à la flamme extérieure, et se convertit en un émail blanc, mais *sur le charbon* et à la flamme intérieure, il fond plus facilement, exhale une odeur d'arsenic et donne un grain demi-translucide, qui tire quelquefois sur le bleu, lorsque la matière d'essai (ainsi qu'il arrive le plus ordinairement) est mélangée d'arséniate de cobalt.

Avec le borax et le sel de phosphore, se comporte comme la chaux, ou les sels de chaux avec les acides volatils en général, mais dégage, en se dissolvant, une abondante fumée d'arsenic.

Traité par la soude, il se décompose avec un grand dégagement d'arsenic. La chaux reste sur le charbon.

9. *Tungstate de chaux.* $\overset{..}{Ca} \overset{..}{W}^2$.

Seul dans le matras, ne subit aucune altération.

Sur le charbon, fond dans les parties minces à l'aide d'un très-bon feu, et donne un verre demi-transparent.

Avec le borax, se convertit par une fusion facile en un verre transparent, qui devient bientôt opaque, blanc de lait, cristallin, et ne se colore point au feu de réduction, même avec de l'étain.

Avec le sel de phosphore, se dissout aisément à la

flamme extérieure, où il donne un verre transparent et incolore ; à la flamme intérieure, le verre prend une couleur verte, qu'il conserve tant que sa chaleur dure, mais qui se change en un beau bleu par le refroidissement. Si l'on y met de l'étain, le verre prend une teinte plus sombre et devient vert. Après une longue insufflation et avec assez d'étain, le tungstène se précipite, et la couleur finale est un jaune verdâtre très-pâle.

Avec la soude, forme une scorie tumescente, blanche, arrondie sur les bords.

10. *Uranate de chaux*, *uranite*, $Ca \ddot{U}^2 + 12 Aq$; jaune d'Autun et vert du Cornwall.

Seul dans le matras, donne de l'eau et devient jaune-paille et opaque.

Sur le charbon, se tuméfie légèrement, et se résout en un grain noir, dont la surface est demi-cristalline.

Avec le borax et sel de phosphore, donne, par une dissolution facile un verre transparent qui est d'un jaune-sombre au feu d'oxidation, et d'un beau vert au feu de réduction. Avec l'étain, celui qui provient de la variété verte devient par le refroidissement rouge et opaque, à cause de l'oxidule de cuivre qu'il contient.

Avec la soude, ne se dissout pas, mais donne une scorie jaune. L'uranite d'Autun ne donne aucune particule métallique à l'essai de réduction; mais l'uranite vert du Cornwall sent l'arsenic et donne des grains métalliques blancs , qui ne sont autre chose qu'un alliage d'arsenic et de cuivre provenant de l'arseniate de cuivre, qui colore ce fossile.

11. *Sphène ,* titane silicéo-calcaire : la formule de composition est encore à trouver.

Seul dans le matras , donne une petite quantité d'eau qui paraît être purement hygrométrique. Le sphène jaune ne s'altère pas. Le brun devient jaune, mais conserve à peu près le même degré de transparence qu'auparavant. Une variété provenant de Frugord en Finlande , offre dans ce changement de couleur un phénomène d'ignition du même genre que celui que j'ai décrit au sujet de la gadolinite vitreuse , mais beaucoup moins intense.

Sur le charbon , ou *entre les pincettes ,* fond sur les bords avec une légère tuméfaction, et donne un verre de couleur sombre. La portion non fondue conserve sa couleur jaune clair et sa demi-transparence.

Avec le borax , se dissout assez facilement en un verre diaphane et jaune clair, qui se rembrunit par l'addition d'une nouvelle quantité de sphène , mais dans lequel on ne peut pas développer la couleur indicative du titane en l'exposant au feu de réduction.

Avec le sel de phosphore , la dissolution s'opère difficilement ; ce qui ne fond pas devient blanc de lait. A un bon feu de réduction, la couleur caractéristique du titane se développe, et cette coloration s'obtient le plus aisément possible en ajoutant de l'étain. Après une longue insufflation, le verre devient opalin par le refroidissement.

Avec la soude, le résultat de la dissolution est un verre opaque qu'aucune proportion de soude ne peut rendre diaphane. Il ressemble, après le refroidissement, à celui que produit l'oxide de titane pur. Avec une grande quantité de soude ce verre passe dans le charbon, et donne ordinairement un peu de fer à l'essai de réduction.

12. *Spath en table*, de Nagyag, Perhoniemi, Pargas, Gökum, Capo di Bove (1), CS^3.

Seul, ne s'altère point dans le matras.

Sur le charbon, se résout au bord en une perle de verre incolore, demi-transparente. Exige un feu très-ardent pour se fondre, et bouillonne un peu, de temps à autre.

(1.) Ce fossile, qu'on ne trouvait autrefois que dans la Transylvanie, a été rencontré depuis peu dans les lieux ci-dessus nommés, et paraît accompagner assez souvent la chaux primitive. Il a été analysé par LAUGIER, BONSDORFF et ROSE, et les essais au chalumeau ont confirmé son identité avec ceux qui viennent de ces lieux. Il paraît qu'on l'a regardé généralement comme une variété blanche de l'amphibole ou de la trémolite.

Avec le borax, se dissout aisément et en grande quantité ; le résultat de la dissolution est un verre transparent qu'on ne peut pas rendre opaque par l'insufflation.

Avec le sel de phosphore, se décompose, et donne pour résidu un squelette glaceux de silice. Le verre devient opalin par le refroidissement.

Avec un peu de soude, se dissout en un verre bulleux, blanc d'émail. Une forte dose rend la matière infusible et tuméscente.

Avec la solution cobalt, est beaucoup plus difficile à fondre que par lui-même ou sans addition ; le bord fondu est bleu.

13. *Amphibole,* hornblende, tremolite, asbeste, actinote, etc.

Dans un système de minéralogie fondé sur la cristallisation, on comprend sous un même nom désignatif d'une certaine forme cristallographique, un certain nombre de minéraux qui, quoique différens sous le rapport de la couleur comme sous beaucoup d'autres, ont cependant une forme commune ; mais il n'est pas possible de tirer des phénomènes que ces minéraux présentent au chalumeau un caractère générique équivalent. L'amphibole, le pyroxène, le grenat, en sont des exemples.

MITSCHERLICH a prouvé que certaines bases saturées d'un même acide au même degré, affectent

la même forme cristalline, et il a fait voir en particulier que la chaux, la magnésie, et les oxidules
de fer et de manganèse composent ainsi une classe
de bases *isomorphes*. Il a montré en outre, d'après
des expériences faites par la voie humide, que des
sels isomorphes ont la propriété de cristalliser *en
commun*, concourant d'une manière uniforme à
l'édification d'un seul et même cristal, sans être
liés entre eux par une affinité chimique, et con-
séquemment sans être astreints à des proportions
déterminées. Or il semble que la même opération
ait eu lieu dans la nature, lorsque les minéraux
en cristallisant se sont séparés les uns des autres.
Si cette induction est légitime, on conçoit le fait
énigmatique jusqu'à ce jour, d'une identité absolue de forme géométrique dans des minéraux
dont les analyses offrent des différences très-no-
tables. Dès lors pour juger avec certitude les résultats de ses analyses, le chimiste n'aura plus
qu'à reconnaître quelles sont les combinaisons isomorphes. D'après ce qui précède, les silicates de
chaux, de magnésie, et des oxidules de fer et de
manganèse peuvent se rencontrer dans le même
cristal au même degré de saturation, et leurs quantités relatives peuvent varier quoique la forme du
cristal reste la même. Il suit de là que des cristaux
d'amphibole peuvent offrir, non-seulement des couleurs très-différentes, mais aussi des phénomènes

très-différens sous l'action du chalumeau. Quoique ces idées théoriques supposent un nombre indéfini de mélanges possibles entre ces silicates les plus communs (multiplicité que l'expérience confirme assez), néanmoins, lorsque nous les connaîtrons mieux, un petit nombre de phénomènes généraux nous suffira pour reconnaître au chalumeau la nature des parties constitutives d'un fossile cristallisé à la manière de l'amphibole.

Pour le moment, je ne puis donner que les phénomènes caractéristiques des espèces les plus marquantes parmi celles qui affectent cette forme cristalline. Conformément aux analyses que M. Bonsdorff a faites des espèces les plus pures avec un soin et une précision remarquables, il paraît qu'elles se composent d'un volume de trisilicate de chaux avec trois volumes de bisilicate de magnésie. Toutes ces espèces ont été incolores ou à peu près. Mais nous avons une autre sorte de hornblendes qui tout en affectant la forme la plus régulière des cristaux amphiboles, en diffèrent considérablement sous le rapport de la composition chimique. Non-seulement elles renferment une nouvelle base entièrement hétéromorphe relativement aux espèces précitées, à savoir l'alumine ; mais dans plusieurs d'entre elles, la silice n'est pas en quantité suffisante pour former des silicates ; en d'autres termes, l'oxigène de la silice est souvent en moindre quantité que celui des bases, et plus il y a d'alumine dans le minéral, moins il contient de silice. Pour se convaincre de l'exactitude de ce fait, il suffit de calculer les analyses que Hisinger a données de quelques espèces noires de hornblendes dans le journal intitulé, *Afhandl. i Fysik, Kemi*, etc., VI. 199; ainsi que les analyses que Klaproth a consignées dans son ouvrage, à l'article *Hornblende*. Il s'agit donc de savoir si la constitution de ces hornblendes noires est absolument nouvelle. Or, si l'on peut hasarder une conjecture à ce sujet, la plus probable est que ces sortes de hornblendes contiennent, outre des bisilicates et des trisilicates de magnésie, de chaux et d'oxidule de fer, un aluminate résultant de la combinaison de l'alumine avec l'excès des bases que je viens de nommer, aluminate qu'on peut supposer isomorphe avec l'un des silicates qui l'accompagnent. J'ai cru devoir interrompre par cette petite digression l'exposition des phénomènes que présentent les minéraux dans les essais pyrognostiques, pour mettre le lecteur en état de juger avec plus de facilité les résultats de ces expériences. En général, les fossiles de l'espèce hornblende fondent plus aisément que les pyroxènes, dont nous allons parler immédiatement après, et qui s'en rapprochent par leur composition. Cela paraît tenir, d'une part, à ce qu'ils renferment plus d'un atome de magnésie contre un atome de chaux, et, de l'autre, à ce qu'ils sont riches en bisilicate de fer, substance de facile fusion. Toutefois on rencontre des espèces d'amphibole qui fondent difficilement, et des pyroxènes très-ferrugineux dont la fusion s'opère avec facilité. Je diviserai les amphiboles en deux classes ; la première a) comprendra ceux qui ne renferment point d'alumine ; la deuxième b) se composera des amphiboles alumineux qui sont noirs pour la plupart.

a. *Amphiboles non alumineux.*

α) *Amphibole incolore de* Gullsjö en Wermlande. $CS^3 + 3\,MS^2$ (BONSDORFF) (1).

Seul ne s'altère point dans le matras, et dégage seulement un peu d'humidité hygroscopique. *Entre les pincettes*, se convertit par une fusion facile, accompagnée d'un léger bouillonement, en un verre demi-transparent ; la partie voisine de la fonte devient blanc de lait. Chaque fois que l'on réitère la fonte du verre, il commence par bouillonner, mais se rasseoit ensuite.

Avec le borax, la dissolution est lente, et a pour résultat un verre transparent et incolore.

---

(1) Dans ce minéral, et dans la plupart des suivans, M. BONSDORFF a rencontré une certaine quantité d'acide fluorique, qu'il regarde comme formant dans ces fossiles une combinaison neutre avec une quantité correspondante de chaux non exprimée dans les formules.

Avec le sel de phosphore, il ne se fait point de décomposition ; le grain d'essai reste partout d'un blanc laiteux, et s'arrondit sur les bords ; après une longue insufflation, le verre devient opalin par le refroidissement (1).

Avec une très-petite quantité de soude, le minéral se dissout en un verre transparent. Une plus grande quantité de soude le tuméfie et le transforme en une scorie blanche infusible.

La dissolution de cobalt développe une couleur rose dans les parties fondues.

β) *Grammatite* de Fahlun, $CS^3 + 3MS.$

Seule, n'est point altérée par une ignition douce ; à un feu vif, elle se tuméfie un peu, se fêle longitudinalement et tourne au blanc de lait ; enfin à un feu très-ardent, elle se convertit par une fusion accompagnée d'effervescence en une masse anfractueuse, presque opaque et d'un gris blanc.

Avec le borax et le sel de phosphore, se comporte comme le fossile précédent.

---

(1) Cette propriété est commune à tous les amphiboles, sauf un petit nombre d'exceptions. Il est cependant un moyen assez bon de les décomposer par le sel de phosphore ; il consiste à les fondre avec une très-petite quantité de sel de phosphore dont on recouvre seulement leur surface. Lorsque la matière d'essai commence à se boursoufler, l'acide phosphorique la pénètre ; alors elle se tuméfie, se décompose et devient glaceuse.

Avec la soude, prise en quantité convenable, se dissout en un verre transparent ; si la dose est trop forte ou trop faible, le verre devient opaque après le refroidissement.

Avec la solution de cobalt, donne un rouge sombre dans la partie fondue et un beau rouge vif tout autour.

γ) *Trémolite asbestiforme*, de Sheffield dans le pays de Massachusets.

Seule, fond très-difficilement et avec ébullition, en une masse vitreuse, d'où s'élèvent le plus souvent des cristaux en rayons fins.

Avec le borax et le sel de phosphore, se comporte comme les fossiles précédens.

Avec la soude, se dissout très-facilement en un verre diaphane, avec lequel on peut fondre une grande quantité de soude avant de le rendre opaque.

Avec la solution de cobalt, les bords fondus se colorent en rouge.

δ) *Asbeste* de la Tarentaise, $CS^3 + 3 \left\{ \begin{matrix} M \\ f \end{matrix} \right\} S^2$.

Seul, fond très-aisément en une boule un peu grisâtre, semblable à un émail, et dont la surface n'est pas vitreuse.

Se comporte à l'égard des flux comme α).

ε) *Actinote asbestiforme*, de Taberg près de Philipstad $\left(CS^3 + 3 \left\{ \begin{matrix} M \\ f \end{matrix} \right\} S^2 \right)$ et de Fahlun.

Ne s'altère pas sensiblement par une ignition modérée. A un feu plus vif, il blanchit et se convertit ensuite par une fusion accompagnée d'un léger bouillonnement, en un verre opaque brun-jaunâtre.

Avec le borax, fond aisément en un verre légèrement coloré par du fer.

Le sel de phosphore ne l'attaque pas fortement. Les rayons cristallins ne changent point d'aspect, et le verre devient médiocrement opalin en refroidissant.

Avec une certaine proportion de soude, il donne un verre opaque de couleur verdâtre, et avec une quantité plus considérable une masse tumescente infusible.

Avec la solution de cobalt, fond et rougit sur les bords.

R. Les atcinotes dont le vert est intense, donnent un verre où la teinture de fer est plus marquée ; du reste leurs réactions sont les mêmes.

ζ) *Byssolite* du bourg de l'Oisans. . . . . $CS^2 + MS^2 + mg\ S^2 + FS^2.$ (?)

Seule, se résout en une boule noire éclatante.

Avec le borax, se dissout aisément en un verre coloré par du fer.

Avec le sel de phosphore, se dissout difficilement. Les rayons cristallins qui se présentent les premiers subissent une dissolution complète, les autres restent intacts.

Avec la soude, donne un verre noir; une dose plus forte transforme la matière en une scorie noire. Sur le platine on y découvre du manganèse.

b. *Amphiboles alumineux.*

$_\varkappa$) *Grammatite* d'une carrière de pierre à chaux située à Åker. $CS^3 + 3\,MS^2$ (1) (BONSDORFF).

Blanchit sans se fendre à un feu vif, et fond plus aisément que la grammatite de Fahlun, à peu près comme celle de Gullsjö. Le résultat de la fusion est un verre transparent presque incolore.

Avec le borax, se convertit par une dissolution facile en un verre transparent.

Dans le sel de phosphore, se tuméfie et ne se décompose pas entièrement, mais se convertit en une masse translucide dont le centre conserve sa dureté.

Avec la soude, fond en un verre opaque difficilement liquéfiable; avec une dose plus forte, elle commence par se gonfler, mais se résout ensuite en perle au moyen d'un bon feu.

Avec la solution de cobalt, fond plus difficilement et seulement sur les bords, où elle donne un verre d'un beau bleu sombre.

---

(1) Cette grammatite renferme de 4 à 14 p. c. d'alumine.

θ) *Hornblende noire primitive* de Slättmyra (1).

Seule, se gonfle extrêmement peu, et fond sans aucune espèce de bouillonnement en une boule noire éclatante.

Avec le borax, se dissout en un verre qui offre une forte teinture de fer.

Avec le sel de phosphore, ne subit point de décomposition. La pièce d'essai ne change pas de couleur, mais s'arrondit sur les bords. Le fondant vitrifié offre une légère teinture de fer. Sous ce rapport ce minéral ressemble aux amphiboles non alumineux.

Avec la soude, fond aisément en un verre noir éclatant, qu'une plus grande proportion de soude rend encore plus fusible, mais dont la surface devient alors mate et cristalline, et la couleur d'un brun foncé.

ι) *Hornblende noire à grandes lames*, de Taberg dans le district métallifère de Nora.

Se comporte comme la précédente.

ϰ) *Hornblende lamelleuse vert sombre* d'Annaberg en Saxe.

Seule, fond avec effervescence et boursouflement. Le résultat de la fusion est un verre noir éclatant.

---

(1) Elle contient 7 ½ pour cent d'alumine. (Hisinger, Afh. VI. 201.)

Avec le borax, se dissout aisément en un verre peu coloré.

Le sel de phosphore la décompose au bout de quelque temps d'insufflation, en laissant un squelette de silice. Le globule est incolore et devient opalin par le refroidissement.

Avec la soude, les phénomènes sont les mêmes que pour *η*).

λ) *Hornblende noire cristallisée* de Pargas (1).

Se convertit par une fusion facile, accompagnée d'un violent bouillonnement, en un verre opaque d'un brun gris.

Avec le borax, se dissout aisément en un verre clair et verdâtre.

Le sel de phosphore la décompose facilement et la convertit en une masse glaceuse. Le verre résultant de la fusion offre une teinture de fer tant qu'il est chaud, et devient opalin par le refroidissement.

Avec la soude, fond difficilement en un verre gris brun difficile à obtenir en boule.

μ) *Pargasite* ou Hornblende diaphane, vert-clair et cristallisée de Pargas.

Se comporte comme la précédente, avec cette différence que ses verres sont moins colorés. Elle n'en diffère sous le rapport de la composition que parce qu'elle contient une moindre proportion de fer.

---

(1) Elle renferme douze pour cent d'alumine, d'après les analyses de HISINGER et de BONSDORFF.

14. *Pyroxène.*

Il en est de ce fossile comme de l'amphibole dont la forme est commune à un assez grand nombre de combinaisons diverses formées avec les silicates des quatre bases dont nous avons parlé ; mais ce qui doit exciter un vif intérêt, c'est que le pyroxène est toujours formé par les bisilicates *de ces mêmes bases*, conformément aux recherches véritablement curieuses que M. H. ROSE a faites sur la composition des pyroxènes. D'après les analyses qui ont été faites jusqu'à présent, il paraît que les pyroxènes renferment autant ou plus d'atomes de silicate de chaux que de silicate de magnésie. La malacolite incolore, et les pyroxènes incolores et transparens que LAUGIER, HISINGER, BONSDORFF, WACHTMEISTER et NORDENSKIÖLD ont analysés sur des échantillons provenant de différens lieux, ont tous donné $CS^2 + MS^2$; mais les espèces vert-clair et opaques ont souvent offert un excès de silicate de chaux, et les noires contiennent ordinairement comme certaines espèces d'amphiboles une quantité plus ou moins considérable d'alumine, laquelle n'influe ni sur la forme ni sur le clivage du fossile. Dans quelques pyroxènes, le bisilicate d'oxidule de fer remplace celui de magnésie ; exemple : la *hedenbergite*, qui, d'après l'expérience de ROSE, est $CS^2 + fS^2$ et ne contient point de magnésie. Les pyroxènes se partagent ainsi en quatre classes principales d'après les proportions et la nature de leurs parties constitutives. La première classe correspond à la formule $CS^2 + MS^2$ qui représente les pyroxènes incolores et transparens ; la deuxième comprend ceux qui contiennent plus d'atomes de chaux que de magnésie ; la troisième , ceux où le bisilicate de fer entre comme partie constitutive essentielle. La quatrième enfin se compose des pyroxènes alumineux , lesquels sont noirs pour la plupart.

   a. *Pyroxène blanc ou transparent.*

  Diopside ou *Alalite* du Piémont.

Malacolite blanche de la carrière de pierre à chaux de Tammare en Finlande. . . . . $\Big\}\ CS^2 + MS^2.$

Malacolite blanche de Tjötten en Norwège.. . . . .

Salite vert-pâle de Sala. . . . .

Seul , fond avec ébullition , en un verre incolore demi-transparent.

Avec le borax , se dissout facilement en un verre diaphane.

Avec le sel de phosphore , se décompose lentement , et donne pour résidu un squelette de silice. Le verre est transparent et devient opalin par le refroidissement. La diopside conserve très-longtemps sa transparence et son aspect ; mais enfin elle se tuméfie et se transforme en un squelette de silice.

Avec une petite quantité de soude, se gonfle et se dissout en un verre diaphane aisément liquéfiable, qu'une plus forte dose de soude rend opaque et moins fusible ; chaque fois que l'on ajoute une nouvelle portion du fondant, le verre se gonfle avant d'entrer en fusion.

Avec la solution de cobalt, la malacolite de Finlande fond et rougit sur les bords. Fondue sur les bords, la diopside offre une couleur rouge ; fondue en boule, elle est violette. La malacolite de Tjötten donne un bleu (1) qui tire sur le rouge.

R. Parmi les fossiles que l'on comprend sous le nom de *Salite*, se trouve à Sala une malacolite qui ne diffère point, quant à l'aspect, de la salite ordinaire, si ce n'est que sa surface a moins d'éclat. Du reste, sa forme et sa couleur sont les mêmes. Elle ne contient cependant que cinq pour cent de chaux, et est du reste, d'après l'analyse de Rose, un silicate de magnésie. Voici le détail des phénomènes qu'elle présente au chalumeau.

Seule dans le matras, elle donne de l'eau ; *sur le charbon*, elle devient d'un gris blanc, mais ne fond ni en morceau ni en poudre, seulement elle se conglomère sur les bords, où elle devient brune et vitreuse.

---

(1) Cette coloration proviendrait-elle d'un demi pour cent d'alumine que contient ce minéral ?

Avec le borax et la soude, elle se comporte comme les fossiles précédens.

Avec le sel de phosphore, elle se décompose presque aussi difficilement que les minéraux précédens, mais la pièce d'essai ne conserve point sa transparence et sa couleur; elle tourne d'abord au blanc d'émail, puis se tuméfie lentement, et se transforme enfin en un squelette de silice.

Avec la solution de cobalt, elle donne un rouge impur dans les parties fondues et non fondues. L'oxide de cobalt augmente sa fusibilité, tandis qu'il produit un effet contraire sur les malacolites, dont le contenu calcaire est plus considérable.

b. *Pyroxène contenant plus d'atomes de chaux que de magnésie.*

Malacolite de Björnmyresveden. . . . .
$3 CS^2 + 2 MS^2 + fS^2$.

Fond aisément en un verre de couleur sombre.

Avec le borax, le sel de phosphore et la soude, se comporte comme les fossiles précédens, avec cette différence qu'elle donne un verre coloré par le fer.

c. *Pyroxènes qui contiennent un bisilicate d'oxidule de fer comme partie constitutive essentielle.*

a) *Hedenbergite* de Mormorsgrufva près Tunaberg, $CS^2 + fS^2$ (1).

---

(1) Ce fossile, analysé pour la première fois par HÉDEN-BERG, sur la foi duquel on l'avait considéré comme un bi-

Seule, ne dégage point d'eau, ou n'émet qu'une humidité hygroscopique, qui, lorsque la matière est portée à la température où le verre entre en fusion, donne à l'essai de réaction par le papier teint quelques signes d'acidité. *Entre les pincettes* elle se résout, après une effervescence extrêmement légère, en un verre noir éclatant.

Avec le borax, se dissout aisément en un verre fortement coloré par le fer.

Dans le sel de phosphore, donne, par une décomposition lente, un squelette de silice dont le noyau indécomposé se distingue par sa couleur noire. La couleur ferrugineuse du verre s'efface par le refroidissement.

Avec la soude, se dissout aisément en un verre noir, dont la surface devient mate par l'addition d'une nouvelle quantité de soude. Ce fossile peut en absorber beaucoup plus qu'aucun des précédens avant de se transformer en une scorie.

β) *Pyroxène vert-sombre de Taberg près de Philipstad, et d'Arendal ; Malacolite rouge sombre de Degerö en Finlande :* se comportent tous comme le fossile précédent.

---

silicate d'oxidule de fer combiné avec de l'eau, est, selon l'analyse de ROSE, un bisilicate double de chaux et d'oxidule de fer, et offre tous les caractères extérieurs d'une malacolite vertsombre.

d. *Pyroxènes alumineux*, dont la plupart sont noirs.

α) *Pyroxène de Pargas*, ...
$(feS + 2AS) + 3(CS^2 + MS^2)$; (Nordenskiöld).

β) *Pyroxène d'Auvergne*, tiré de la lave ;

Se comportent comme les pyroxènes en général, mais sont beaucoup plus difficiles à décomposer ou même presque indécomposables par le *sel de phosphore*. De noire qu'elle était, la matière devient translucide et peu colorée. Avec la *soude*, ils forment un verre de fusion plus difficile, en sorte qu'ils deviennent infusibles pour une quantité de soude avec laquelle les pyroxènes essentiellement ferrifères, et dont la couleur est un vert sombre, se vitrifient encore très-aisément.

15. *Epidote.*

Ce nom désigne encore une certaine forme de cristal qui comprend des minéraux de composition différente ; savoir :

α) *Zoïzite* de Bayreuth et de Kärnthen. . . . .
$CS + 2AS$.

Seule, se boursoufle et se dilate transversalement par rapport à la direction des lamelles ; forme au premier coup de feu une multitude de petites bulles qui s'affaissent à un feu plus fort. Fond sur les bords extrêmes en un verre transparent, un peu jaunâtre ; mais la masse boursoufflée devient ensuite extrêmement difficile à fondre, et forme une scorie vitreuse.

Avec le borax, se gonfle et se dissout en un verre diaphane.

Avec le sel de phosphore, se gonfle pareillement, et donne par une décomposition facile accompagnée d'effervescence, un squelette siliceux.

Avec une très-petite portion de soude, se dissout en un verre dont la teinte est légèrement verdâtre. La dose ordinaire donne naissance à une masse tumescente, blanche, infusible. Sur la feuille de platine, on aperçoit des traces de manganèse.

Avec la solution de cobalt, on a un verre bleu.

β) *Pistazite* du bourg d'Oisan, d'Hellestad, d'Arendal, de Taberg et d'Orrajerfvi. . . . . $CS + FS + 4AS$ (1).

Seule, fond d'abord dans les parties extrêmes, se gonfle ensuite et se transforme en une masse ramifiée qui présente en petit l'aspect du chou-fleur, et dont la couleur est un brun foncé ; sou-

---

(1) Peut-être que cette formule n'est vraie que pour la variété de pistazite qui se rencontre au bourg d'Oisan, en France ; mais, en général, la pistazite est un épidote où le silicate d'oxidule de fer tient lieu d'une quantité plus ou moins considérable de silicate de chaux. Le bel épidote du bourg d'Oisan, diffère de la zoïzite, en ce qu'un atome de bisilicate de chaux y est remplacé par un atome d'un autre silicate isomorphe, je veux dire de bisilicate d'oxidule de fer ; d'où il suit que ces deux fossiles doivent affecter la même forme cristalline.

mise à une insufflation énergique, elle noircit et s'arrondit, mais ne se liquéfie pas complétement. Celle d'Arendal, qui d'après les analyses est la plus ferrugineuse de toutes, est aussi remarquablement plus fusible que les autres.

Dans le borax, commence par se boursoufler et se dissout ensuite en un verre coloré par le fer.

Avec le sel de phosphore, se décompose facilement en se boursouflant, et donne pour résidu un squelette de silice.

Avec un peu de soude, se convertit, par une fusion laborieuse, en un verre sombre qu'une plus forte dose de soude transforme en une scorie infusible.

γ) *Epidote manganésifère* de Saint-Marcet en Piémont.

Seul, se convertit par une fusion très-facile, accompagnée de bouillonnement, en un verre dont la couleur est noire.

Dans le borax, se dissout avec effervescence en un verre transparent, qui prend à la flamme extérieure la couleur de l'améthyste, et qui à la flamme intérieure offre une teinture de fer aussi long-temps qu'il est chaud, mais devient incolore par le refroidissement.

Dans le sel de phosphore, se boursoufle et se décompose en donnant pour résidu un squelette de silice. Le verre ne prend pas la couleur indicative du manganèse ; mais offre celle du fer aussi long-temps qu'il est chaud.

Traité par la soude, il se comporte comme les fossiles précédens.

16. *Prehnite* et *Koupholithe*.

D'après l'analyse de KLAPROTH, ces fossiles au-raient la composition chimique et jusqu'à la petite quantité d'eau que LAUGIER et NORDENSKIÖLD ont trouvée dans le paranthine. LAUGIER, GEHLEN et THOMSON ont obtenu d'autres résultats qui tous s'approchent beaucoup de la formule $CS^2 + 2AS$.

Seuls, donnent dans le matras un peu d'humidité, mais en même temps conservent leur transparence ; ils ne la perdent que lorsque étant exposés à une haute température ils commencent à se boursoufler et à fondre. La *Koupholithe* dégage une odeur d'empyreume et noircit un peu. Cela tient à ce que la plupart des échantillons qui proviennent des collections minéralogiques, après avoir été long-temps exposés à l'air, ont leurs interstices pleins d'une poussière qui se charbonne au feu. Lorsque cette poussière adventice est entièrement consumée, les lamelles cristallines du minéral recouvrent leur transparence. Les deux fossiles donnent un verre blanc rempli de bulles.

Avec le borax, se résolvent aisément en un verre diaphane, qui devient trouble et très-difficilement liquéfiable lorsqu'il est saturé.

Avec le sel de phosphore, se décomposent et donnent un résidu consistant en un squelette de silice glaceux. Le verre est diaphane, et devient opalin par le refroidissement.

Avec la soude, se convertissent par une dissolution très-laborieuse, accompagnée d'un boursouflement continuel en un verre transparent peu liquide ; l'obtention de ce résultat exige une insufflation prolongée. Avec une grande quantité de soude on finit par transformer ce verre en une scorie demi-vitreuse.

17. *Paranthine*, *Scapolite*, $CS + 3 AS$.

a) *Scapolite de Pargas.*

Seule, *dans le matras*, donne un peu d'humidité, mais ne perd point de sa transparence.

Sur le charbon, n'est point altérée par une ignition modérée ; mais sous un feu plus vif, elle fond, se boursoufle avec violence, et forme après la cessation du mouvement une masse incolore, glaceuse, irrégulière et demi-translucide, laquelle n'est plus susceptible de fondre.

Dans le borax, se dissout avec une effervescence prolongée en un verre transparent. Cette effervescence a lieu lors même que la matière d'essai, avant d'être traitée par le borax, a été fondue à part jusqu'à parfaite extinction du mouvement interne.

Le sel de phosphore la décompose de même avec effervescence.

Avec la soude, la fusion s'opère lentement et donne un verre transparent, qu'une plus grande quantité de soude rend difficile à fondre.

Avec la solution de cobalt, donne un verre bleu.

b) *Scapolite de Malsjö.*

Seule, tourne au blanc de lait avant d'entrer en fusion, et se dissout ensuite en un verre incolore auquel les bulles qu'il renferme donnent un aspect trouble.

Se dissout avec effervescence dans le *borax* et le *sel de phosphore*, comme le fossile précédent.

Avec la soude, fond très-facilement en un verre diaphane, qu'une plus grande quantité de soude ne rend ni tumescent, ni infusible.

c) *Scapolite d'Arendal* (paranthine vitreux d'HAÜY).

Se comporte absolument comme le fossile précédent.

d) *Le dipyre* de Mauléon se comporte tout-à-fait comme la scapolite de Malsjö. Il donne comme les autres, une petite quantité d'eau sans que sa transparence en soit altérée, et paraît être une véritable scapolite, nonobstant l'analyse de VAUQUELIN,

18. *Scolezite*, $CS^3 + 3AS + Aq.$

Seule, dans le matras, dégage de l'eau, et tourne

21.

au blanc de lait ; se boursoufle, et fond péniblement en un verre bulleux et incolore.

Avec le borax, le sel de phosphore et la soude, se comporte comme les précédens, particulièrement comme les deux derniers.

R. M. NORDENSKIÖLD a rencontré, parmi les fossiles de Pargas, une scolezite naturellement anhydre, ou exempte d'eau. (*V.* NORDENSKIÖLDS Bidrag, etc., I. 67.)

19. *Zéolithe farineuse,* $CS^3 + 3AS^2 + 3Aq.$
20. *Chabasie,* $CS^3 + 3AS^2 + 6Aq.$
21. *Stilbite,* $CS^3 + 3AS^3 + 6Aq.$
22. *Laumonite,* $CS^2 + 4AS^2 + 6Aq.$

Tous ces fossiles se comportent comme la scolezite et la prehnite ; le chalumeau ne saurait y manifester des différences qui ne tiennent qu'à de légères variations de proportion entre des élémens de même nature. La laumonite donne, dans le premier instant de sa fusion, une perle blanche semblable à l'email ; mais lorsque la chaleur croît, cette perle même se transforme en un verre demi-transparent, dont l'aspect trouble ne tient qu'à sa texture bulleuse. Il paraît que c'est un caractère général des silicates doubles de chaux et d'alumine, particulièrement lorsqu'ils contiennent deux, trois ou un plus grand nombre d'atomes d'alumine contre un atome de chaux, de se boursoufler en commençant à fondre, ainsi que nous l'avons vu dans tous ces silicates, depuis et y compris l'épidote, et comme nous le verrons encore dans les tourmalines calcaires.

23. *Cymophane*, *Chrysoberil* de Ceylan et du Connecticut, $C^4S + 18A^4S$ (1).

Seule, ne subit aucune altération. Lorsqu'elle a été préalablement réduite en poudre, le bord du gâteau prend un aspect vitreux à un feu vif, mais ne fond pas.

Avec le borax, se résout lentement en un verre diaphane, qui conserve sa transparence à tous les degrés de saturation.

Avec le sel de phosphore, la dissolution s'opère lentement, ne laisse point de résidu, et donne un verre transparent qui ne devient pas opalin par le refroidissement.

La soude n'attaque ni ne tuméfie la cymophane, seulement la surface de la pièce d'essai devient mate. Ce fondant n'a pas plus d'action sur le minéral pulvérisé.

Avec la solution de cobalt, le gâteau formé par

---

(1) Cette formule, calquée sur l'analyse de KLAPROTH, Beytrag, I. 102, ne me paraît pas exacte; je crois que la chaux ne fait point partie essentielle du fossile; ses caractères s'accordent si parfaitement avec ceux d'un sous-silicate d'alumine, que je ne doute point qu'on ne doive le placer à côté du dysthène, dans la famille des minéraux alumineux.

le pétrissage de la poudre minérale, développe, sans se fondre, une belle couleur bleue.

24. *Lievrite*, *Yénite* de l'île d'Elbe, $CS + 4fS$.

Seule, dans le matras, dégage une eau qui ne donne point de signes d'acidité, et dont la présence dans le fossile paraît avoir été le résultat d'une coërcion mécanique, vu que son absence ne produit aucune altération dans l'aspect de ce fossile.

Sur le charbon, fond aisément en une boule noire, qui devient vitreuse à la flamme extérieure; exposée à la flamme intérieure, sa surface devient mate, et elle acquiert la propriété d'être attirée par l'aimant, ce qui n'arrive pas lorsqu'elle a été chauffée jusqu'au rouge.

Avec le borax, se dissout facilement en un verre sombre, presque opaque, et coloré par du fer.

Avec le sel de phosphore, se décompose, laisse en évidence un squelette de silice, et produit un verre fortement coloré par le fer.

Avec la soude, la lievrite fond en un verre noir. Sur la feuille de platine, elle offre des signes d'un contenu de manganèse.

25. *Aplome*, Grenat calcaire.

Nous voici encore arrivés à une forme de cristal qui s'étend à des combinaisons si différentes, que l'identité de forme ne saurait les faire considérer comme des substances de même espèce; mais auss nous verrons dans ce cas, comme dans celui de l'amphibole, du pyroxène et de l'épidote, toutes les difficultés levées d'une manière très-satisfaisante; par la découverte que MITSCHERLICH a faite de l'isomorphisme de certaines bases, et de la propriété qu'ont les combinaisons isomorphes de cristalliser simultanément, sans être assujetties à des proportions fixes. J'ai dit que les oxidules de fer et de manganèse, forment avec la chaux et la magnésie, une même classe de bases isomorphes. MITSCHERLICH a fait voir que l'alumine et les oxides de fer et de manganèse composent aussi une classe de corps isomorphes, mais dont la forme n'est pas la même que celle des bases de la première classe; or ce sont les sept bases que je viens de nommer, qui se rencontrent dans les grenats. Nous avons vu que le grenat aluminifère est $fS + AS$. Mais il est clair que chacune des trois bases isomorphes avec l'oxidule de fer, peut, sans changer la forme du cristal, se substituer à cet oxidule. Par exemple, $CS + AS$ formera un grenat tout aussi bien que $fS + AS$. D'autre part, l'oxide de fer et l'alumine étant isomorphes, la première de ces deux bases peut tenir lieu de la seconde; nous pouvons donc encore concevoir des grenats tels que $CS + FS$. Ces différens grenats pourront se rencontrer dans la nature, soit séparément, soit cristallisés en commun et dans toutes sortes de proportions ; d'un lieu à un autre les proportions entre les parties constituantes varieront du tout au tout, c'est-à-dire que jamais ou presque jamais, deux lieux différens n'offriront la même espèce. — C'est aussi ce que l'expérience a confirmé de la manière la plus complète. BUCHOLZ a analysé un grenat de Thuringe, que je n'ai pas eu occasion de voir; le résultat de son analyse est $CS + FS$. La mélanite analysée par KLAPROTH, est formée à peu près, selon cet auteur, d'un atome de $CS + AS$, avec trois atomes de $CS + FS$ $(= AS + 3FS + 4CS)$, et il n'y a aucune raison pour supposer que la combinaison qui a lieu ici entre les deux silicates doubles, est plus intime ou plus *chimique* que celles que MITSCHERLICH formait à son gré dans ses belles expériences sur la cristallisation simultanée des sulfates isomorphes, avec des proportions variées de ces différens sulfates. D'après l'analyse que MURRAY a donnée du grenat de Dannemora, ce grenat est composé de trois autres qui sont $CS + AS$...... $mgS + AS$ et $fS + AS$; celle que ROTHOFF a faite du grenat brun foncé de Longbanshytta (*Rothoffite*), nous apprend que ce grenat est formé de deux autres, savoir : $CS + Mg\,S$ et $CS + FS$; le second y entre à peu près en quantité triple du premier. Ce que je viens de dire suffit pour montrer comment il se fait que les grenats diffèrent tant les uns des autres, sous le rapport de la composition chimique. Comme cette composition varie presque toujours d'un lieu à un autre, il me paraît plus convenable de les distinguer dans la nomenclature par la désignation de leurs localités, que de forger des noms propres, qui formeraient avec le temps une liste fort longue, et dont la mémoire se chargerait inutilement.

α) *Grenat noir de Frescati* (Mélanite).

Seul, fond, sans spumescence, en une boule noire et brillante.

Avec le borax, se dissout lentement et difficilement en un verre coloré par le fer.

Avec le sel de phosphore, se décompose lentement, et laisse un squelette de silice. La teinture ferrugineuse du verre s'efface par le refroidissement.

Avec la soude, donne une boule de verre noir ; une augmentation de dose le rend plus difficile à fondre, toutefois il fond encore après que le charbon a absorbé l'excès de soude. Sur la feuille de platine, offre des traces de manganèse.

β) *Grenat vert de Sala.*

Fond en se boursouflant avec force, et produit un verre noir éclatant.

Avec le borax et le sel de phosphore, se comporte comme le précédent.

Avec la soude, se décompose et se tuméfie, mais fond ensuite en une boule noire, brillante. Sur la feuille de platine, se manifeste un contenu de manganèse.

γ) *Grenat brun clair de Dannemora.*

Fond aisément sans se boursoufler, et donne une boule noire brillante.

Avec le borax, se dissout en un verre diaphane, qui prend, au feu d'oxidation, une fausse couleur d'améthyste, et au feu de réduction la couleur verte caractéristique du fer.

Avec le sel de phosphore, se comporte comme les précédens.

Avec la soude, commence par verdir, puis se gonfle et se résout en une boule noire qui offre l'éclat métallique.

δ) *Grenat brun foncé ou noir de Longbanshytta.* (Rothoffite).

Seul, fond difficilement en une boule noire, mate ou demi-vitreuse.

Avec le borax, se dissout difficilement en un verre d'un vert sombre.

Avec le sel de phosphore, se comporte comme les précédens.

Avec la soude, la fusion s'opère difficilement, et a pour résultat un verre noir. Sur la feuille de platine, la rothoffite se montre très-chargée de manganèse.

ε) *Grenat rouge de la carrière de pierre à chaux de Kulla en Finlande*, Romanzowite.

Seul, se rembrunit au feu, mais n'y perd pas sa transparence; fond en se boursouflant un peu, et donne une perle de verre verdâtre et bulleuse.

Dans le borax, se dissout avec une difficulté extrême. Soumis à une insufflation prolongée, il verdit premièrement sur les bords, puis dans la partie centrale qui brille alors d'un vert plus intense que le verre qui l'environne; enfin, il se dissout en totalité.

Avec le sel de phosphore, les phénomènes sont les mêmes que pour les précédens.

Avec la soude, se gonfle et fond en un verre vert, dont un renfort de soude rend la liquéfaction difficile. Sur la feuille de platine, donne des signes d'un contenu de manganèse.

R. Ce grenat ressemble beaucoup à l'essonite de Ceylan, sous le double rapport de l'aspect et de la composition. La formule de NORDENSKIÖLD est $FS + 3CS + 5AS$ pour la romanzowite, et l'analyse de KLAPROTH donne $FS + 4CS + 5AS$, pour l'essonite de Ceylan. L'une et l'autre se rencontrent dans la chaux.

ζ) *Allochroïte* de Berggieshübel, en Saxe.

Seule, se dissout aisément et sans se boursoufler, en un verre noir et brillant.

Avec le borax, se dissout aisément en un verre qui offre la couleur verte indicative du fer.

Avec le sel de phosphore et la soude, se comporte

comme les précédens. Sur la feuille de platine donne de faibles traces de manganèse.

26. *Essonite.*

a) *De Ceylan*, kaneelstein.

Seule, ne se rembrunit point au feu ; fond aisément ; le verre a d'abord la même couleur que le fossile, mais devient ensuite verdâtre ; dans les deux cas il est transparent.

Avec le borax, se dissout facilement en un verre transparent, très-légèrement coloré par du fer.

Avec le sel de phosphore, se comporte comme les précédens.

Avec la soude, se résout en un verre vert, qu'une plus forte dose de soude transforme en une scorie grise de difficile fusion.

b) *Du Brésil.*

Sa couleur rouge sombre ne devient pas plus sombre au feu ; elle fond aisément en un grain noir dont la surface est métallique, mais qui n'est pas très-attirable à l'aimant.

Dans le borax, la dissolution s'opère avec la plus grande facilité, et donne un verre coloré par du fer.

Avec le sel de phosphore, la décomposition a lieu comme pour les autres grenats.

Avec la soude, le minéral est décomposé ; une très-petite quantité de soude donne naissance à un verre noir; une plus forte dose le change en une scorie infusible.

27. *Idocrase.* HAÜY a fait deux espèces distinctes de ce minéral et du précédent qui diffèrent des grenats par la forme primitive. Ce ne sont cependant que des mélanges en diverses proportions des mêmes silicates, et ce que nous avons dit des grenats s'applique à ces deux fossiles. Le temps fera voir s'il existe entre eux une différence essentielle autre que la forme.

a. *Vésuvienne*, du Vésuve et de Fassa.

Fond très-aisément, se boursoufle en fondant, et donne un verre sombre qui, exposé à la flamme extérieure, devient jaune et transparent.

— *Avec le borax*, se dissout aisément en un verre diaphane coloré par du fer.

Avec le sel de phosphore, se décompose facilement, et donne pour résidu un squelette de silice. Le verre devient opalin par le refroidissement.

Avec la soude, se vitrifie plus difficilement que les grenats; le verre une fois obtenu peut se transformer en scorie par l'addition d'une nouvelle quantité de soude.

R. La propriété qu'ont les idocrases de se dissoudre si facilement dans le borax et le sel de phosphore, tient à une autre propriété dont elles sont douées, celle de se boursoufler à une certaine température; quand ce boursouflement a lieu en présence des flux, ceux-ci trouvent plus de voies ouvertes pour pénétrer dans la masse du minéral, et agissent sur un plus grand nombre de points. Quant à la difficulté avec laquelle elles se résolvent par la soude, il faut l'attribuer à ce qu'elles contiennent une quantité de fer beaucoup moindre que les grenats.

b. *Egerane* d'Egra.

Fond, sans perdre auparavant sa transparence, mais avec boursouflement, en un verre diaphane verdâtre et bulleux.

Avec les flux, se comporte comme le minéral précédent.

c. *Loboïte*, idocrase magnésienne de Gökum et de Frugord.

Seule, devient opaque, se crevasse et se transforme ensuite par une fusion facile, accompagnée de boursouflement, en une perle verte ou jaunâtre qui paraît contenir des parties hétérogènes.

Dans le borax, se dissout presque instantanément avec un léger boursouflement.

Avec la soude et le sel de phosphore, se comporte comme les fossiles précédens.

d. *Cyprine*, idocrase cuivreuse de Tellemarken en Norwége.

Une ignition modérée n'altère pas sa belle couleur bleue. Tant qu'elle est chaude elle paraît noire, mais elle revient au bleu en refroidissant. Elle fond aisément en se boursouflant avec violence et produit une perle bulleuse, qui est noire au feu d'oxidation, mais qui, au feu de réduction, offre une couleur rouge, développée par de l'oxidule de cuivre.

Avec le borax, la dissolution s'opère aisément et donne un verre diaphane, qui verdit au feu d'oxidation. Au feu de réduction il devient incolore, et s'il n'est pas suffisamment saturé de cyprine, la réaction du cuivre ne peut pas se manifester sans le secours de l'étain.

Avec le sel de phosphore, la décomposition a lieu sur-le-champ, et la matière d'essai forme, en se tuméfiant, une masse glaceuse qui est verte après le refroidissement, et qui, traitée à la flamme intérieure, devient rouge à la surface. Si l'on a pris une grande quantité de sel on peut bien développer la couleur verte du cuivre, mais la couleur rouge ne se peut obtenir qu'à l'aide de l'étain.

Avec la soude, on a un verre noir qui comporte une plus forte dose de soude que les précédens. L'essai de réduction donne beaucoup de cuivre.

R. Mitscherlich a fait voir que l'oxide de cuivre appartient à la même classe de bases isomorphes que la chaux, la magnésie, l'oxidule de fer, etc. ; mais les exemples de la substitution de la première base à l'une quelconque des autres, sont extrêmement rares dans le règne minéral. Toutefois la cyprine en est un.

28. *Pyrope.*

a. *Pyrope de Ceylan.*

Se rembrunit au feu, et finit par devenir noir et opaque ; alors si on le laisse refroidir, et que l'on considère au jour les phases du refroidissement, on voit ce minéral devenir successivement d'un vert sombre, d'un beau vert de chrôme, puis incolore ; et enfin l'on voit reparaître dans toute sa vivacité le beau rouge ardent qui le distingue à l'état naturel. Il fond avec peine et sans boursouflement en un verre noir, brillant.

Avec le borax, se dissout et donne un verre dont la couleur vert de chrôme est plus ou moins belle selon son degré de saturation.

Avec le sel de phosphore, se décompose on ne peut plus lentement, et donne pour résidu un squelette de silice. Le verre prend la couleur verte avant que la décomposition de la pièce d'essai ait eu lieu. Celle-ci reste long-temps dans le même état en conservant sa couleur rouge, jusqu'à ce qu'enfin elle se transforme peu à peu en un squelette de silice. Le globule devient opalin par le refroidissement, et prend un vert de chrôme.

Avec la soude, il y a décomposition, mais non dissolution de la matière d'essai, du moins ce qui se dissout est très-peu de chose. Le résultat de la décomposition est une boule d'un rouge-brun formée de scories.

b. *Pyrope de Bohême.*

Devient, au feu, noir et opaque ; vu par réfraction pendant son refroidissement, il paraît d'abord d'un jaune sale ; aussitôt après, il devient rouge ; enfin il recouvre la même nuance qu'il avait avant l'essai.

Avec le borax, se dissout en un verre fortement coloré par le fer, sans mélange notable de vert de chrôme.

Avec le sel de phosphore, se comporte comme le précédent, mais donne un vert moins foncé.

Avec la soude, se comporte comme le précédent.

29. *Axinite*, Thumerstein, du Dauphiné.

Seule, se transforme par une fusion facile accompagnée de boursouflement en un verre vert-sombre qui noircit à la flamme extérieure. Le noir est développé par du peroxide de manganèse.

Avec le borax, se dissout aisément en un verre coloré par du fer, mais qui prend à la flamme extérieure une teinte d'améthyste impure.

Avec le sel de phosphore, se décompose en produisant les phénomènes ordinaires.

Avec la soude, commence par verdir, fond ensuite en un verre noir, dont l'éclat est presque métallique.

30. *Antophyllite* du Groënland.

Seul, est inaltérable et infusible, tant en poudre qu'en grain.

Avec le borax, se dissout difficilement en un verre coloré par du fer.

Avec le sel de phosphore, se décompose lentement, et donne pour résidu un squelette de silice.

Avec la soude, fond difficilement en une masse scoriacée; ne donne aucun signe d'un contenu de manganèse.

31. *Gehlenite* de Monzoni dans la vallée de Fassa. $2CS + A^2S$; dans le second terme, un neuvième à peu près est remplacé par F^2S. (Fucus.)

Seule, ne subit aucune altération.

Dans le borax, se dissout avec une difficulté extrême en un verre faiblement coloré par le fer.

Avec le sel de phosphore, devient peu à peu transparente sur les bords, et se dissout en totalité sans tuméfaction préalable.

Avec la soude, se gonfle, mais ne fond pas.

Avec la solution de cobalt, donne un bleu sombre et impur.

Avec l'acide boracique, se dissout en un verre transparent, dont la couleur verte est développée par le fer; ne donne point de phosphure par l'addition du fer métallique.

32. *Cérine* de Bastnäs; $CS + 2AS$ mélangé avec une quantité considérable de $ceS + fS$.

Seul dans le matras, dégage un peu d'eau sans changer d'aspect; cette eau peut donc ne pas faire partie chimique du fossile : fond aisément avec boursoufflement en une boule de verre, noire, éclatante.

Dans le borax, se dissout facilement ; il en résulte un verre noir et opaque, qui, exposé à la flamme extérieure, devient rouge-sanguin, et garde cette couleur tant qu'il est chaud, mais l'échange après le refroidissement contre un jaune plus ou moins sombre. Au feu de réduction, la matière vitreuse offre un beau vert de fer. Elle ne devient point opaque au flamber.

Avec le sel de phosphore, se décompose et donne pour résidu un squelette de silice qui est opaque. Le verre chaud offre une couleur indicative du fer, mais devient incolore et opalin par le refroidissement.

Avec la soude, se dissout en un verre noir qu'une plus grande quantité de soude ne rend pas plus difficile à fondre.

R. Je n'ai pas eu lieu d'essayer au chalumeau l'*allanite* de THOMSON. Je pense qu'elle doit se comporter à très-peu près comme le cérine.

33. *Orthite* de Finbo et de Gottliebsgong. $C\dot{S} + 3 \, A\dot{S} + 2 \, Aq$ mélangé avec $ce\dot{S} + f\dot{S}$.

Seule dans le matras, dégage de l'eau et prend, à une température élevée, une couleur plus claire.

Sur le charbon, se boursoufle, devient jaune-brun et se résout enfin avec un vif bouillonnement en un verre noir bulleux.

Avec le borax, se dissout aisément. Le verre chaud est rouge-sanguin, le verre refroidi est jaune. Au feu de réduction, il prend une teinture de fer.

Dans le sel de phosphore, se décompose facilement et offre les phénomènes ordinaires.

Avec la soude, se tuméfie; une très-petite dose de soude fait fondre la matière d'essai; une plus grande quantité la gonfle, et la transforme en une scorie d'un jaune-grisâtre. Sur la feuille de platine, on voit des signes d'un contenu de manganèse.

34. *Pyrorthite* du Korarf. $CS + 3AS + xAq$, contenant à peu près le tiers de son poids en charbon et $\frac{1}{4}$ en eau, *plus* une quantité notable de ceS avec des quantités moindres de fS, mgS et YS.

Seule dans le matras, donne d'abord une très-grande quantité d'eau, dont les dernières parties sont jaunâtres et dégagent une odeur empyreumatique. La matière restante est noire comme du charbon. Soumise *sur le charbon* à l'action d'une chaleur modérée, puis rougie en un point, elle prend feu; livrée ensuite à elle-même, elle continue de briller sans flamme ni fumée. Si l'on réunit plusieurs petits morceaux en un tas, ou si après avoir réduit le minéral en une poudre grossière, on en forme un petit pain conique, la combustion aura lieu d'une manière encore plus vive. Une insufflation modérée rend le phénomène plus marqué. Après le grillage, le minéral est blanc ou gris-blanc; la teinte qu'il offre alors varie avec la nature des petites pièces soumises à l'essai, et tire quelquefois sur le rouge. Ces petites pièces sont alors si poreuses et si légères, qu'on ne peut les assujettir sur le charbon durant l'insufflation. Entre les pincettes elles fondent difficilement en une boule noire dont la surface est matte.

Avec le borax, la pyrorthite se dissout facilement en un verre qui offre les mêmes phénomènes que le verre de borax fait avec le fossile précédent.

Avec le sel de phosphore, la solution s'opère difficilement. La pièce poreuse demeure à la surface de la boule, tant que celle-ci est en fusion, et s'y introduit pendant son refroidissement ; mais si l'on chauffe de nouveau le globule, la matière poreuse reparaît à la surface.

Avec la soude, les phénomènes sont ceux que présente l'orthite.

7. Strontium.

1. *Sulfate de strontiane.* $\overset{..}{\mathrm{Sr}}\,\overset{..}{\mathrm{S}}{}^{2}$.

Celui qui est cristallisé décrépite ; le sulfate de strontiane fond sur le charbon à la flamme extérieure, et donne une boule d'un blanc laiteux, qui, exposée à la flamme intérieure, s'étale sur le charbon, se décompose, devient infusible, et donne pour résidu une masse hépatique ; après le refroidissement, cette masse sentie de près offre une légère odeur d'œufs pourris ; sa saveur est hépatique et caustique : sur une feuille de platine, elle se dissout en grande partie dans l'acide muriatique ; si l'on fait évaporer cette dissolution jusqu'à siccité, et si après avoir enlevé le sel pour le mettre sur un étroit morceau de papier, coupé en forme de coin et trempé dans l'alcohol, on allume ce papier, on verra la flamme se colorer en rouge dans ses points de contact avec le sel. Ce phénomène a lieu même avec la baryte sulfatée lorsqu'elle contient de la strontiane.

Dans le borax, se dissout avec effervescence en un verre transparent qui devient jaune ou brun en refroidissant, et opaque si la proportion de sulfate est considérable.

Avec le sel de phosphore, se comporte comme la strontiane.

Avec la soude, se gonfle, se décompose, entre dans le charbon, et forme une masse fortement hépatique. *Avec la soude et la silice*, donne un verre coloré par l'hépar.

Avec le spath fluor, fond en un verre transparent qui prend le blanc d'émail en refroidissant.

2. *Carbonate* de strontiane. $\ddot{S}r\ \ddot{C}^2$.
Voyez *Strontiane*, page 103.

8. BARIUM.

1. *Sulfate de baryte*, $\dot{B}a\ \ddot{S}^2$.

Le sulfate cristallisé décrépite avec violence. Fond avec une difficulté extrême, ou ne fait que s'arrondir aux bords. Cette grande difficulté de fusion suffit déjà pour le distinguer du sulfate de strontiane. A la flamme intérieure, il se décompose et donne un sulfure de baryte, qui étant humecté dégage une faible odeur d'hépar ; sa saveur est hépatique et cuisante. Se comporte d'ailleurs comme le sulfate de strontiane, avec cette différence que dans l'essai par l'acide muriatique et l'alcohol, la flamme ne se colore pas en rouge.

Avec le spath fluor, (voyez *Sulfate de strontiane*).

R. Comme les sulfates de baryte et de strontiane ressemblent, sous ces rapports, au gypse anhydre, il reste pour les distinguer entre eux : 1° la *dureté* qui est beaucoup moindre dans le gypse ; 2° la *fusibilité* qui, dans le gypse, est à peu près la même que dans le sulfate de strontiane, ce qui sert à les distinguer du sulfate de baryte. Pour distinguer entre eux le gypse et le sulfate de strontiane, on a recours à l'essai par l'acide muriatique et l'alcohol.

2. *Carbonate de baryte.* $\ddot{B}a\,\ddot{C}^2$.

Voyez *Baryte*, page 101.

3. *Harmotome* de Kungsberg et d'Oberstein. $BS^4 + 4AS^2 + 7Aq$.

Seul dans le matras, dégage de l'eau et perd sa transparence.

Sur le charbon, fond aisément et sans bour-souflement, en un verre diaphane, exempt de bulles.

Avec le borax, se dissout très-difficilement en un verre incolore.

Avec le sel de phosphore, se décompose, laisse en évidence un résidu consistant en un squelette de silice, et donne un verre transparent qui devient opalin en refroidissant.

Avec une petite quantité de soude, donne un verre diaphane, lequel conserve sa transparence. Une dose plus forte donne un verre transparent qui devient opaque en refroidissant, et blanc de lait par le flamber.

Avec la solution de cobalt, donne du bleu dans la partie fondue, c'est-à-dire, au bord.

9. LITHIUM.

1. *Amblygonite* de Chursdorf en Saxe, sous-phosphate double d'alumine et de lithine, conte-nant de l'acide fluorique. (Je tiens de M. BREITHAUPT l'échantillon qui a servi aux essais.)

Seule dans le matras, donne un peu d'humidité ; au moyen d'un bon feu, l'eau qui se dégage devient acide et attaque le verre.

Sur le charbon, fond très-aisément en un verre clair qui devient opaque en se congelant.

Avec le borax, se dissout facilement et dans toute proportion, en un verre transparent et incolore.

Avec le sel de phosphore, se dissout instantanément et sans résidu, en un verre transparent.

Fond avec *un peu de soude ;* se tuméfie et devient infusible avec une plus forte dose de ce fondant.

Avec l'acide boracique et le fer, donne du phosphure de fer.

2. *Triphane*, *Spodumène* d'Utö et du Tyrol. $LS^3 + 3 AS^2$.

Seul dans le matras, rend de l'eau et devient plus trouble et plus blanc qu'auparavant.

Sur le charbon, se boursoufle comme les silicates doubles de chaux et d'alumine, et fond ensuite en un verre incolore et presque transparent.

Dans le borax, se boursoufle, mais ne se dissout pas aisément ; la masse tuméfiée devient diaphane et s'arrondit, mais résiste long-temps à la dissolution.

Dans le sel de phosphore, se tuméfie semblablement, et se décompose avec assez de facilité en donnant pour résidu un squelette de silice.

Avec la soude, se gonfle et se résout en un verre transparent qu'une plus grande quantité de soude rend bien opaque, mais non difficile à fondre.

Avec la solution de cobalt, donne un verre bleu.

3. *Pétalite* d'Utö, $LS^6 + 3 AS^3$.

Se comporte à tous égards comme le feldspath (Voyez l'article y relatif.)

4. *Tourmaline* d'Utö. (Lithion - Tourmalin.) *LS* $+ 9 AS$ (?).

> a. *Rouge et vert clair.*

Seule, tourne au blanc de lait, se gonfle un peu, se fendille obliquement, ne fond pas, mais devient scoriacée à la surface.

Dans le borax, débute par une légère effervescence ; tourne au blanc laiteux, puis se dissout avec lenteur et difficulté en un verre transparent et incolore.

Dans le sel de phosphore, l'effervescence, la coloration et la solution ont lieu de la même manière, et sans division ; en même temps la pièce d'essai diminue de volume. Le verre produit devient opalin par le refroidissement.

Dans la soude, fond avec une difficulté extrême en un verre opaque. Présente un vert-sombre sur la feuille de platine.

> b. *Bleu clair à rayons fins.*

Seule, se gonfle un peu, blanchit, ne fond pas, mais devient scoriacée à la surface, et offre des bulles dans la partie où la chaleur a agi avec le plus d'intensité.

Dans le borax, se dissout assez facilement et avec effervescence, surtout si l'on ne soumet pas à l'essai trop de matière à la fois. Le verre est diaphane.

Dans le sel de phosphore, se gonfle avec effervescence ; le squelette se divise et se dissout ensuite en grande partie. La boule devient opaline par le refroidissement.

Avec la soude, se résout difficilement en un verre sombre, dont la fusibilité diminue , mais ne s'anéantit pas par l'addition d'une nouvelle quantité de soude. Sur la feuille de platine on voit des traces de la présence du manganèse.

c. *Bleu sombre en grands cristaux*, Indigolithe.

Seule, se boursoufle très-fort , particulièrement dans le sens longitudinal , en sorte que cette dimension devient à peu près triple de ce qu'elle était ; mais l'augmentation de volume n'ayant lieu que d'un côté , la pièce d'essai se recourbe et se roule sur elle-même ; elle se change en même temps en une scorie noire.

Avec les flux, se comporte comme le fossile précédent.

R. Les variétés b et c) paraissent résulter du mélange de la tourmaline-lithion avec l'espèce de tourmaline que j'ai placée plus loin dans la famille du potassium.

5. *Lépidolithe* de Rosæna et d'Utö (Lithionglimmer.) (?) (1).

---

(1) Le professeur C. GMELIN de Thübingen, a trouvé dans ce minéral de la lithine et de la potasse. Si la différence qui existe entre ce minéral et le mica ordinaire est due au

Seule dans le matras, donne une eau qui, lorsque la matière d'essai est chauffée jusqu'au rouge, se charge d'une quantité très-sensible d'acide fluorique, jaunit le papier de fernambouc, et obscurcit le verre çà et là par le dépôt de silice qu'elle forme sur sa surface.

Sur le charbon, fond très-aisément en se boursouflant, et donne une perle de verre bulleuse, transparente et incolore.

Avec le borax, se dissout facilement et en grande quantité ; le résultat de la dissolution est un verre diaphane.

Avec le sel de phosphore, se décompose et donne pour résidu un squelette de silice ; le globule devient opalin par le refroidissement.

Avec la soude, fond aisément en se boursouflant et donne un verre transparent, légèrement bulleux.

Avec la solution de cobalt, prend une couleur bleue dans la fusion.

Avec l'acide boracique et le fer, on n'en tire point de phosphure de fer.

10. Sodium.

1. *Sulfate de soude.* $\ddot{N}a\,\ddot{S}^2 + 20\,Aq.$

---

contenu de lithine, la présence de la potasse peut provenir d'un mélange de mica commun.

Seul dans le matras, fond dans son eau de cristallisation, laquelle s'évapore. Le sel desséché fond sur le charbon, s'y introduit et se transforme en hépar.

Fondu avec la soude, il passe dans le charbon, et se distingue par-là des sels à base terreuse. Avec la soude et la silice, donne un verre coloré par l'hépar.

2. *Glaubérite* de Villarubia en Espagne . . . $\overset{..}{Na} \overset{..}{S}^2 + \overset{..}{Ca} \overset{..}{S}^2$. (Je dois à M. BRONGNIART l'échantillon qui a servi aux essais.)

Seul dans le matras, décrépite avec violence, et dégage une très-petite quantité d'eau. Fond ensuite au rouge naissant et donne un verre transparent, d'où n'émane aucune substance volatile.

Sur le charbon, blanchit au premier coup de feu et se résout ensuite aisément en une perle claire, dont la transparence se perd par le refroidissement. Au feu de réduction, il se fige et devient hépatique. Le sulfure de soude pénètre dans le charbon, et la chaux demeure à la surface sous la forme d'une boule blanche très-poreuse.

Dans le borax, se dissout avec une vive effervescence ; la masse est absorbée par le charbon.

Avec le sel de phosphore, fond avec effervescence en un verre blanc de lait.

Avec le spath fluor, fond comme le gypse.

Avec la soude, il y a décomposition ; une masse

hépatique passe dans le charbon, et la chaux reste à la surface. Avec la soude et la silice, formation d'un verre coloré par l'hépar.

3. *Sel marin*, muriate de soude $Na M^2$.

Seul dans le matras, décrépite et dégage un peu d'eau.

Sur le charbon, fond et passe dans son intérieur en dégageant de la fumée. Sur la feuille de platine, se résout en une masse diaphane qui perd sa transparence en se figeant. Avec le sel de phosphore chargé d'oxide de cuivre, on obtient la belle flamme bleue qui distingue l'acide muriatique. Se dissout avec la soude sur la feuille de platine, sans devenir trouble.

4. *Borax*, ou *Tinkal*.

Se boursoufle comme le borax, se charbonne, dégage une odeur d'empyreume, et fond ensuite en une perle transparente.

5. *Kryolithe* du Groënland $3 Na \ddot{F} + \ddot{Al}^2 \ddot{F}^3$.

Seule dans le matras, donne un peu d'eau et décrépite sans que sa transparence en soit altérée. Si, après avoir mis la matière d'essai dans un *tube ouvert*, on la soumet à l'insufflation immédiate en dirigeant la flamme dans l'intérieur du tube, le verre est fortement attaqué, et l'humidité qui se rassemble dans le tube, indique, par sa réaction, la présence de l'acide fluorique.

Sur le charbon, la fusion s'opère et a pour résultat une perle transparente qui devient opaque par le refroidissement. A un feu soutenu le verre s'étale, le fluate de soude est absorbé par le charbon, et une croûte alumineuse demeure à la surface.

Le borax dissout aisément une grande quantité de kryolithe, et la convertit en un verre transparent qui, en refroidissant, devient blanc de lait. Mêmes effets sont produits par le *sel de phosphore*. La boule vitreuse prend quelquefois une teinte rougeâtre due à la présence d'une petite quantité de cuivre.

Avec la soude, ce fossile fond en un verre clair, qui s'étale et tourne au blanc laiteux en refroidissant.

Avec l'acide boracique et le fer, on n'en tire point de phosphure de fer.

6. *Sodalithe*.

a. *Sodalithe du Vésuve*, $(N^2 Mu(1) + 2 A^2 Mu) + 4(NS + 3AS)$, (ARFWEDSON.)

(Je tiens de M. HAÜY l'échantillon qui a servi aux essais.)

Seule dans le matras, ne donne point de traces d'eau.

Sur le charbon, ne subit aucune altération ;

______

(1) Mu = acide muriatique.

mais à l'aide d'une insufflation très-énergique, elle s'arrondit sur les bords, sans se boursoufler, sans former de bulles et sans perdre sa transparence.

Avec le borax, se dissout en petite quantité et avec une difficulté extrême, en un verre incolore et transparent.

Dans le sel de phosphore, ne se tuméfie pas, et se dissout difficilement en petite quantité sans se décomposer. Le verre devient opalin en refroidissant.

Avec un peu de soude, donne un verre transparent autour d'un noyau intact. Une plus grande quantité de soude décompose le minéral, le gonfle et le rend infusible. Si alors on ajoute une nouvelle dose de soude, la masse boursouflée entre en fusion, et donne naissance à un verre trouble ou opaque, mais incolore.

Avec la solution de cobalt, fond sur les bords où elle se colore en bleu.

b. *Sodalithe du Groënland*, $NS + 2AS$ (?)....
(THOMSON). (L'échantillon m'a été donné par M. CORDIER).

Seule, dans le matras, dégage un peu d'eau sans que l'aspect ou la transparence du minéral en soient altérés.

Sur le charbon, fond avec un boursouflement et une ébullition très-actifs, et donne un verre anfractueux, mais incolore.

Avec le borax, se comporte comme la précédente.

Dans le sel de phosphore, se décompose avec la plus grande difficulté. Après quelque temps d'insufflation, on remarque que les bords de la pièce d'essai sont devenus siliceux. Le verre devient opalin en refroidissant.

Avec la soude, se vitrifie beaucoup plus difficilement que la sodalithe du Vésuve. Le verre est opaque.

Avec la solution de cobalt, se comporte comme la précédente.

7. *Lapis-Lazuli.* L'échantillon qui a servi aux essais était très-pur et offrait un clivage naturel ; je le dois à M. CORDIER.

Seul dans le matras, donne un peu d'eau sans changer d'aspect ou perdre de sa transparence.

Sur le charbon, fond difficilement en un verre blanc ; ce blanc est mêlé de bleu, dans les premiers instants de la fusion ; mais en poussant la liquéfaction on fait disparaître entièrement la couleur bleue. La partie qui ne fond pas conserve çà et là des taches bleues, et devient d'un vert sombre dans le voisinage de la fonte. Le lapis-lazuli non lamelleux, fond plus aisément en se boursouflant un peu.

Dans le borax, se dissout avec une effervescence soutenue, en un verre transparent et incolore. Durant la dissolution le noyau non encore attaqué brille d'un éclat plus vif que le verre qui l'environne.

Dans le sel de phosphore, l'effervescence qui accompagne la dissolution est également prolongée, et le même phénomène d'ignition se fait remarquer ; la dissolution a lieu d'une manière complète et sans résidu siliceux ; elle a pour résultat un verre incolore, qui devient opaque en refroidissant.

Avec la soude, la solution n'est que partielle et donne un verre opaque, gris-verdâtre, qui prend en refroidissant, une couleur rouge semblable à celle que produit l'hépar. Une plus grande quantité de soude n'apporte aucun changement dans les phénomènes.

R. L'effervescence avec les flux, ainsi que le développement de la couleur de l'hépar par la soude, paraissent indiquer un contenu d'acide sulfurique.

8. *Mésotype*, $NS^3 + 3AS + 2Aq$.

Seule, dans le matras, donne de l'eau.

Sur le charbon, l'espèce radiée éprouve une extension longitudinale, et l'espèce compacte se boursoufle ; toutes deux fondent ensuite en un verre bulleux incolore. La mésotype en grands cristaux perd seulement sa transparence, et se vitrifie ensuite sans boursouflement.

Avec le borax, la solution s'opère difficilement.

La matière d'essai se tuméfie à la vérité dans le verre de borax ; mais une partie reste sous la forme d'une masse blanche, et exige une très-longue insufflation pour se dissoudre. Le verre est transparent et incolore.

Dans le sel de phosphore, la décomposition se fait avec beaucoup de facilité, et donne pour résidu un squelette de silice. Le verre devient opalin en refroidissant.

Avec la soude, le minéral se dissout en un verre transparent.

R. La mésotype compacte jaunâtre, de Miss en Bohême, devient rouge avant d'entrer en fusion. Ce phénomène vient de ce que la couleur du fossile est due à un hydrate d'oxide de fer.

9. *Mésolithe* de Hauenstein en Bohême, ... $NS^3 + CS^3 + 6AS + 3Aq$.

Se comporte comme la précédente.

10. *Albite* de Broddbo, Finbo et de Haddaw dans le Connecticut, $NS^3 + 3AS^3$.

Se comporte en tout comme le feldspath. (*Voyez* l'article relatif à ce minéral.)

11. *Analcime* de Fassa et de l'Etna, ... $NS^2 + 3AS^2 + 3Aq$. (Rose.)

Seul, dans le matras, dégage de l'eau. Celui qui est transparent tourne au blanc laiteux.

Sur le charbon, une chaleur modérée altère peu son aspect ; la chaleur croissant, il devient transparent, et fond ensuite en un verre diaphane lé-gèrement bulleux, sans boursouflement ou bouil-lonnement préalables.

Dans le borax, se dissout très-difficilement (même en poudre) et donne un résidu consistant en une concrétion opaque. Du reste, la partie vi-treuse est transparente.

Avec le sel de phosphore, se décompose lente-ment, et donne pour résidu un squelette légère-ment bulleux. Le verre est transparent et ne de-vient opalin qu'après une longue insufflation ; alors même l'effet est très-peu sensible.

Avec la soude, donne un verre transparent.

Avec la solution de cobalt, donne un verre bleu.

12. *Ekebergite*, natrolithe de Hesselkulla, . . . $NS^2 + 3CS^2 + 12AS$.

Seule, dans le matras, donne un peu d'eau, mais ne change pas d'aspect.

Sur le charbon, blanchit, perd sa transparence, se boursoufle un peu, et fond ensuite en un verre bulleux et incolore.

Dans le borax et le sel de phosphore, se dissout avec effervescence, absolument comme le paran-thine ou la scapolithe.

Avec la soude, fond comme le paranthine de Pargas, c'est-à-dire très-difficilement, en un verre transparent, dont la couleur verdâtre est dévelop-pée par du fer.

13. *Rubellite*, tourmaline apyre (Natron-tour-malin) de Sibérie et d'Amérique, $NS + 9AS$ (?)

Seule, dans le matras, donne un peu d'humidité sans changer d'apparence; la rubellite diaphane ne dégage point d'eau.

Sur le charbon, tourné au blanc-de-lait, se gonfle beaucoup plus que la tourmaline d'Utö, se fen-dille comme cette dernière, dans une direction transversale et oblique, ne fond pas, mais se vi-trifie dans les parties extrêmes.

Dans le borax, se dissout aisément et avec effer-vescence, en un verre transparent, où nagent quel-ques flocons dont la dissolution est lente.

Dans le sel de phosphore, se décompose assez facilement et avec effervescence; le résidu est un squelette de silice, et le verre est opalin.

Avec la soude, se convertit très-difficilement en un verre opaque.

Sur la feuille de platine, offre les réactions du manganèse à un degré très-intense; la tourmaline diaphane et incolore d'Amérique se fait remarquer plus particulièrement sous ce rapport.

R. On voit que la tourmaline apyre est plus soluble avec les flux que la tourmaline d'Utö. Cette différence paraît tenir à ce que la première se tuméfie plus que la seconde, à une haute tem-pérature. Or, cette tuméfaction favorise, ainsi que nous l'avons déjà remarqué, l'introduction, et par suite l'action chimique des dissolvans.

11. POTASSIUM.

1. *Polyhalithe* d'Ischel en Autriche, ... $\ddot{K}S^2 + 2\dot{C}a\ddot{S}^2 + \dot{M}g\ddot{S}^2 + 4$ Aq. Donnée par le professeur STROMEYER.

Seule, dans le matras, dégage de l'eau en même temps que sa couleur rouge pâlit.

Sur le charbon, se résout en une boule opaque, d'un jaune rougeâtre, laquelle, traitée par la flamme intérieure, se fige, blanchit, et présente une coque vide; sa saveur est alors salée et légèrement hépatique.

Dans le borax, se dissout avec une vive effervescence, et donne, après quelque temps d'insufflation, un verre diaphane qui, par le refroidissement, devient rouge-sombre sans perdre sa transparence. Ce n'est qu'en mettant une grande quantité de matière à l'essai, que l'on obtient un verre qui devient opaque en refroidissant.

Avec le sel de phosphore, se dissout en un verre transparent et incolore. Il faut que la matière d'essai soit en grande proportion pour que le verre devienne opaque.

Avec la soude, se décompose et donne pour résidu une masse terreuse qui, au feu de réduction, prend une couleur jaunâtre, due à un mélange d'hépar. Fond avec le *spath fluor* en une perle opaque.

2. *Alun*, $\ddot{K}\ddot{S}^2 + 2\ddot{A}l\ddot{S}^3 + 48\,Aq$.

Dans le matras, fond, se boursoufle et donne de l'eau. Chauffée jusqu'au rouge après sa dessiccation, la masse dégage de l'acide sulfureux, mais ne donne point de sublimé. Le résidu se comporte à l'égard des flux de même que l'alumine.

3. *Alaunstein* (pierre d'alun) de Tolfa. C'est, d'après l'analyse de CORDIER, un sous-sel siliceux de potasse, d'alumine et d'acide sulfurique, dans lequel l'oxigène de l'alumine est à celui de la potasse comme 15 : 1.

Seul, dans le matras, commence par dégager de l'eau. Une chaleur plus intense donne lieu à la formation d'un sublimé qui est soluble dans l'eau. C'est du sulfate d'ammoniaque. Soumis, *sur le charbon*, à l'action d'un feu vif, l'*alaunstein* se contracte et ne fond pas.

Dans le borax, se dissout avec effervescence, en un verre incolore et transparent.

Avec le sel de phosphore, se dissout assez facilement en donnant pour résidu un squelette de silice demi-transparent ; le verre ne devient point opalin en refroidissant.

Avec la soude, ne fond pas.

Avec la solution de cobalt, donne un beau bleu.

4. *Salpêtre*, KN^z.

Seul, dans le matras, donne un peu d'humidité, et fond avant d'être en ignition.

Sur le charbon, détonne au moment de la fusion, et laisse dans le charbon une masse alcaline.

5. *Amphigène*, Leucite, $KS^z + 3AS^z$.

Seul, dans le matras, ne dégage point d'eau.

Sur le charbon, ne subit aucune altération, et ne fond pas, même en poudre. Si l'on mêle le fossile pulvérisé avec une très-petite portion de carbonate de chaux, le mélange fond très-sensiblement.

Avec le borax, se dissout lentement et toutefois en grande quantité. Le résultat de la dissolution est un verre diaphane.

Le sel de phosphore a peu d'action sur l'amphigène en morceau ou en poudre : néanmoins il le transforme en une perle diaphane, qui offre à peu près partout le même degré de réfrangibilité, en sorte que l'on ne s'aperçoit de l'existence d'une partie non dissoute qu'en examinant la matière avec beaucoup d'attention. On peut s'en assurer en comprimant la perle liquide entre deux corps froids.

Avec la soude, la dissolution s'opère lentement, est accompagnée d'effervescence, et donne un verre transparent quoique bulleux.

Avec la solution de cobalt, la matière d'essai donne un beau bleu, mais ne fond pas.

6. *Meionite*, variété dioctaèdre du Vésuve, . . . $KS^3 + 3AS^2$.

Seule, en paillette mince, elle jette au dehors, par certains points, une écume bulleuse ; bientôt la masse entière bouillonne, et ce bouillonnement dure long-temps. Le résultat est un verre bulleux et incolore.

Dans le borax, se dissout lentement et avec une effervescence prolongée, en un verre transparent.

Dans le sel de phosphore, se décompose avec effervescence, et donne un résidu siliceux et un verre qui devient opalin en refroidissant.

Avec la soude, se dissout lentement, se boursoufle beaucoup et donne un verre transparent. Une forte dose de soude est nécessaire pour obtenir ce résultat ; et la pièce d'essai conserve long-temps un côté opaque.

Avec la solution de cobalt, la matière ne fond qu'au bord, où elle se colore en bleu.

R. Ces essais ont été faits avec le même échantillon que l'analyse d'ARFWEDSON (Afh. i Fysik, etc. VI. 255). Je crois devoir avertir ici le lecteur que le professeur LEOP. GMELIN a analysé, sous le nom de meionite, une substance dont la composition est toute différente. (SCHWEIGERS Journal, XXV, p. 36.)

7. *Feldspath*, $KS^3 + 3AS^3$.

Seul, dans le matras, le feldspath transparent ne donne point d'eau. Le feldspath fendillé et opaque donne souvent beaucoup d'eau, mais ce contenu aqueux est le résultat d'une introduction mécanique dans les interstices de ce fossile. Exposé *sur le charbon*, à l'action d'un feu vif, il devient vitreux, demi-transparent et blanc, et fond difficilement au bord en un verre bulleux demi-transparent. C'est un minéral de fusion très-difficile.

Avec le borax, il se dissout très-lentement et sans effervescence, en un verre diaphane.

Le sel de phosphore ne l'attaque qu'avec beaucoup de difficulté. Le résultat de la décomposition du fossile pulvérisé est un squelette de silice et un globule qui devient opalin en refroidissant.

Avec la soude, la dissolution est lente et accompagnée d'effervescence ; elle donne un verre transparent, très-difficile à fondre et à obtenir sans bulles.

Avec la solution de cobalt, il n'y a que les bords fondus qui se colorent en bleu.

1re *R.* Le feldspath à jeu de couleurs du Labrador en Amérique, serait, d'après l'analyse de KLAPROTH (Beytr. VI. 255), $NS^3 + 3CS^3 + 12AS$, et devrait alors se comporter à l'essai comme le paranthine ou la mésolithe, qui offre à très-peu près la même composition. Mais ce minéral présente si bien tous les caractères des feldspath, quant à la fusibilité et à la solubilité dans les flux, qu'il est difficile de croire que ce n'en soit pas un. Le fossile analysé par KLAPROTH ne serait-il point une scapolithe compacte opaline?

2e *R.* Parmi les fossiles crystallins qui accompagnent la meionite et la néphéline, WERNER en a distingué un sous le nom d'*Eisspat.* Ce fossile se comporte en tout point comme le feldspath; et si, comme l'a dit PESCHIER, il renferme de la soude, il s'ensuivra qu'il ne fait qu'un avec l'albite ou *kieselspath* de HAUSMAN.

8. *Elæolithe*, Fettstein de Fredrichsvärn, en Norwége (1).

Seule, dans le matras, donne un peu d'eau sans que son aspect ou sa transparence en soient aucunement altérés.

Sur le charbon, se résout assez facilement et avec une légère turbescence, en un verre bulleux et incolore.

Avec le borax, se dissout aisément, hors une certaine portion demi-transparente qui, comme dans la mésotype, n'entre pas d'abord en fusion

---

(1) L'analyse de KLAPROTH donne la formule $KS^3 + 4AS$, laquelle est très-invraisemblable. VAUQUELIN y a trouvé de la soude et de la potasse. Quant à sa composition, ce fossile paraît être une scapolithe dans laquelle la chaux est remplacée par des bases alcalines.

avec le reste, et qui exige pour se dissoudre une insufflation prolongée.

Dans le sel de phosphore, se décompose avec la plus grande difficulté, et donne pour résidu un squelette siliceux. Le verre devient opalin en refroidissant.

Avec la soude, la vitrification est extrêmement laborieuse. Le verre produit est très-difficile à fondre et à obtenir clair.

Avec la solution de cobalt, les bords fondus se colorent en bleu.

9. *Andalousite* de Fahlun. Feldspath apyre.

Seule, se sème de taches blanches (le reste conservant sa couleur), et ne fond ni en lame mince, ni en poudre.

Avec le borax, se dissout difficilement, même en poudre. Le verre produit est transparent et incolore.

Avec le sel de phosphore, se décompose difficilement et presque uniquement sur les bords. La partie transparente du verre n'est point opaline.

Avec la soude, se gonfle et se décompose, mais ne fond pas. La soude passe dans le charbon, et une masse blanche demeure à sa surface.

Avec la solution de cobalt, prend un assez beau bleu sans entrer en fusion.

Avec l'acide borique et le fer, ne donne point de phosphure de fer.

10. *Apophyllite*, ichthyophthalme d'Utö, et autres lieux, $KS^6 + 8CS^3 + 16Aq$.

Seul, *dans le matras*, dégage beaucoup d'eau et tourne au blanc laiteux.

Sur le charbon, se fendille et s'étend dans le sens des lamelles. A un feu vif, se boursoufle comme le borax, et fond avec continuation de boursouflement en un verre bulleux et incolore.

Avec le borax, se dissout aisément en un verre transparent. Le verre saturé devient opaque au *flamber*.

Avec le sel de phosphore, se décompose aisément, et donne un squelette de silice, qui ordinairement se tuméfie à tel point qu'il remplit toute la perle.

Avec la soude, se résout aisément en un verre transparent, auquel une plus forte dose de soude donne la propriété de devenir opaque en refroidissant.

11. *Haüyne* d'Italie.

Seule, *dans le matras*, ne donne point d'eau.

Sur le charbon, perd sa couleur et fond en un verre bulleux.

Dans le borax, se dissout avec effervescence en un verre diaphane qui jaunit en refroidissant de même que le verre de gypse. Le verre saturé devient opaque en refroidissant.

Dans le sel de phosphore, se dissout avec effervescence et donne pour résidu un squelette de silice. Le verre devient opalin.

La soude l'attaque difficilement, et le transforme en une scorie qui n'est vitreuse qu'à l'extrémité du bord le plus saillant, et qui, en se refroidissant, offre la couleur rouge de l'hépar.

R. Ces réactions se rapprochent tellement de celles que présente le lapis-lazuli, que l'on peut présumer que ces deux fossiles ont aussi beaucoup de ressemblance sous le rapport de la composition.

12. *Tourmaline*, Schörl, (kali-tourmalin).

a) — *Noire de Kåringbricka.*

Seule, dans le matras, ne donne point d'eau.

Sur le charbon, fond avec un boursouflement très-actif, et blanchit. La partie boursouflée se résout difficilement en une boule demi-transparente d'un gris jaunâtre.

Dans le borax, se dissout aisément et avec quelque effervescence, en un verre transparent, qui offre, tant qu'il est chaud, une faible teinture de fer.

Dans le sel de phosphore, se décompose aisément, produit une vive effervescence, et donne pour résidu un squelette de silice. La boule de verre résultant de la dissolution devient opaline.

Avec la soude, se résout avec beaucoup de peine en un verre de difficile fusion, qui devient encore plus infusible par suite de l'addition d'une nouvelle quantité de soude.

b) — *Noire de Bovey* en Angleterre.

Seule, se boursoufle et donne ensuite, sous forme de scorie, une masse noire de difficile fusion. Se comporte à l'égard des flux comme la précédente.

c) — *Verte du Brésil.*

Seule, se boursoufle, noircit, se vitrifie sans entrer en fusion parfaite, et donne après une bonne insufflation, une scorie arrondie, jaunâtre et bulleuse.

Dans le borax, se dissout assez facilement en produisant d'abord une légère effervescence. Le verre offre une faible teinture de fer, et tient en suspension des particules blanches qui résistent long-temps à la dissolution.

Avec le sel de phosphore, se comporte comme la précédente.

Avec la soude, même similitude ; le verre qu'elle donne est pourtant un peu plus fusible. Sur la feuille de platine, n'offre point de traces de manganèse.

13. *Mica.* Voici encore une forme cristalline affectée par une multitude de composés divers qui souvent se comportent très-différemment sous l'action du chalumeau. Néanmoins le mica est, ainsi que l'amphibole, le grenat, etc., susceptible d'une certaine formule générale, dans laquelle il suffirait de remplacer les bases isomor-

phes les unes par les autres, pour en déduire les
formules particulières aux diverses variétés. Mais
cette formule chimique n'est pas encore exactement connue, et l'on ne sait pas bien à quelle
classe de corps isomorphes appartiennent les combinaisons qui y entrent. Une partie essentielle du
mica est KS^3 combiné avec plusieurs atomes de
AS; mais à cette partie essentielle se joint toujours
fS, souvent mgS et quelquefois MS.

Comment ces substances annexes peuvent-elles
se substituer les unes aux autres? c'est ce que nous
ne savons pas encore. Les principales analyses de
mica, publiées jusqu'à présent, sont, outre celles
de KLAPROTH et de VAUQUELIN, les analyses que
M. H. ROSE a faites dernièrement, et par lesquelles
il a reconnu que tout mica contient des traces plus
ou moins sensibles d'acide fluorique, et une petite
quantité d'eau. Mais ces résultats même ne peuvent pas nous donner une idée parfaitement nette
de la formule chimique représentative du mica.
Les analyses de M. ROSE donneraient bien une formule chimique, si dans les silicates de fer et de
manganèse la base était un oxide; cette formule
serait alors $KS^3 + 12\,AS$, où l'on peut remplacer
un plus ou moins grand nombre d'atomes de AS
par un silicate d'oxide de fer ou de manganèse. Mais
dans les expériences qu'il a faites pour reconnaître
ce qu'il en est, M. ROSE a constamment trouvé que le

mica ferreux, chauffé jusqu'au rouge dans une cornue, développait une couleur verte, et agissait sur l'aimant, sans qu'aucun dégagement de gaz indiquât une désoxidation de l'oxide présumé.

A ces incertitudes viennent se joindre les différences de polarisation de la lumière dans les différentes variétés de mica, et l'exemple remarquable donné par M. BIOT, d'un mica très-magnésien, lequel ne possède qu'un axe, lorsque les micas ordinaires en ont deux.

Quant aux phénomènes que présentent, à une haute température, les diverses sortes de micas, ROSE a reconnu que celles qui contiennent d'un demi à un pour cent d'acide fluorique, perdent leur éclat et deviennent mates par l'ignition dans des vases clos. Les autres perdent bien leur transparence, mais elles prennent un éclat demi-métallique, argenté ou doré. La cause de la ternissure des micas les plus riches en acide fluorique, gît évidemment dans la dégradation que subit la surface de leurs lamelles lorsque l'acide fluorique s'empare d'une partie de la silice qu'elles contiennent pour se dégager sous la forme d'acide fluorique silicé. Il résulte de ces considérations générales que les micas doivent, ainsi que les grenats, varier avec les localités, et qu'il est impossible de tirer des phénomènes qu'ils présentent dans les essais au chalumeau, un caractère distinctif de l'espèce et commun à toutes les variétés. En conséquence, je vais donner ici le détail des phénomènes relatifs à quelques-unes d'entre elles.

a) Mica de Broddbo et de Finbo. . . . . $KS^3 + fS^3 + 10\,AS$. (1), (Rose). Son siége est dans du granit.

Seul, dans le matras, il donne une eau qui offre à la température où le verre commence à fondre, des signes très-prononcés de la présence de l'acide fluorique. Le mica chauffé jusqu'à ce point prend un vert sombre, devient mat à sa surface, et rude au toucher. Rougi dans la flamme à l'aide du chalumeau, il devient blanc ou gris-blanc, et conserve son éclat, mais se couvre d'inégalités provenant du boursouflement de sa substance. Se fendille sur les bords dans le sens de la stratification des lamelles, et fond en un verre bulleux d'un gris jaunâtre.

Dans le borax, se dissout facilement et avec effervescence en un verre qui offre la couleur verte du fer. Celui qu'on a fait rougir dans le matras se dissout sans effervescence.

Avec le sel de phosphore, se décompose aisément et se tuméfie de manière à former un squelette transparent, de la présence duquel on s'aperce-

---

(1) Il contient en outre 1,12 pour cent d'acide fluorique.

vrait à peine s'il ne déformait pas la rondeur de la boule. Si l'on n'a mis à l'essai qu'une petite quantité de mica, ce squelette se dissout en totalité au moyen d'une bonne insufflation ; mais pour une plus grande quantité de mica, la majeure partie devient insoluble. La boule de verre devient opaline en refroidissant.

Avec la soude, se gonfle et se transforme en une scorie tumescente, d'abord verte, puis grise, dont le côté exposé à l'action immédiate de la flamme peut seul donner un verre transparent, qui offre une légère teinte de vert. Sur la feuille de platine, donne des signes très-marqués d'un contenu de manganèse.

Avec la solution de cobalt, donne un verre noir.

b) *Mica de l'Amérique septentrionale.* Son siége est dans du granit.

Seul, dans le matras, dégage de l'eau sans devenir opaque. A la température où le verre se fond, il prend un blanc métallique argenté ; donne des traces peu sensibles d'acide fluorique.

Sur le charbon, tourne au blanc laiteux, et fond ensuite à une température très-élevée, mais seulement sur le bord extrême, où il forme un émail blanc ; la paillette la plus mince ne peut pas se résoudre en boule.

Dans le borax, se dissout d'abord avec une légère effervescence, mais ensuite sans mouvement apparent. S'il a été préalablement rougi au feu , jusqu'à perdre sa transparence , il se dissout ensuite sans effervescence avec le borax.

Dans le sel de phosphore, se dissout d'abord complétement , si la quantité mise à l'essai n'est pas considérable. Se décompose ensuite difficilement , en donnant pour résidu un squelette siliceux de peu de masse. Le verre devient opalin , mais seulement après une insufflation prolongée.

Avec la soude , donne une scorie blanche qu'on peut transformer en un verre diaphane dans les points les plus exposés à l'action de la flamme.

Avec la solution de cobalt, fond au bord et s'y colore en bleu.

c) *Mica de la carrière calcaire de Pargas*. La pièce d'essai faisait partie d'un prisme hexaèdre.

Seul, dans le matras, donne un peu d'eau sans changer d'aspect. A un feu vif, ne donne aucun signe d'un contenu d'acide fluorique. Conserve sa couleur enfumée ainsi que sa transparence , lors même qu'on le fait rougir dans la flamme activée par le chalumeau. Fond aisément en un verre blanc de lait qu'on peut obtenir en boule. La partie non fondue de la pièce de mica ne perd rien de sa transparence.

Dans le borax, se dissout facilement et sans la moindre effervescence. La lame de mica gît tranquillement dans le flux , et , conservant sa transparence, s'amoindrit peu à peu jusqu'à ce qu'enfin elle disparaisse entièrement.

Avec le sel de phosphore, se décompose facilement et donne pour résidu un squelette de silice d'une transparence parfaite ; le verre est opalin.

Avec la soude, se gonfle, tourne au blanc laiteux, et se résout ensuite en une perle opaque qui devient blanc de lait par le refroidissement.

Avec la solution de cobalt, donne un bleu clair dans les parties fondues, c'est-à-dire sur les bords.

R. Si la forme extérieure de ces trois derniers fossiles n'indiquait pas que ce sont des micas, il ne serait pas naturel de les rapporter à une même espèce, d'après les phénomènes qu'ils présentent à l'essai ; la fusibilité du mica de Pargas, et la difficulté, pour ne pas dire l'impossibilité, de fondre celui d'Amérique, sont des signes d'une composition chimique très-diverse. Ces différences répondent à celles que nous avons remarquées entre le schorl commun et la tourmaline apyre, dont la composition est aussi très-différente.

14. *Talc.* Ce que j'ai dit des micas s'applique très-bien aux talcs, ainsi que le prouve le détail des essais suivans :

a) *Talc vert-clair transparent,* de la vallée de Bine.

Seul, ne dégage point d'eau ; ne perd point sa transparence par l'effet de l'ignition. A un feu vif, s'exfolie, blanchit dans la partie sur laquelle la chaleur a agi avec le plus d'intensité, mais ne fond pas

Se dissout, *dans le borax*, avec une vive effervescence, mais aussi avec facilité, en un verre transparent.

Dans le sel de phosphore, se décompose facilement et avec effervescence, et donne un squelette siliceux et transparent, et un verre opalin.

Avec la soude, se gonfle et se transforme en une scorie blanche à demi-fondue.

Avec la solution de cobalt, donne un rouge très-pâle.

b) *Talc opaque blanc* de la vallée de Fenestrolle.

Se comporte comme le précédent, si ce n'est qu'il ne fait pas effervescence avec les flux d'une manière aussi active.

c) *Talc verdâtre translucide* de Skyttgrufwa, près de Fahlun.

Seul, dans le matras, ne donne aucune trace d'eau, s'éclaircit un peu sur les bords, mais ne perd pas sa transparence par une ignition modérée. Exposé à un feu plus ardent, il blanchit, devient écailleux, et s'arrondit au bord en une masse blanche et bulleuse.

Dans le borax, se dissout avec effervescence en un verre transparent, qui présente, tant qu'il est chaud, une teinture ferrugineuse. Une partie résiste d'abord à la dissolution, mais fond ensuite très-lentement et sans effervescence. *Avec le sel de phosphore*, se décompose aisément; donne un squelette de silice presque diaphane, et un verre opalin.

Avec la soude, se gonfle et fond en un verre opaque difficilement liquéfiable, que l'on peut obtenir clair par une certaine proportion de soude. En général, ce verre en absorbe beaucoup. *Avec la solution de cobalt*, donne du rouge à un feu vif.

R. C'est ainsi que se comportent les espèces de talc qu'on rencontre dans la mine de Fahlun.

d) *Talc blanc de la Chine*, Agalmatolithe.

Seul, dans le matras, dégage une eau qui sent l'empyreume. La matière d'essai noircit, comme il arrive ordinairement de la serpentine et des silicates de magnésie. *Sur le charbon*, blanchit au feu, devient écailleux à la surface, et offre quelques signes de fusion à l'extrémité de la partie la plus saillante.

Avec le borax, se comporte comme les fossiles précédens, si ce n'est que le verre ne prend point couleur.

Avec le sel de phosphore, point de décomposition. Au commencement, une vive effervescence a lieu; en même temps la pièce diminue de masse, et ce qui en reste parait tout-à-fait insoluble.

Avec la soude et la solution de cobalt, se comporte comme le fossile précédent.

e) *Talc noir de Finbo*, près de Fahlun.

Seul, dans le matras, dégage une grande quantité d'eau ; cette eau offre des traces très-sensibles d'acide fluorique après l'ignition de la matière d'essai. Chauffé jusqu'au rouge, ce minéral prend une couleur plus claire et une teinte verdâtre ; il fond ensuite assez facilement en un verre noir.

Avec le borax, se dissout aisément et sans effervescence remarquable, en un verre chargé d'une forte teinture de fer.

Avec le sel de phosphore, se décompose aisément et donne pour résidu un squelette de silice. Le verre offre une teinture ferrugineuse, tant qu'il est chaud, et devient opalin en refroidissant.

Avec un peu de soude, se dissout en un verre noir qu'une plus forte dose de soude rend difficile à fondre, et colore en brun jaunâtre. Sur la feuille de platine, offre des traces très-légères de manganèse.

Parmi les fossiles que l'on considère comme des restes d'une ancienne organisation, nous n'en avons que deux dont on puisse reconnaître la nature au moyen du chalumeau. Ce sont deux sels d'alumine.

1. *Alun ammoniacal* de Tschermig en Bohême.

Seul, dans le matras, dégage de l'eau et se boursoufle. Il se forme ensuite un sublimé de sulfite d'ammoniaque, que l'eau dissout en majeure partie, tandis que l'acide sulfureux se dégage. Ce qui reste après l'ignition de la masse se comporte comme de l'alumine pure.

Pétri avec de la soude, et chauffé doucement sur la feuille de platine, il répand une odeur d'ammoniaque très-sensible.

2. *Mellite*, mellitate d'alumine.

Seul, dans le matras, donne de l'eau, blanchit et devient opaque. Exposé à la chaleur rouge, il se charbonne sans répandre une odeur empyreumatique bien sensible, et sans que l'eau rassemblée dans le matras se colore ou réagisse à la manière des acides ou des alcalis.

Sur le charbon, commence par noircir, prend feu, puis blanchit à l'aide d'une ignition intense, et en même temps subit un retrait considérable ; conserve ensuite sa blancheur, et se comporte comme l'alumine pure.

R. On a trouvé récemment du mellitate de fer, mais je n'ai pas encore pu me procurer un échantillon de cette substance pour l'essayer au chalumeau.

Minéraux qui n'ont pas encore été analysés, et dont, pour cette raison, le rang n'est pas encore fixé dans l'ordre chimique.

1. *Helvine* de Schwarzenberg, dans les montagnes métallifères de Saxe. Fournie par M. CORDIER.

Seule, dans le matras, donne de l'eau sans que

sa couleur jaune-soufre ou sa transparence en soient altérées.

Sur le charbon, fond en bouillonnant, à la flamme intérieure, et donne une perle opaque, à peu près de la même couleur que la pierre; à la flamme extérieure, la fusion est beaucoup plus difficile, et la couleur du minéral se rembrunit.

Avec le borax, se dissout lentement en un verre diaphane, qui, tant qu'une portion de la pièce d'essai reste encore à dissoudre, demeure jaunâtre, et conserve une teinte de jaune, même après le refroidissement. Après la dissolution intégrale, le verre devient incolore à la flamme intérieure, et améthyste foncé à la flamme extérieure. Dans le dernier cas, la nuance n'est pas parfaitement pure.

Avec le sel de phosphore, se décompose assez facilement, et donne, avec un résidu siliceux, un verre qui est incolore à froid comme à chaud, mais qui devient opalin par le refroidissement.

Avec la soude, commence par se tuméfier, puis fond aisément en une boule de verre noir, qui, au feu de réduction, devient brun-châtain. Sur la feuille de platine, se gonfle, se divise et devient brun-châtain sans que la soude se colore; mais à l'aide d'une insufflation prolongée, la totalité de la masse prend une teinture verte de manganèse et se transforme en caméléon minéral.

R. Ce fossile est donc un silicate de manganèse, où ce métal entre comme partie constitutive essentielle ; s'il renferme une autre base,
comme de la chaux ou de l'alumine, les réactions qu'il présente ne peuvent pas nous en instruire. Toutefois il paraît que le fer n'en fait pas
partie essentielle.

2. *Chiastolithe*, *Macle* de Bretagne.

Seule, donne un peu d'humidité sans changer
d'aspect ; blanchit au feu, mais ne fond pas. Un
gâteau très-mince, fait avec le minéral pulvérisé,
est susceptible de se prendre en masse.

Dans le borax, se dissout avec une difficulté extrême, même après avoir été réduit en poudre. Le
résultat de la dissolution est un verre transparent.

Le sel de phosphore n'attaque presque point ce
minéral ; mais celui-ci devient incolore et transparent dans le globule. Si après l'avoir pulvérisé on
met la poudre à l'essai par très-petites doses, cette
poudre se dissout sans résidu ; mais le sel de phosphore arrive bientôt à un degré de saturation au
delà duquel il n'en peut plus dissoudre.

Avec la soude, la matière d'essai se décompose
et se gonfle, mais ne fond ni ne se scorifie.

Avec la solution de cobalt, on obtient un bleu
d'autant moins sale que la matière d'essai est plus
pure.

R. Ces réactions font voir que la chiastolithe est

un silicate d'alumine, et selon toute apparence un sous-silicate.

PHÉNOMÈNES

Développés dans le traitement des calculs urinaires par le chalumeau.

Il importe beaucoup aux médecins de connaitre la nature des concrétions formées dans les voies urinaires d'un malade qui a recours à leur art pour une affection semblable. La composition chimique de ces substances est plus aisée à reconnaître qu'on ne le croit généralement, et le chalumeau fournit à cet effet un moyen d'épreuve aussi simple qu'infaillible, et dont l'emploi n'exige que les connaissances chimiques que tout médecin doit avoir.

1. *Calculs urinaires formés d'acide urique.*

Chauffés à part sur le charbon ou sur la feuille de platine, ils se charbonnent, fument, et développent une odeur animale; chauffés à la flamme extérieure, ils diminuent continuellement de masse. Vers la fin du grillage, on les voit brûler avec un accroissement de lumière. Si l'on cesse alors de souffler, la matière ne continue pas moins de brûler avec éclat, et laisse en dernière analyse un résidu consistant en une très-petite quantité de cendres blanches, fortement alcalines.

Comme il est d'autres substances combustibles que l'on pourrait confondre avec l'acide urique, une partie du calcul doit être essayée par la voie humide et de la manière suivante : On met un dixième de grain de la substance sur une feuille mince de verre ou de platine, et après y avoir ajouté une goutte d'acide nitrique, on chauffe le tout sur la flamme de la lampe ; l'acide urique se dissout avec effervescence, et l'on dessèche ensuite la matière avec beaucoup de précaution, de manière à ce qu'elle ne brûle pas ; la dessiccation opérée, une belle couleur rouge apparaît. S'il n'y a qu'une petite quantité d'acide urique dans la matière d'essai, elle noircit quelquefois au lieu de rougir par l'effet de la chaleur. Il faut alors prendre une nouvelle partie du calcul urinaire, et après l'avoir dissoute dans l'acide nitrique, la retirer du feu, lorsque la dissolution est à peu près sèche, et la laisser refroidir ensuite jusqu'à ce que la dessiccation soit terminée. Alors renversant le support, à la surface duquel elle adhère, on la tient dans cette situation, au-dessus d'une petite quantité d'ammoniaque caustique placée sur le feu ; aussitôt que la vapeur d'ammoniaque a atteint la substance desséchée, elle y développe une belle couleur rouge (1). La même couleur se développe encore,

____

(1) L'application de l'ammoniaque à cet essai a été ima-

quoique moins belle, lorsqu'on mouille la matière desséchée avec un peu d'ammoniaque faible.

On rencontre quelquefois des calculs urinaires formés par le mélange de l'acide urique avec des phosphates terreux. Ces calculs se charbonnent et se consument ainsi que les premiers, mais donnent un résidu assez considérable, qui n'est ni alcalin ni soluble dans l'eau. Traités par l'acide nitrique et l'ammoniaque, ils présentent la belle couleur rouge qui distingue l'acide urique. La cendre restante est ou du phosphate de chaux, ou du phosphate de magnésie, ou un mélange des deux.

2. *Calculs formés d'urate de soude.*

Cette substance fait rarement partie des calculs urinaires, et ne se rencontre guère que dans les excroissances dures qui se forment autour des articulations, chez les personnes affligées de la goutte.

Seuls, sur le charbon, noircissent, développent une odeur empyreumatique animale, se réduisent difficilement en cendres, et donnent pour résidu

ginée par le professeur JACOBSEN de Copenhague, lequel, à l'aide de ce réactif, a démontré l'existence de l'acide urique dans des excrétions provenant d'animaux pris dans les classes les plus imparfaites.

une substance grise, fortement alcaline, qu'on peut vitrifier avec une petite quantité de silice. Si le calcul contient des sels terreux (et c'est le cas le plus ordinaire), le verre en est blanc ou gris-blanc et opaque.

3. *Calculs d'urate d'ammoniaque.*

Se comportent sous l'action du chalumeau comme ceux d'acide urique. Traités par une goutte de potasse caustique, ils répandent, à une chaleur douce, une forte odeur d'ammoniaque. Il ne faut pas avoir égard ici à une légère odeur ammoniaco-lixivielle que la potasse développe dans presque toutes les substances animales. Ces calculs contiennent souvent encore un peu d'urate de soude.

4. *Calculs urinaires de phosphate de chaux.*

A part, sur *le charbon*, ils noircissent, répandent une odeur empyreumatique animale, et finissent par blanchir ; ne fondent pas ; se comportent d'ailleurs comme la chaux phosphatée. (Voyez *Phosphate de chaux,* page 295.)

Une preuve que ces calculs ne sont point formés de silice, est qu'ils se gonflent avec la soude sans se vitrifier, et que, dissous dans l'acide borique, et fondus ensuite avec un peu de fer, ils donnent un régule de phosphure de fer.

5. *Calculs de phosphate ammoniaco-magnésien.*

Chauffés à part sur la feuille de platine, ils dégagent une forte odeur de sel de corne de cerf, noircissent, se gonflent, et deviennent enfin d'un blanc grisâtre. Fondent aisément en une boule semblable à l'émail et d'un blanc grisâtre.

Se dissolvent dans le borax et le sel de phosphore en un verre transparent, qui, lorsque la matière d'essai est en proportion considérable, tourne au blanc de lait en refroidissant.

Fondent avec la soude en une scorie blanche, tumescente, qu'une plus grande dose de soude rend infusible.

Avec l'acide borique et le fer, donnent aisément un régule de phosphure de fer.

Avec le nitrate de cobalt, donnent un verre d'un rouge sombre.

Quand le sel de chaux et le sel ammoniaco-magnésien se rencontrent ensemble, on s'en aperçoit à la moindre fusibilité du mélange.

6. *Calculs d'oxalate de chaux.*

A part, dégagent tout d'abord une odeur d'urine. Ceux dont la cristallisation est la moins confuse, deviennent mates en même temps que leur couleur s'éclaircit. Après une ignition modérée, le résidu fait effervescence avec une goutte d'acide nitrique, et au moyen d'un bon feu, laisse sur le charbon de la chaux cuite, laquelle réagit comme un alcali sur le papier de tournesol rougi, et tombe ordinairement en poudre lorsqu'on l'éteint avec de l'eau. Cette délitation n'a pas lieu quand le résidu contient du phosphate de chaux.

7. *Calculs siliceux.*

Chauffés à part, ils donnent pour résidu une cendre infusible, quelquefois scoriacée, qui, traitée par une petite quantité de soude, se dissout lentement et avec effervescence en une perle de verre plus ou moins transparente.

8. *Calculs d'oxide cystique.*

Ces calculs se comportent à peu près comme ceux d'acide urique, sous l'action du chalumeau ; ils ne fondent pas, prennent aisément feu, et brûlent en développant une flamme vert bleuâtre, et une odeur très-acide d'une espèce particulière, qui offre une ressemblance éloignée avec celle du cyanogène. Leur cendre n'est point alcaline, et se résout à un bon feu, en une masse d'un blanc grisâtre.

Ils diffèrent de l'acide urique, tant par l'odeur qu'ils développent au feu que par la non production de la couleur rouge, dans le traitement par l'acide nitrique.

R. Je n'ai pas eu lieu d'examiner les calculs découverts par M. MARCET, et dans lesquels il a trouvé une substance particulière qu'il appelle *oxide xanthique.*

FIN.

B.

C.

G.

H.

I.

K.

L.

P.

Q.

R.

S.

T.

Fin de l'Index Minéralogique.

TABLE DES MATIÈRES.

A. *Des Alcalis, des terres et des oxides métalliques.*

B. *Substances résultant de la combinaison des corps combustibles.*

FIN DE LA TABLE DES MATIÈRES.

ERRATA.

P_{AGE} 17, ligne 14 ; au lieu de *le bec seul doit être de laiton* lisez : *dans ce dernier cas le bec doit être de laiton.*

Page 24, lig. 1re ; au lieu de *La fig. 2* lisez : *La fig. 11.*

Page 38, lig. 2 ; *autre*, lisez *l'autre.*

Page 60, lig. 15 ; *l'aiguille*, ajoutez *électrique.*

Page 72, lig. 9 ; *mettre évidence*, lisez : *mettre en évidence.*

Page 74, lig. 14 ; *résultante*, lisez : *résultant.*

Page 96, lig. 3 ; *ne suffit pas*, lisez : *ne se peut pas.*

Page 98, lig. 19 ; au lieu de *non oxidés*, lisez : *oxidés.*

Page 105, lig. 12 ; *cristallines*, lisez : *cristallisées.*

Page 111, lig. 19 ; *intérieure*, lisez : *extérieure.*

Page 113, lig. 2 ; *quoiqu'il ne soit pas fusible comme eux*, lisez : *quoiqu'il ne se laisse pas fondre en même temps que réduire.*

Page 122, lig. 12 ; *si au contraire il prédomine*, etc., lisez : *mais si ce verre ne renferme qu'une petite quantité d'oxidule, il blanchit au flamber.*

Page 124, lig. 7 ; *durant la fusion*, lisez : *dans le verre.*

Page 128, lig. 6 ; *cristallise*, lisez : *devient cristallin.*

Ibidem, lig. 25 ; *qui est le cas*, lisez : *ce qui est le cas.*

Page 130, lig. 2 et 3 ; *d'où il résulte que*, lisez : *en même temps que.*

Page 132, lig. 22 ; *sur le fil*, lisez : *sur la feuille.*

Page 139, lig. 1re, supprimez le mot *bien.*

Ibidem, lig. 5 ; *deviennent*, lisez : *sont.*

Page 141, lig. 21 ; *par une longue insufflation*, lisez : *par l'action d'un feu lent.*

Page 148, lig. 11 ; *efflorescence*, lisez : *poussière.*

Page 151, lig. 13 ; *le fil*, lisez : *la feuille.*

Page 155, lig. 17 ; *le cuivre et l'argent*, lisez : *le cuivre ou l'argent.*

Page 157, lig. 20 ; *fondus*, lisez : *fondues.*

Page 160, lig. 10 ; *et entraîne avec lui*, etc., lisez : *et entraîne ordinairement avec lui une certaine quantité de silice.* Supprimez le dernier membre de phrase.

Page 162, lig. 2 ; *la lazulithe*, lisez : *le lazulithe.*

Page 204, lig. 19 ; *dnsa*, lisez : *dans.*

Page 268, lig. 21, *argile smectique*, lisez : *argile smectite.*

Page 269 ; lig. 21 ; *argile de Cölln*, lisez : *argile de Cologne.*

Page 283, lig. 1re ; *Skyttgruvra*, lisez : *Skyttgrufva.*

Page 289, lig. 1re ; après le mot *anfractueuse*, suppléez un point, et lisez : *Sur la feuille de platine*, etc., en commençant une nouvelle phrase.

Page 326, lig. 28 ; *mais auss*, lisez : *mais aussi.*

Page 357, lig. dernière ; *ains*, lisez : *ainsi.*

Page 366, lig. 3 ; *et le transforme*, lisez : *et la transforme.*

Page 380, lig. 12 ; *cet effet*, lisez : *à cet effet.*

[illegible]
[illegible]
[illegible]

AVIS.

Le Chalumeau et ses accessoires, tels qu'ils sont décrits dans cet ouvrage, se trouvent à Paris, chez Rochette jeune, quai de l'Horloge.

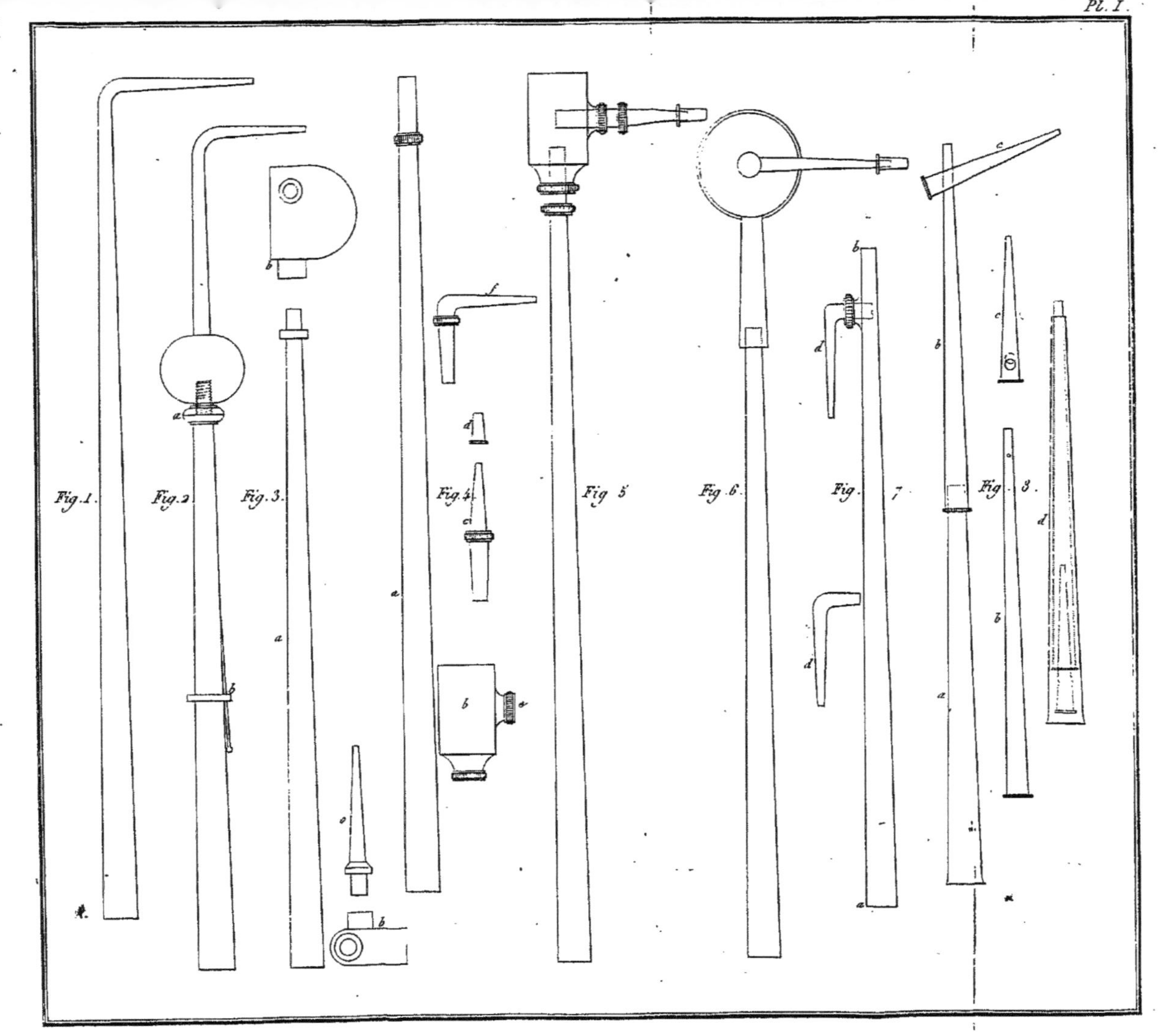
Fig. 1.
Fig. 2.
Fig. 3.
Fig. 4.
Fig. 5.
Fig. 6.
Fig. 7.
Fig. 8.

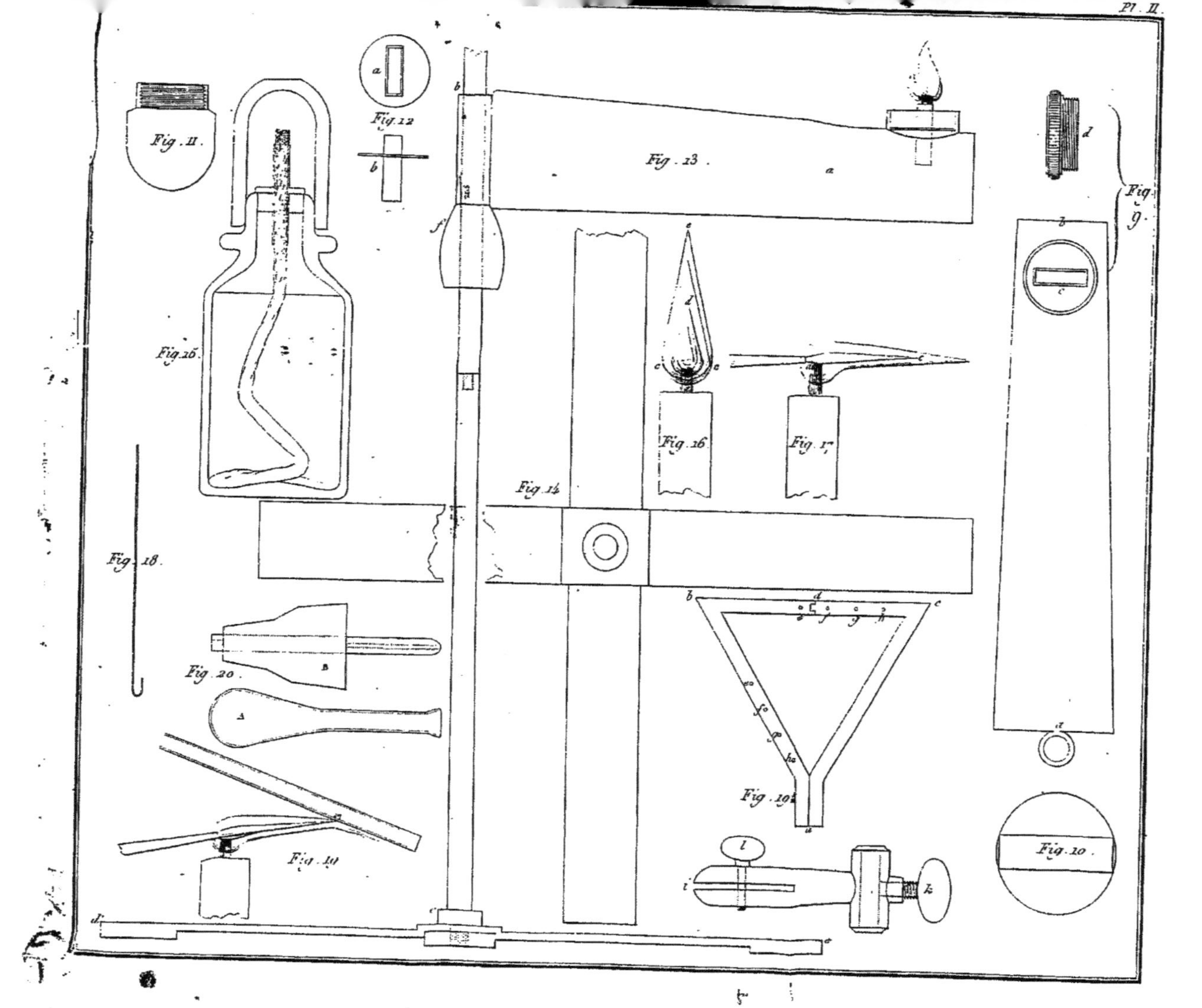
Pl. II.
Fig. 11.
Fig. 12.
Fig. 13.
Fig. 9.
Fig. 15.
Fig. 14.
Fig. 16.
Fig. 17.
Fig. 18.
Fig. 20.
Fig. 19.
Fig. 19.
Fig. 10.

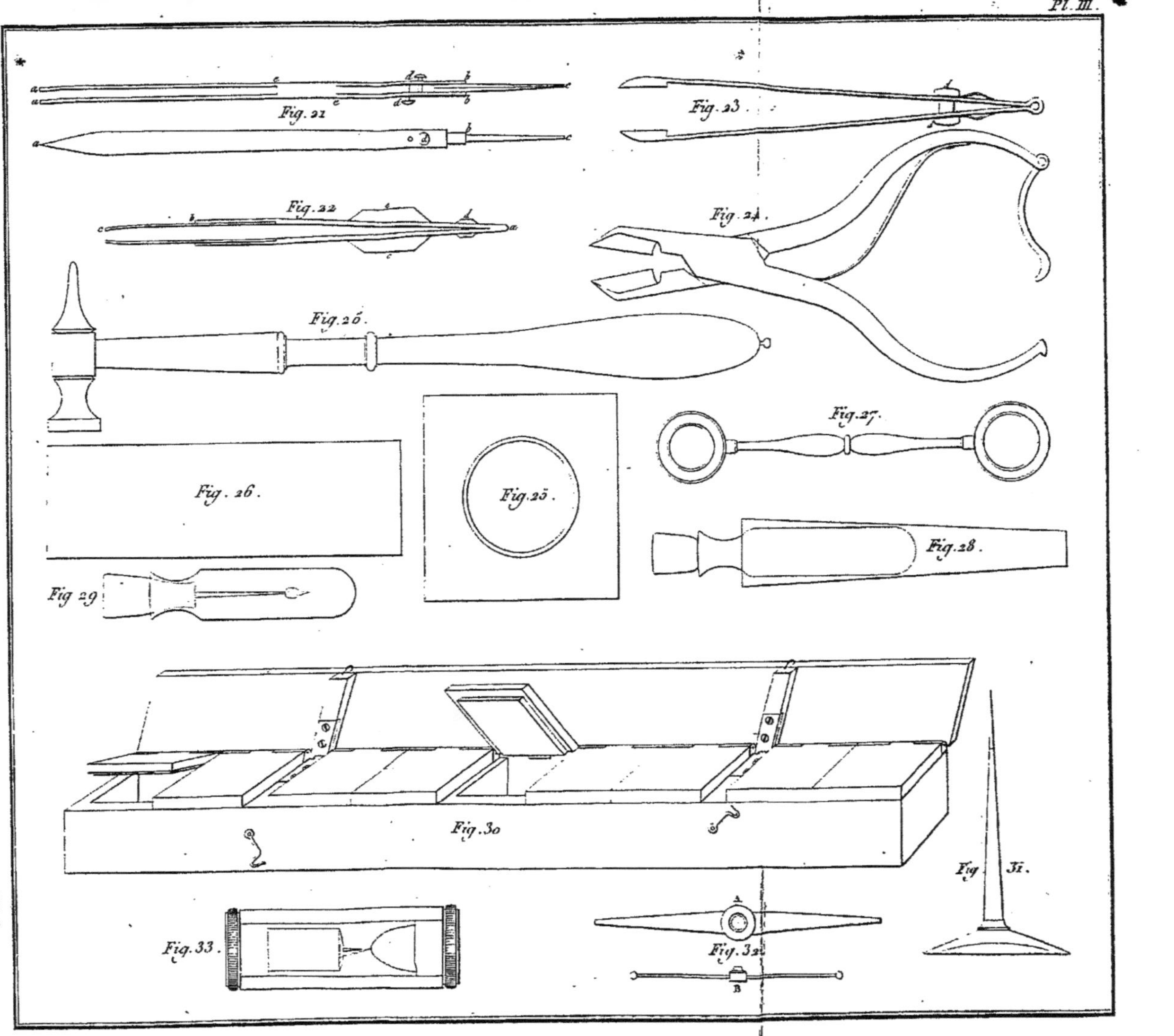

Fig. 21
Fig. 23.
Fig. 22
Fig. 24.
Fig. 26.
Fig. 27.
Fig. 26.
Fig. 25.
Fig. 28.
Fig. 29
Fig. 30
Fig. 31.
Fig. 33.
Fig. 32.

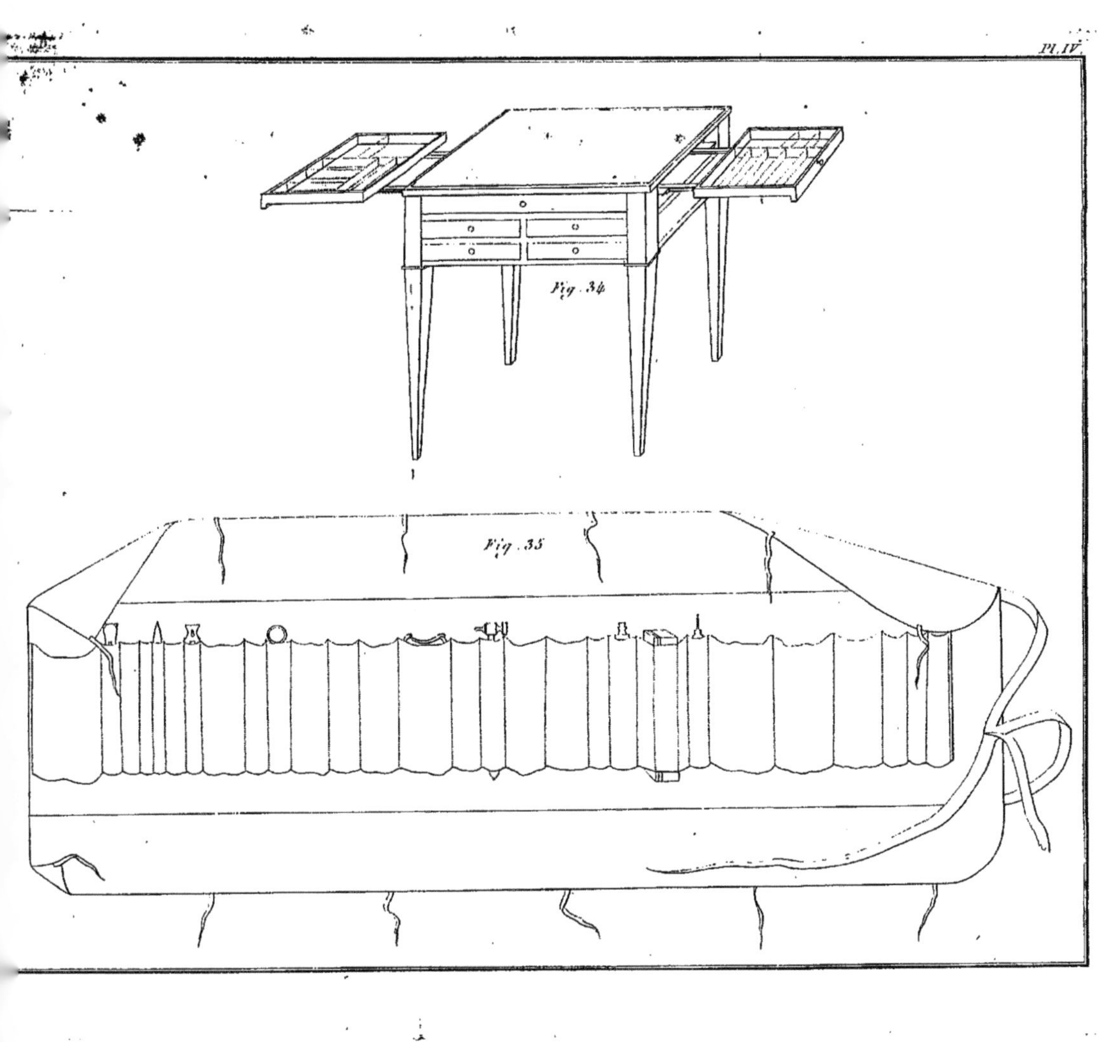

Fig. 34

Fig. 35

www.ingramcontent.com/pod-product-compliance
Ingram Content Group UK Ltd.
Pitfield, Milton Keynes, MK11 3LW, UK
UKHW022053120726
13694UKWH00001B/118